国家出版基金项目
"十四五"时期国家重点出版物出版专项规划项目
智慧农业关键技术集成与应用系列丛书

无人渔场

Unmanned Fish Farming

李道亮　王　聪◎编著

U0219199

中国农业大学出版社
China Agricultural University Press
·北京·

内 容 简 介

本书从我国资源紧缺、老龄化、环境问题、技术赋能、国家政策支持等基本国情出发,概述了无人渔场的缘起和无人渔场的基本系统组成,重点阐述了农业物联网、大数据、人工智能、智能装备、机器人和系统集成在无人渔场中的基本作用和技术原理;通过对无人池塘、无人陆基养殖工厂、无人网箱养殖与海洋牧场、无人养鱼工船、鱼菜共生智能工厂等经典应用场景技术细节的分析,提出无人渔场未来发展的技术需求、战略目标和发展对策。本书内容丰富、涉及面广,分析阐述深入,具有先进性和实用性。

本书可作为农业相关领域教学、科研人员、技术人员、农业信息系统各级管理者的学习参考。

图书在版编目(CIP)数据

无人渔场/李道亮,王聪编著. --北京:中国农业大学出版社,2024.10. --ISBN 978-7-5655-3283-2

Ⅰ. S931.41

中国国家版本馆 CIP 数据核字第 2024J98296 号

书　名	无人渔场
	Wuren Yuchang
作　者	李道亮　王　聪　编著

总 策 划	王笃利　丛晓红　张秀环	责任编辑	张秀环
策划编辑	张秀环	封面设计	中通世奥图文设计中心
出版发行	中国农业大学出版社		
社　址	北京市海淀区圆明园西路 2 号	邮政编码	100193
电　话	发行部 010-62733489,1190	读者服务部	010-62732336
	编辑部 010-62732617,2618	出 版 部	010-62733440
网　址	http://www.caupress.cn	E-mail	cbsszs@cau.edu.cn
经　销	新华书店		
印　刷	涿州市星河印刷有限公司		
版　次	2024 年 12 月第 1 版　2024 年 12 月第 1 次印刷		
规　格	185 mm×260 mm　16 开本　14.25 印张　305 千字		
定　价	78.00 元		

图书如有质量问题本社发行部负责调换

编 著 者

李道亮　王　聪

总　序

　　智慧农业作为现代农业与新一代信息技术深度融合的产物,正成为实现农业高质量发展和乡村振兴战略目标的重要支撑。习近平总书记强调,全面建设社会主义现代化国家,实现中华民族伟大复兴,最艰巨最繁重的任务依然在农村,最广泛最深厚的基础依然在农村。智慧农业通过整合 5G、物联网、云计算、大数据、人工智能等新兴技术,助力农业全产业链的数字化、网络化和智能化转型,不仅显著提升农业生产效率与资源利用率,同时推动了农业经营管理模式的变革,促进农业可持续发展。智慧农业的意义,不仅在于技术的迭代,更体现在对农业发展模式的深刻变革,对农村社会结构的再塑造,以及对国家粮食安全的全方位保障。

　　纵观全球,发达国家在智慧农业领域已取得瞩目成效。例如,美国、加拿大、澳大利亚等资源富足国家已经通过智慧大田技术实现了一人种 5 000 亩地;以色列、荷兰等资源短缺国家通过智慧温室技术实现了一人年产 200 t 蔬菜、一人种养 100 万盆花;资源中等国家丹麦、德国通过智慧养殖技术实现了一人养殖 20 万只鸡、日产鸡蛋 18 万枚,一人养殖 1 万头猪、200 头奶牛、200 t 鱼。这些成功案例不仅展示了智慧农业在提高劳动生产率、优化资源配置和实现可持续发展方面的巨大潜力,也为我国发展智慧农业提供了宝贵的经验和参考。相比之下,我国农业仍面临劳动力老龄化、资源浪费、环境污染等挑战,发展智慧农业已迫在眉睫。这不仅是现代农业发展的内在需求,更是国家实现农业强国目标的战略选择。

　　党的二十大报告提出,到 2035 年基本实现社会主义现代化,到本世纪中叶全面建成社会主义现代化强国,而农业作为国民经济的基础产业,其现代化水平直接关系到国家整体现代化进程。从劳动生产率、农业从业人员比例、农业占 GDP 比重等关键指标来看,我国农业现代化水平与发达国家相比仍有较大差距。智慧农业的推广与应用,将有效提高农业的劳动生产率和资源利用率,加速农业现代化的步伐。

　　智慧农业是农业强国战略的核心支柱。从农业 1.0 的传统种植模式,到机械化、数字化的农业 2.0 和 3.0 阶段,智慧农业无疑是推动农业向智能化、绿色化转型的关键途径。智慧农业技术的集成应用,不仅能够实现高效的资源配置与精准的生产管理,还能够显著提升农产品的质量和安全水平。在全球范围内,美国、加拿大等资源富足国家依托智慧农业技术,实现了大规模的高效农业生产,而以色列、荷兰等资源短缺国家则通过智能温室和精细化管理创造了农业生产的奇迹。这些实践无不证明,智慧农业是农业强国建设的必由之路。

智慧农业还是推动农业绿色发展的重要抓手。传统农业生产中,由于对化肥、农药等投入品的过度依赖,导致农业面源污染和环境退化问题日益严重。而智慧农业通过数字化精准测控技术,实现了对农业投入品的科学管理,有效降低了资源浪费和环境污染。同时,智慧农业还能够建立起从生产到消费全程可追溯的质量监管体系,确保农产品的安全性和绿色化,满足人民群众对美好生活的需求。

"智慧农业关键技术集成与应用系列丛书"是为响应国家农业现代化与乡村振兴战略而精心策划的重点出版物。本系列丛书围绕智慧农业的核心技术与实际应用,系统阐述了具有前瞻性与指导意义的新理论、新技术和新方法。丛书集中了国内智慧农业领域一批领军专家,由两位院士牵头组织编写。丛书包含 8 个分册,从大田无人农场、无人渔场、智慧牧场、智慧蔬菜工厂、智慧果园、智慧家禽工厂、农用无人机以及农业与生物信息智能感知与处理技术 8 个方面,既深入地阐述了智慧农业的理论体系和最新研究成果,又系统全面地介绍了当前智慧农业关键核心技术及其在农业典型生产场景中的集成与应用,是目前智慧农业研究和技术推广领域最为成熟、权威和系统的成果展示。8 个分册的每位主编都是活跃在第一线的行业领军科学家,丛书集中呈现了他们的理论与技术研究前沿成果和团队集体智慧。

《无人渔场》通过融合池塘和设施渔业的基础设施和养殖装备,利用物联网技术、大数据与云计算、智能装备和人工智能等技术,实现生态化、工程化、智能化和国产化的高效循环可持续无人渔场生产系统,体现生态化、工程化、智慧化和国产化,融合空天地一体化环境、生态、水质、水生物生理信息感知,5G 传输,智能自主渔业作业装备与机器人,大数据云平台,以及三维可视化的巡查和检修交互。

《智慧牧场》紧密结合现代畜牧业发展需求,系统介绍畜禽舍环境监控、行为监测、精准饲喂、疫病防控、智能育种、农产品质量安全追溯、养殖废弃物处理等方面的智能技术装备和应用模式,并以畜禽智慧养殖与管理的典型案例,深入分析了智慧牧场技术的应用现状,展望了智慧牧场发展趋势和潜力。

《农用无人机》系统介绍了农用无人机的理论基础、关键技术与装备及实际应用,主要包括飞行控制、导航、遥感、通信、传感等技术,以及农田信息检测、植保作业和其他典型应用场景,反映了农用无人机在低空遥感、信息检测、航空植保等方面的最新研究成果。

《智慧蔬菜工厂》系统介绍了智慧蔬菜工厂的设施结构、环境控制、营养供给、栽培模式、智能装备、智慧决策以及辅助机器人等核心技术与装备,重点围绕智慧蔬菜工厂两个应用场景——自然光蔬菜工厂和人工光蔬菜工厂进行了全面系统的阐述,详细描述了两个场景下光照、温度、湿度、CO_2、营养液等环境要素与作物之间的作用规律、智慧化管控以及工厂化条件下高效生产的智能装备技术,展望了智慧蔬菜工厂巨大的发展潜力。在智慧蔬菜工厂基本原理、工艺系统、智慧管控以及无人化操作等理论与方法方面具有创新性。

禽蛋和禽肉是人类质优价廉的动物蛋白质来源,我国是家禽产品生产与消费大国,生产与消费总量都居世界首位。新时期和新阶段的现代养禽生产如何从数量上的保供向数量、品质、生态"三位一体"的绿色高品质转型,发展绿色、智能、高效的家禽养殖工厂是重要的基础保障。《家禽智能养殖工厂》总结了作者团队多年来对家禽福利化高效健康养殖工艺、智能设施设备与智慧环境调控技术的研究成果,通过分析家禽不同生长发育阶段对养殖环境的需求,提出家禽健康高效养殖环境智能化调控理论与技术、禽舍建筑围护结构设计原理与方法,研发数字化智能感知技术与智能养殖设施装备等,为我国家禽产业的绿色高品质转型升级与家禽智能养殖工厂建设提供关键技术支撑。

无人化智慧农场是一个多学科交叉的应用领域,涉及农业工程、车辆工程、控制工程、计算机科学与技术、机器人工程等,并融合了自动驾驶、机器视觉、深度学习、遥感信息和农机-农艺融合等前沿技术。可以说,无人化智慧农场是智慧农业的主要实现方式。《大田无人化智慧农场》依托"无人化智慧农场"团队的教研与推广实践,全面详细地介绍了大田无人化智慧农场的技术体系,内容涵盖了从农场规划建设至运行维护所涉及的各个环节,重点阐述了支撑农场高效生产的智能农机装备的相关理论与方法,特别是线控底盘、卫星定位、路径规划、导航控制、自动避障和多机协同等。

《智慧果园关键技术与应用》系统阐述了智慧果园的智能感知系统、果园智能监测与诊断系统、果园精准作业装备系统、果园智能管控平台等核心技术与系统装备,以案为例、以例为据,全面分析了当前智慧果园发展存在的问题和趋势,科学界定了智慧果园的深刻内涵、主要特征和关键技术,提出了智慧果园未来发展趋势和方向。

智慧农业的实现依靠快速、准确、智能化的传感器和传感器网络,智能感知与处理技术是智慧农业的基础。《农业与生物信息智能感知与处理技术》以作物生长信息、作物病虫害信息、土壤参数、农产品品质信息、设施园艺参数、有害微生物信息、畜禽生理生态参数等农业与生物信息的智能感知与检测等方面的最新研究成果为基础,介绍了智能传感器、传感器网络、3S、大数据、云计算以及5G通信与农业物联网技术等现代信息技术在农业中综合、全面的应用概况，为智慧农业的发展提供坚实的基础。

　　本系列丛书不仅在内容设计上体现了系统性与实用性，还兼顾了理论深度与实践指导。无论是对智慧农业基础理论的深入解析，还是对具体技术的系统展示，丛书都致力于为广大读者提供一套集学术性、指导性与前瞻性于一体的专业参考资料。这些内容的深度与广度，不仅能够满足农业科研人员、教育工作者和行业从业者的需求，还能为政府部门制定农业政策提供理论依据，为企业开展智慧农业技术应用提供实践参考。

　　智慧农业的发展，不仅是一场技术革命，更是一场理念变革。它要求我们从全新的视角去认识农业的本质与价值，从更高的层次去理解农业对国家经济、社会与生态的综合影响。在此背景下，"智慧农业关键技术集成与应用系列丛书"的出版，恰逢其时。这套丛书以前沿的视角、权威的内容和系统的阐释，填补了国内智慧农业领域系统性专著的空白，必将在智慧农业的研究与实践中发挥重要作用。

　　本系列丛书的出版得益于多方支持与协作。在此，特别要感谢国家出版基金的资助，为丛书的顺利出版提供了坚实的资金保障。同时，向指导本项目的罗锡文院士和赵春江院士致以诚挚的谢意，他们高屋建瓴的战略眼光与丰厚的学术积淀，为丛书的内容质量筑牢了根基。感谢每位分册主编的精心策划和统筹协调，感谢编委会全体成员，他们的辛勤付出与专业贡献使本项目得以顺利完成。还要感谢参与本系列丛书编写的各位作者与技术支持人员，他们以严谨的态度和创新的精神，为丛书增添了丰厚的学术价值。也要感谢中国农业大学出版社的大力支持，在选题策划、编辑加工、出版发行等各个环节提供了全方位的保障，让丛书得以高质量地呈现在读者面前。

　　智慧农业的发展是农业现代化的必由之路，更是实现乡村振兴与农业强国目标的重要引擎。本系列丛书的出版，旨在为智慧农业的研究与实践提供理论支持和技术指引。希望通过本系列丛书的出版，进一步推动智慧农业技术在全国范围内的推广应用，助力农业高质量发展，为建设社会主义现代化强国作出更大贡献。

李道亮

2024 年 12 月 20 日

前　言

随着物联网、大数据、人工智能等新一代信息技术的不断进步,在水产养殖中利用机器替代人工成为可能。其中,农业物联网技术可感知和传输养殖场信息,实现智能装备的互联;大数据与云计算技术完成信息的存储、分析和处理,实现养殖信息的数字化;人工智能技术作为智能化养殖中最重要的一部分,通过模拟人类的思维和智能行为,学习物联网和大数据提供的海量信息,对产生的问题进行分析和判断,最终完成决策任务,实现养殖场精准作业。物联网、大数据和人工智能三者相辅相成,深度融合,共同为加快中国完成水产养殖转型升级阶段提供技术支持。

无人渔场的发展按照技术的先进程度,大致可以分为三个阶段。①初级阶段:通过远程控制技术,实现渔场的大部分作业无人化,但仍需要有人远程操作与控制。②中级阶段:不再需要人 24 h 在监控室对装备进行远程操作,系统可以自主作业,但仍需要有人参与指令的下达与生产的决策,属于无人值守渔场。③高级阶段:完全不需要人的参与,所有作业与管理都由管控云平台自主计划、自主决策,机器人、智能装备自主作业,是完全无人的自主作业渔场。

无人渔场根据养殖模式的不同可以分为:池塘型无人渔场、陆基工厂型无人渔场、网箱型无人渔场和无人海洋牧场 4 类。

本书按照"绪论—技术—应用—展望与对策"思路进行编写,共分为4篇,包括:第一篇绪论(第1~2章),描述无人渔场的源起和无人渔场概述;第二篇技术(第3~8章),描述物联网、大数据、人工智能、智能装备、机器人与无人渔场以及无人渔场系统集成;第三篇应用(第9~13章),描述无人池塘、无人陆基工厂、无人网箱养殖与海洋牧场、养鱼工船系统与智能装备、鱼菜共生智能工厂;第四篇是展望与对策,对无人渔场的战略目标、远景展望和发展政策进行了分析。

本书由中国农业大学李道亮教授和王聪副教授共同编著。在本书的编写过程中,研究生郝银凤、王坦、孙传钰、徐先宝、张盼、刘畅、杜玲、高庭耀、白壮壮、王广旭、姜灵伟、常豪介、李新、王琪、宋朝阳、王柄雄、杜壮壮、邹密、全超群等查阅了翔实的资料,并参与了初稿的整理、修改讨论及勘误工作。中国海洋大学宋协法在审稿过程中提出了宝贵的修改建议。本书获得国家出版基金项目资助,同时也获得国家数字渔业创新中心、农业农村部智慧养殖技术重点实验室、北京市农业物联网工程技术研究中心的支持。这里一并表示感谢。

　　本书内容多为编者团队多年的实践经验总结,难免有疏漏或不妥之处,敬请各位读者批评指正,并请将意见和建议发送至 dliangl@cau.edu.cn。

编著者

2024 年 3 月

目录

◆ **第一篇 绪 论**

第1章 无人渔场的源起 ⋯⋯⋯⋯⋯⋯⋯⋯⋯⋯⋯⋯⋯⋯⋯⋯⋯ 3

  1.1 渔业资源紧缺、利用率低⋯⋯⋯⋯⋯⋯⋯⋯⋯⋯⋯⋯⋯ 3

  1.2 老龄化、高成本、劳动力下降⋯⋯⋯⋯⋯⋯⋯⋯⋯⋯⋯ 5

  1.3 环境污染 ⋯⋯⋯⋯⋯⋯⋯⋯⋯⋯⋯⋯⋯⋯⋯⋯⋯⋯⋯ 6

  1.4 技术赋能 ⋯⋯⋯⋯⋯⋯⋯⋯⋯⋯⋯⋯⋯⋯⋯⋯⋯⋯⋯ 6

  1.5 国家政策支持 ⋯⋯⋯⋯⋯⋯⋯⋯⋯⋯⋯⋯⋯⋯⋯⋯⋯ 7

第2章 无人渔场概述 ⋯⋯⋯⋯⋯⋯⋯⋯⋯⋯⋯⋯⋯⋯⋯⋯⋯⋯ 9

  2.1 无人渔场的概念和内涵 ⋯⋯⋯⋯⋯⋯⋯⋯⋯⋯⋯⋯⋯ 9

  2.2 无人渔场理论架构 ⋯⋯⋯⋯⋯⋯⋯⋯⋯⋯⋯⋯⋯⋯⋯ 9

  2.3 无人渔场关键技术 ⋯⋯⋯⋯⋯⋯⋯⋯⋯⋯⋯⋯⋯⋯⋯ 10

  2.4 无人渔场的系统组成 ⋯⋯⋯⋯⋯⋯⋯⋯⋯⋯⋯⋯⋯⋯ 13

  2.5 无人渔场典型应用⋯⋯⋯⋯⋯⋯⋯⋯⋯⋯⋯⋯⋯⋯⋯ 15

◆ **第二篇 技 术**

第3章 物联网与无人渔场 ⋯⋯⋯⋯⋯⋯⋯⋯⋯⋯⋯⋯⋯⋯⋯ 19

  3.1 无人渔场物联网体系架构 ⋯⋯⋯⋯⋯⋯⋯⋯⋯⋯⋯⋯ 19

  3.2 信息感知 ⋯⋯⋯⋯⋯⋯⋯⋯⋯⋯⋯⋯⋯⋯⋯⋯⋯⋯⋯ 19

  3.3 信息传输 ⋯⋯⋯⋯⋯⋯⋯⋯⋯⋯⋯⋯⋯⋯⋯⋯⋯⋯⋯ 30

  3.4 智能信息处理⋯⋯⋯⋯⋯⋯⋯⋯⋯⋯⋯⋯⋯⋯⋯⋯⋯ 35

第4章 大数据与无人渔场 ⋯⋯⋯⋯⋯⋯⋯⋯⋯⋯⋯⋯⋯⋯⋯ 38

  4.1 概述⋯⋯⋯⋯⋯⋯⋯⋯⋯⋯⋯⋯⋯⋯⋯⋯⋯⋯⋯⋯⋯ 38

  4.2 大数据获取技术与无人渔场 ⋯⋯⋯⋯⋯⋯⋯⋯⋯⋯⋯ 41

  4.3 大数据处理技术与无人渔场 ⋯⋯⋯⋯⋯⋯⋯⋯⋯⋯⋯ 44

4.4 大数据存储技术与无人渔场 ·· 49

4.5 大数据分析技术与无人渔场 ·· 51

4.6 应用案例 ·· 53

第 5 章 人工智能与无人渔场 ·· 55

5.1 概述 ·· 55

5.2 智能识别与无人渔场 ·· 57

5.3 智能学习与无人渔场 ·· 60

5.4 智能推理与无人渔场 ·· 63

5.5 智能决策与无人渔场 ·· 66

第 6 章 智能装备与无人渔场 ·· 70

6.1 智能投饵系统与装备 ·· 70

6.2 智能增氧系统与装备 ·· 76

6.3 循环水处理系统与装备 ·· 79

6.4 渔业精准起捞装备 ·· 84

第 7 章 机器人与无人渔场 ·· 91

7.1 概述 ·· 91

7.2 目标识别技术与无人渔场 ·· 94

7.3 路径规划技术与无人渔场 ·· 97

7.4 定位导航技术与无人渔场 ·· 104

7.5 运动控制技术与无人渔场 ·· 107

第 8 章 无人渔场系统集成 ·· 110

8.1 概述 ·· 110

8.2 无人渔场系统集成的原则和步骤 ·· 110

8.3 无人渔场系统集成方法 ·· 113

第三篇 应 用

第 9 章 无人池塘 ·· 123

9.1 概述 ·· 123

9.2 无人池塘养殖主要业务系统 ·· 127

9.3 无人池塘养殖系统集成 ·· 132

第 10 章 无人陆基工厂 ·· 140

10.1 概述 ·· 140

10.2 无人陆基工厂养殖主要业务系统 ·· 142

10.3 无人陆基工厂养殖系统集成 ·· 146

第 11 章　无人网箱养殖与海洋牧场 …………………………………………… 154
　　11.1　概述 …………………………………………………………… 154
　　11.2　无人网箱养殖功能系统 …………………………………… 157
　　11.3　无人网箱养殖系统集成 …………………………………… 160
第 12 章　养鱼工船系统与智能装备 …………………………………… 165
　　12.1　概述 …………………………………………………………… 165
　　12.2　水质调控系统与装备 ……………………………………… 171
　　12.3　生境营造系统与装备 ……………………………………… 175
　　12.4　船载智能作业系统装备 …………………………………… 177
　　12.5　智能管控平台 ……………………………………………… 185
第 13 章　鱼菜共生智能工厂 …………………………………………… 188
　　13.1　概述 …………………………………………………………… 188
　　13.2　鱼菜共生智能工厂主要业务系统 ………………………… 189
　　13.3　鱼菜共生智能工厂系统集成 ……………………………… 197

第四篇　展望与对策

第 14 章　无人渔场的展望与对策 ……………………………………… 205
　　14.1　无人渔场的战略需求 ……………………………………… 205
　　14.2　无人渔场的发展阶段 ……………………………………… 205
　　14.3　无人渔场的发展战略 ……………………………………… 206

参考文献 ……………………………………………………………………… 208

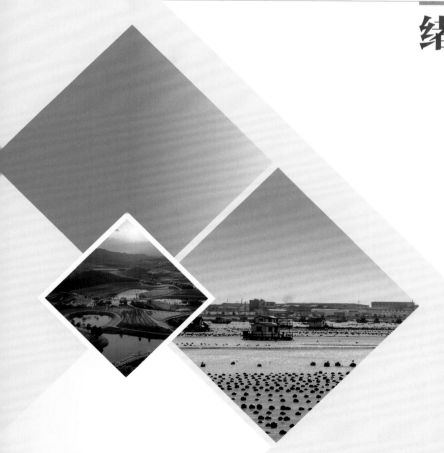

第一篇

绪 论

第 1 章

无人渔场的源起

随着新信息技术的迅速发展,水产养殖产业形态悄然发生着改变。如今,智能机器人应用的广泛推广,"无人渔场"概念逐渐兴起。无人渔场,不需要人频繁进入养殖区,而是采用物联网技术、大数据技术、人工智能技术和无人智能装备技术等,全天候、全过程自主完成水产养殖生产作业。无人渔场的本质就是实现机器换人。2017 年,挪威构建了第一个无人渔场,随后我国广东南沙、山东烟台和江苏南京的无人渔场也逐渐开始试验探索。若干年后,"智能渔场""无人渔场"不再是天方夜谭,而是能够真正推广到全国各地,遍地开花,那时渔民们能够从繁重的劳动中解脱,他们可以西装革履衣着光鲜,无须日夜蹲守养殖区,仅凭一部手机或一台电脑便可远程完成养殖系列工作,这将是新一代渔民的日常工作形态。无论是从传统渔场到无人渔场的代际演进,还是无人渔场自身形态的进阶,都离不开多种动因的共同作用,本章介绍无人渔场的源起。

1.1 渔业资源紧缺、利用率低

《世界粮食安全和营养状况》统计数据显示,2019 年全球饥饿人群达到 6.9 亿人,与 2018 年相比增加 1 000 万人,与 5 年前相比增加近 6 000 万人,到 2020 年,数据直线上升,短短一年时间大约增长了 8 000 万人,而超过 1.55 亿人已经达到严重饥饿,2021 年,全球饥饿人口总数已经超过 8 亿人。其中,亚洲饥饿人数最多,非洲饥饿人数增长最快。干旱、洪水、虫灾、地区冲突和新冠病毒大流行等原因导致全球谷物产量下降,尤其疫情使全球粮食体系的脆弱性凸显,俄乌冲突导致世界粮价再创历史新高。预计全球多个国家将遭受严重的粮食危机。在世界许多地区,鱼品能够促进粮食安全。很多发展中国家依靠鱼类作为主要的蛋白质来源,将近 30 个国家的鱼品占动物蛋白摄入量的 45% 以上。联合国粮食及农业组织发布的 2020 年《世界渔业和水产养殖状况》报告显示:全球人均鱼类消费量已创下每年 20.5 kg 的新纪录,并依然保持高增长态势,凸显了鱼类在全球粮食和营养安全中的关键作用。水产品是人类食物蛋白质的第三大来源,是保障世界粮食安全的重要内容。我国现在每年人均消费的动物产品约 150 kg,远远超过口粮,其中水产品 46 kg,占将近三分之一,所以水产品的地位越来越重要。自 1970 年以来,水产养殖产量以平均每年 8.7% 的速度增长,随着人类生活质量提高,水产品需求逐步上升。鱼类和渔业产品不仅是全球公认的最健康食物,而且也属于对自然环境影响较小的食物种类。鱼类和渔业产品必须在各级粮食安全和营养战略中扮演中坚角色。

我国水域资源丰富,拥有丰富的海洋和内陆水域资源,海岸线长度 18 000 多 km,渤海、黄海、东海和南海海域面积达 473 万 km²,水深 200 m 以内的大陆架面积约 148 万 km²,潮间带滩涂面积 1.9 万 km²,10 m 等深线以内的浅海 7.3 万 km²。内陆水域面积约 17.6 万 km²,湖泊、河流占内陆水域总面积的 81.2%,为水产养殖行业的发展创造了先天资源优势。2015 年以来,随着我国水产养殖技术及效率的不断提升,水产养殖面积呈现平稳下降的走势,到 2020 年,全国水产养殖面积下滑至 704 万 hm²,同比下降 1.02%。从水产养殖面积构成来看,目前我国淡水养殖面积远超海水养殖面积,其中,海水养殖面积 200 万 hm²,占总面积的 28.4%,同比增长 0.17%;淡水养殖面积 504 万 hm²,占总面积的 71.6%,同比下降 1.48%;海水养殖与淡水养殖的面积比例为 28.4:71.6。

《2021 中国渔业统计年鉴》数据显示,2020 年我国水产养殖总产量达 5 224.20 万 t,占全国水产品总产量的 79.8%,占世界水产养殖总产量的 60% 以上,连续 32 年位居世界第一,人均占有量 37 kg,是世界平均水平的 2 倍,成为全球最大的水产品加工和贸易市场。我国水产养殖经济品种种类超过 300 种,全国水产品人均占有量高达 46.39 kg,是世界平均水平的 2 倍以上。作为一个水产品生产大国,我国在水产品消费上却非常少,《2021 中国统计年鉴》显示,2020 年全国人均水产品消费量仅有 14 kg 左右,远低于同期肉禽的人均消费量。随着我国居民生活水平的提升,消费结构不断优化和改善,水产品在膳食结构中的比重不断增加,水产品的消费需求将呈稳定增长态势。在全球新冠疫情起伏不定、极端天气多发重发、饥饿人口数量大幅攀升的背景下,各方要把水产养殖摆到更加重要位置,深化合作、携手努力,全链条推进水产品生产、加工、流通、贸易发展,让世界各国人民享受到充足、优质、多样、便捷的水产品。

根据捕捞水域的不同,我国水产捕捞可划分为海洋捕捞、远洋捕捞和淡水捕捞三大类型,其中海洋捕捞凭借广阔的作业范围以及巨大的渔业资源优势成为我国水产捕捞中最主要的发展形式。近年来,随着渔业资源过度捕捞状况日益严重,同时渔业资源受到时间限制,再生资源受到限制,自 2015 年开始,我国水产捕捞产量呈现持续下滑的发展趋势,到 2020 年,全国水产捕捞总产量为 1 324.8 万 t,较 2015 年水产捕捞产量下滑近 300 万 t。从水产捕捞产量按捕捞类型构成来看,目前我国远洋捕捞和淡水捕捞产量要明显低于海洋捕捞,2015 年以来,我国海洋捕捞产量占比基本维持在 70% 以上,淡水捕捞和远洋捕捞产量占比则保持在 10%~20%。到 2020 年,全国海洋捕捞产量为 947.41 万 t,占总产量的 71.5%;远洋捕捞产量为 231.66 万 t,占总产量的 17.5%;淡水捕捞产量为 145.75 万 t,占总产量的 11.0%。由于我国人口基数大,淡水捕捞量在全球依旧排名第一。近年来,由于过度捕捞等原因,我国淡水生态环境(如长江)等受到了严重破坏,水生动物数量也急剧下降,但随着禁渔政策的实施和公民素质的逐步提高,淡水生态资源也在慢慢改善。而随着海洋捕捞压力的持续增加,渔业资源过度捕捞状况日益严重,海洋渔业资源受到环境与时间等条件的限制,再生能力受到制约,导致海洋渔业资源出现衰退现象,海洋捕捞总产量不断减少。

虽然我国目前已是全球渔业大国,渔业捕捞和养殖量远超世界其他国家,但国内海鲜市场的供应缺口仍在加大。一方面是由于过度捕捞导致的渔业资源衰减,另一方面则是由于中产阶级规模的扩大而带来的需求结构的变化。近年来,中国居民的需求逐渐向高质量和安全的海鲜产品转变。相较于养殖的、淡水的、国产的水产品,人们对野生的、海洋的、进口的水产品表现出更大的兴趣。然而,中国海洋经济区中目前约 80% 的渔获量均是低价值的小型中上层鱼类如鳀鱼和鲭鱼。此外,我国水产品的加工以传统初级加工为主,冷冻水产品占了 55%,高技术、高附加值的产品极少。再加上捕捞强度增加、后期培育不及时,优质鱼类资源明显萎缩,经济价值较高的大型鱼类已经难以捕获,呈现低龄化、小型化、低值化的变化趋势。经济贝类、蟹类和虾类资源也明显减少,整个渔业资源群落结构及资源量下降趋势明显。

另外,我国也面临资源约束大的问题,由于我国是一个海陆兼具的国家,海岸线长达 1.8 万 km,居世界第四。我国的领海面积也非常辽阔,在我国的海域中,除港口、开采、航线、休闲旅游观光还有少部分用于养殖经济鱼类外,大多处于闲置状态,可利用率极高,有大量符合条件的水域可用于海水养殖。我国对深远海水域的开发利用极为不充分,开发潜力巨大。

1.2 老龄化、高成本、劳动力下降

随着社会经济发展,在生育水平持续下降、人均预期寿命普遍延长的双重作用下,我国人口老龄化将持续加速,农业劳动力结构正在发生巨大变化。农业劳动力特别是青壮年劳动力将大量退出农业生产,一方面,农村空心化,农民老龄化,从事农业生产的高素质劳动力缺乏;另一方面,农民劳动价值观念转变,特别是大部分新生代人群不愿从事农业生产,由此进一步加剧了适龄的农业劳动力短缺。农业劳动力结构的恶化将引发的无人种田及养殖的困局,迫切需要无人农场的出现,从根本上改变我国传统的农业作业模式。2020 年,渔业人口 1 720.77 万人,比上年减少 107.44 万人,下降 5.88%。渔业人口中传统渔民为 555.43 万人,比上年减少 45.06 万人,下降 7.50%。渔业从业人员 1 239.59 万人,比上年减少 52.11 万人,下降 4.03%,劳动力老龄化的趋势是我国水产养殖业急需转型的原因。

同时,由于劳动力成本持续提高、劳动力来源老龄化严重,进一步加深了因粗放生产方式而导致的生产率低下的窘迫。近年来,我国劳动力生产成本逐年增高,当前,农村劳动力的平均年龄已超过 50 岁,作为传统水产养殖的主要劳动力来源,农村人口老龄化趋势加剧,同时由于传统水产养殖业工作环境差,劳动强度高,原本就偏低的水产养殖劳动力薪资面对逐年增高的农村居民人均消费水平,其从业吸引力大打折扣。目前农村居民人均消费水平的增长趋势仍然强劲,意味着我国传统水产养殖业所依赖的农村劳动力成本仍会不断上升,如果再不积极改进劳动力结构,必然会被迫提升水产品价格,甚至面临亏损。

我国水产养殖业也面临劳动生产率低下的问题,就劳动生产率而言,与同是水产养殖强国的挪威相比,挪威平均单位劳动力可产出约 200 t 鱼,而我国目前只能达到 7 t 的水平,其核心原因就是我们的技术水平、装备水平比较低,导致劳动生产率比较低。水产养殖业作为我国农业的重要分支,正处于农业现代化的重要阶段,对资源紧缺、环境问题日益严峻、劳动力问题突出的水产养殖业而言,此阶段是必须抓住的历史契机。

1.3 环境污染

水产养殖业需要适量投放饲料以促进水产养殖品种的生长和养殖效益,但养殖农户由于缺乏生产经验和投放饲料的相关知识,导致饲料利用率不高或滥用药物等问题的产生,甚至造成严重的水污染。市场上供应的水产饲料种类较多,质量不一,养殖者由于缺乏经验,导致养殖生物自身营养成分不足,影响生长。或者由于饲料本身的营养成分比例不当,配比不均衡,导致养殖生物摄取的营养元素受限,从而影响生长、造成水体环境污染。另外,由于部分养殖户对剩余的饲料残渣处理不当,有机物不能及时被分解,不仅增加了养殖成本,还可能导致鱼塘污染,出现缺氧现象,增加了寄生虫或病菌的污染危害,给养殖户可能带来更加严重的经济损失。此外,随着人类社会工业、农业、生活的不断发展,海洋活动的持续进行,海洋生态环境正遭受着越来越严重的污染。海洋污染导致海洋生物多样性下降,水产生态资源平衡遭到破坏,从而使得鱼类、贝类数量减少,并且因污染而变质,直接或间接地影响渔业经济的发展。因此,有必要进行生态养殖如"猪—沼—鱼""草基鱼塘"或者稻田养鱼养蟹等模式,能够大大提高资源的利用率,加强对养殖废水的净化和回收利用,提高对粪污、池塘泥渣等利用,还能够减少污染排放,减少对化肥和农药的使用,促进水产生物生长,提高水产品品质,实现生态效益和经济效益并重。

1.4 技术赋能

科技改变生活。互联网＋、大数据、智能机械等掀起的一股热潮,正悄然改变着我国基础性产业形态,而发展到今天的水产养殖业已然进入了"拐点"。随着人口红利与资源优势的逐渐消失,当前我国水产养殖必须从产出效率低、人工成本高、养殖相对分散的传统模式中跳出,朝着集约化、规模化、智能化、工厂化方向不断前行。演进的前提是农业已具备按工业化模式发展的基础,真实而迫切的市场需求是演进的源动力,技术进步则是演进的直接驱动力,不断利好的农业政策更是加速演进的助推器。

物联网技术是世界信息化发展的新阶段,不断地从信息化向智能化发展,主要由无线通信网络、互联网、云计算、应用软件、智能控制等技术构成。物联网本身是以实现控制和管理发展而来的网络技术,通过传感器和网络将管理对象连接起来,完成信息的感知、识别和决策等智能化的管理和控制。物联网技术的普及,为现代渔业的发展提供了广阔的平台,是现代渔业发展的新机遇。同时,渔业产业的快速发展也为物联网提供了更广阔的应用环境。物联网技术的飞速发展和普及推广,有效地推动了渔业产业的快速发展。针对传统渔业成本高、不易管理等问题,物联网技术实现了对水产品的生长状况进行实时监测和智能管理。实现了设备的远程控制,改变了传统渔业的养殖模式。

大数据是信息化高度发展的必然结果。由于世界信息技术的不断飞速发展,电子信息化设备在人类生活中得以广泛普及应用,使得信息数据的产生、获取、传输都达到了前所未有的新高度,同时存储技术的快速发展为海量的数据存储提供了技术保障,使得对大数据的分析应用成为可能。发达国家(如美国)已经开始研究农业机器人,并且已经取得了一些较先进的成果。而中国在农业机器人发展方面是相对落后的,发展时间相对来说也较晚,以至于目前依然处于初期阶段,在各个方面落后于发达国家。农业机械化是实现农业现代化的重要标志。从目前我国人口结构不断老龄化的趋势来看,我国农村劳动力极度缺乏,产业成本逐年增高。在生产实践中,有大量的智能机器人进行操作,从而大大地降低了人工劳动强度以及生产成本,也提高了产业的循环率,解决了生产劳动力资源不足、生产力低下的主要困难。各种各样的智能机器人如投饵机、溶解氧控制、除污机以及其他水质传感器,被应用于渔业领域有其自身独特的优势所在,其主要依托计算机技术,为渔业的生产提供指导、分析、检验、规划等,为渔业生产的各个阶段提供有利的帮助,有利于提高渔业生产的产量和质量,为现代农业人口不断下降的难题提供了一种较为可行的解决方法。

1.5 国家政策支持

根据《渔业法》规定,我国对渔业生产实行"以养殖为主,养殖、捕捞、加工并举,因地制宜,各有侧重"的方针。在该方针指导下,多年来我国水产品主要以人工养殖为主。水产养殖为解决我国城乡居民吃鱼难、增加优质动物蛋白供应、提高全民营养健康水平、保障我国食物安全等方面的问题做出了重要贡献。国家对水产养殖的重视及采取务实有效的举措推动了高质量发展,促进了养殖业迈入工业化、规模化、集约化、智能化阶段,但水产养殖品种受到资源、技术、土地等客观因素的影响,规模化程度远低于禽类养殖和生猪养殖。从市场集中度来看,目前我国水产养殖行业市场参与者主要为中小企业。水产养殖行业较为分散,行业壁垒较低,行业内企业众多,竞争较为激烈。同时,我国水产养殖业面临养殖布局不合理、人工智能化水平较低等问题,因此,加快推进水产养殖业绿色发展,促进产业转型升级,依靠设备实现自动化的管理,从而减少水产养殖的风险和降低水产养殖的成本等将是水产养殖行业重要发展趋势。今天,中国仅用全球 7% 的耕地面积,养活了全球 22% 的人口。在逆全球化和地缘冲突加剧的背景下,应该更加坚定"谷物基本自给、口粮绝对安全"的粮食安全观,更加坚定"中国人的饭碗任何时候都要牢牢端在自己手上"。持续推进农业科技创新,不仅要"藏粮于地",还要"藏粮于技"。

2022 年 2 月 22 日,中共中央国务院正式公布的《关于做好 2022 年全面推进乡村振兴重点工作的意见》指出,牢牢守住保障国家粮食安全和不发生规模性返贫两条底线,扎实有序做好乡村发展、乡村建设、乡村治理重点工作,全面推进乡村振兴。其中,"稳定水产养殖面积,提升渔业发展质量""强化水生生物养护,规范增殖放流""鼓励发展工厂化集约养殖、立体生态养殖等新型养殖设施"等重点要求指引水产行业稳健发展。在国务院发布的《"十四五"推进农业农村现代化规划》中,提出完善重要养殖水域滩涂保护制度,严格落实养殖水域滩涂规划和水域滩涂养殖证核发制度,保持可养水域面积总体稳定,到2025年,水产品年产量达到6 900万t。农业农村部印发的《"十四五"全国渔业发展规划》提出,到2025年,渔业科技进步贡献率达到67%,力争到2035年基本实现渔业现代化。

面对严峻复杂的国内外环境,全国渔业系统深入学习贯彻习近平总书记关于"三农"工作重要论述和涉渔工作重要指示批示精神,全面落实党中央、国务院和农业农村部党组各项决策部署,围绕水产品稳产保供、做好"六稳"工作、落实"六保"任务和实施乡村振兴战略,有效应对新冠疫情、洪涝台风灾害、国际经济下行等风险挑战,扎实推进渔业高质量发展和长江禁捕退捕工作。统计数据显示,全年渔业生产总体平稳,水产品产量由降转增,水产品供给由大量滞销到逐步恢复常态,市场价格先跌后升,渔业经济运行持续稳定恢复。随着对渔业资源保护和可持续发展意识的增强,我国及时设立海洋伏季休渔制度、长江等重要内陆水域禁渔期制度,启动实施海洋渔业资源总量管理制度,实施人工鱼礁、增殖放流等一系列水生生物资源的养护措施,大力开展以长江为重点的水生生物保护行动,加快推进海洋牧场建设,渔业资源衰退的状况得到了有效遏制。

随着我国海洋强国建设稳步推进,我国"十四五"规划中明确提出要优化近海绿色养殖布局,建设海洋牧场,发展可持续远洋渔业。可以预见,"十四五"将是我国加快海洋牧场建设的重要战略机遇期。沿海省市积极发展现代海洋渔业,山东、福建、广东、辽宁、海南、吉林、江苏、浙江、广西等地的"十四五"规划纲要均提出,培育现代海洋渔业,推动海洋绿色牧场建设。目前,我国水产养殖行业已有众多环节引入了数字技术,其中水质监控、预警及管理、自动投饲系统、水产病害远程诊断、水产品质量安全追溯等技术发展都是水产养殖行业的发展必经之路,此外,智能水产养殖将物联网和大数据运用到水产养殖中,也是当下正在发展和创新的新模式。

第 2 章
无人渔场概述

2.1 无人渔场的概念和内涵

无人渔场就是劳动力不进入渔业生产现场的情况下,采用物联网、大数据、人工智能、5G、机器人等新一代信息技术,通过对设施、装备、机械等远程控制、全程自动控制或机器人自主控制,完成所有渔场生产作业的一种全新生产模式。全天候、全过程、全空间的无人化作业是无人渔场的基本特征,装备代替劳动力的所有工作是本质。全天候无人化就是从养殖的开始到结束时间段内,每天 24 h 依靠机器完成所有人工完成的工作,人不需要进入渔业生产现场,因此,无人渔场需要对鱼的生长环境、生长状态、各种作业装备的工作状态做全天候监测,以根据监测信息开展渔场作业与管理。全过程无人化就是渔业生产的各个工序、各个环节都是机器自主完成的,不需要人类的参与,甚至在业务对接环节,依靠装备与装备之间的通信和识别,完成自主对接;全空间的无人化是在渔场的物理空间里,不需要人的介入,由无人车、无人船和无人机完成物理空间的移动作业,并实现固定装备与移动装备之间的无缝对接。

随着物联网、大数据、人工智能等新一代信息技术的发展,各个国家开始将信息化技术应用在农业领域,如英国建立了无人大田,美国建设了无人水培农场,其他国家也陆陆续续将这种技术应用在渔场中,开始构建无人渔场。2020 年,我国广州建设了中国第一个无人池塘渔场,预示着渔场养殖正式进入无人化时代。

2.2 无人渔场理论架构

无人渔场的理论架构是指无人渔场的关键技术、无人渔场系统组成及无人渔场的典型应用,如图 2-1 所示为无人渔场理论框架图。无人渔场关键技术是由物联网技术、大数据技术、人工智能技术、智能装备与机器人技术等组成,物联网技术实现无人渔场信息感知、信息传输;大数据技术实现无人渔场海量数据的处理和存储;人工智能技术实现了无人渔场智能化;智能装备与机器人技术实现无人渔场智能、自主作业。无人渔场系统主要是由四大系统组成,包括:基础设施系统、作业装备系统、测控系统和管控云平台系统,无人渔场四大系统相互协同,保障整个无人渔场的正常运行,实现渔场生产和管理无人化;无人渔场的典型应用主要是在池塘、陆基工厂、海洋网箱、养鱼工船和鱼菜共生等场景下实现生产、管理整个过程的无人化,提高了渔业生产效率。

图 2-1　无人渔场技术理论框架

2.3　无人渔场关键技术

　　无人渔场是一个复杂的系统工程,是新一代信息技术、装备技术和种养工艺的深度融合的产物。无人渔场通过对渔业生产资源、环境、种养对象、装备等各要素的在线化、数据化,实现对养殖对象的精准化管理、生产过程的智能化决策和无人化作业,其中物联网技术、大数据技术、人工智能技术、智能装备与机器人技术等四大技术起关键性作用,如图 2-2 所示。物联网技术为无人渔场提供万物互联和数据采集与传输工作;大数据技术使得无人渔场中海量数据的存储、处理和应用更加有效;人工智能技术使得无人渔场中各种装备具备人一样的思考能力;智能装备与机器人技术使得无人渔场各种工作能够摆脱人力,从而实现无人化的渔业生产现场。

图 2-2　无人渔场关键技术

2.3.1　物联网技术

物联网技术是无人渔场的基本组成部分。渔场要实现无人化,必须要将装备、鱼类个体和云管控平台连接成一个有机整体,而实现一个有机整体的基础是这些系统之间的数字化通信。物联网为无人渔场提供全面感知水质、环境的传感器技术,通过对水质和环境的感知,及时进行调控,确保鱼类生长的最佳环境;物联网技术提供以机器视觉和遥感为核心的动植物表型技术和视觉导航技术,确保动态感知鱼类的生长状态,为生长调控提供关键参数;物联网技术提供各种装备的位置和状态感知,为装备的导航、作业的技术参数获取提供可靠保证;此外,物联网技术提供 5G 或更高通信协议的实时通信技术,确保装备间的实时通信。无人渔场环境、装备、鱼类信息的全面感知技术和信息可靠传输技术是物联网应用于无人渔场的两大关键支撑技术,是实现无人渔场精准自主作业的基础。

2.3.2 大数据与云计算技术

无人渔场中各种作业都是通过智能装备完成,装备依靠各种数据的分析开展精准作业。无人渔场时时刻刻产生海量高维、异构、多源数据,因此如何获取、处理、存储、应用这些数据是必须解决的问题。大数据技术为无人渔场数据的获取、处理、存储、应用提供技术支撑:①大数据技术提供渔场多源异构数据的处理技术,进行去粗存精、去伪存真、分类等处理方法;②大数据能在众多数据中进行挖掘分析和知识发现,形成有规律性的渔场管理知识库;③大数据能对各类数据进行有效的存储,形成历史数据,以备渔场管控进行学习与调用;④大数据能与云计算技术和边缘计算技术结合,形成高效的计算能力,确保渔场作业,特别是机具作业的迅速反应。数据的实时获取技术、数据智能处理技术、数据智能存储技术和数据分析技术是无人渔场采用的四大关键大数据技术,为无人渔场智能装备的精准作业提供了数据支撑,从而实现无人渔场的无人化精准化管控。

2.3.3 人工智能技术

无人渔场的本质就是实现机器对人的替换,因此机器必须具有生产者的判断力、决策力和操作技能。人工智能技术给无人渔场装上了"智能大脑",让无人渔场具备了"思考能力"。一方面,人工智能技术给装备端以识别、学习、推理和作业的能力。首先体现在装备端的智能感知技术,主要包括渔场鱼类生长环境、生长状态、装备本身工作状态的智能识别技术;其次是装备端的智能学习与推理技术,实现对渔场各种作业的历史数据、经验与知识的学习,基于案例、规则与知识的推理,以及机器智能决策与精准作业控制。另一方面,人工智能技术为渔场云管控平台提供基于大数据的搜索、学习、挖掘、推理与决策技术,复杂的计算与推理都交由云平台解决,给装备以智能的大脑。无人渔场主要包括智能识别、智能学习、智能推理和智能决策四大关键人工智能技术,实现了云管控平台的无人化,是无人渔场的关键所在。

2.3.4 智能装备与机器人技术

无人渔场要实现对人工劳动的完全替换,关键是靠智能装备与机器人完成传统渔场人工要完成的工作。智能装备与机器人是人工智能技术与装备技术的深度融合,除了上面提到的人工智能技术外,装备与机器人还需要机器视觉、导航、定位以及针对渔业生产场景的各种作业的运动空间、时间、能耗、作业强度的精准控制技术的支撑。无人渔场智能装备主要包括无人车、无人机、无人船和移动机器人等移动装备,以及智能饲喂机、分类分级机等固定装备。无人渔场机器人分为水下捕捞机器人、网衣巡检机器人等。固定装备与移动装备协同完成无人渔场的各种作业,无人车、无人船、无人机在移动装备中发挥重要作用。无人渔场智能装备与机器人技术主要包括状态数字化监测技术、信息智能感知技术、边缘计算技术、智能作业技术、智能导航控制技术和智能动力驱动等关键技术。智能装备与机器人能够在无人渔场中完成自主精准作业,实现无人渔场生产过程的精准化、高效化和无人化。

2.4　无人渔场的系统组成

不同应用场景下无人渔场的具体表现形式不同,但大致是由基础设施系统、作业装备系统、测控系统和管控云平台系统组成,如图 2-3 所示。无人渔场系统多、设备多,每个子系统之间又相互关联且协调运行,缺少任何一部分都难以实现渔场的无人化。无人渔场四大系统能够各自完成自己的任务,又相互联系,协同运行,共同完成无人渔场智能生产和管理等任务,共同保障整个无人渔场的正常运行。

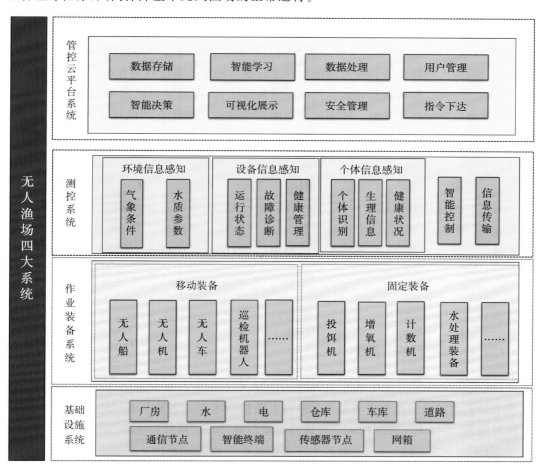

图 2-3　无人渔场四大系统框架

2.4.1　基础设施系统

基础设施系统提供了无人渔场基础工作条件和环境,是支撑作业装备系统、测控装备系统和管控云平台系统运行的基础条件。基础设施系统通常包括仓库、道路、水、电、车间、池塘、网箱等基础条件,以及无线通信节点和传感器等装备布置设施,是无人渔场的基础物理架构,为渔场无人化作业提供工作环境保障。在不同的应用场景下,无人渔场的基础设施系统也有一定差异,但都是为机器换人实现提供最基本的条件。基础设施系统是无人渔场必不可少的一部分,是整个无人渔场正常运行的保障。

2.4.2　作业装备系统

作业装备系统是指完成无人渔场生产、管理和捕捞等任务的设备和装置的总称,分为固定装备和移动装备。固定装备是指不需移动即可完成渔场的主要作业,如:投饵机、增氧机、循环水处理设备。移动装备系统是指必须要在移动过程中完成渔场作业,如:无人车、无人船、无人机等设备。无人渔场中移动装备与固定装备之间相互配合完成无人渔场中的工作,如:无人船可搭载智能投饵机完成投饵工作,自动捕捞机器人设备与无人车之间配合完成鱼的收获与运输。移动装备与固定装备是渔场作业的执行者,它们之间相互配合作业,实现无人渔场中无人化作业。

2.4.3　测控系统

测控系统包括监测系统和控制系统两部分。监测系统主要是通过各种传感器、摄像装置、采集器、控制器、定位导航装置、遥感设备等实现环境信息、养殖对象生长状态和装备工作状态的获取,并完成信息的可靠传输,保障实时通信,从而实现无人渔场全面的信息感知。控制系统是根据获取的信息接收控制指令,快速做出响应,进行作业端的智能技术以及精准变量作业控制。测控系统是渔场的感官系统,为渔场状态提供关键信息支撑。

2.4.4　管控云平台系统

管控云平台系统是无人渔场的大脑,是大数据与云计算技术、人工智能技术与智能装备技术的集成系统。无人渔场云平台通过大数据技术完成各种信息、数据、知识的处理、存储和分析,通过人工智能技术完成数据智能识别、学习、推理和决策,最终完成各种作业指令、命令的下达。此外,云平台系统还具备各种终端的可视化展示、用户管理和安全管理等基础功能。管控云平台系统是无人渔场最重要的组成部分,是无人渔场的神经中枢。

2.5 无人渔场典型应用

无人渔场的本质是完全实现机器对人工的替代,实现从生产到产后环节全部过程的无人化。不同的渔业生产场景,无人渔场的表现各异。当前无人渔场的典型应用包括无人池塘、无人陆基工厂、无人网箱养殖与海洋牧场、无人养鱼工船和鱼菜共生智能工厂五大场景。

2.5.1 无人池塘

无人池塘是在池塘养殖场景下,渔业生产的各个环节都通过智能设备和机器人完成,实现无人操作。无人池塘通过传感器、无人机搭载相机和遥感数据分析池塘水质、鱼的个体信息和环境信息;管控云平台处理采集到的数据,产生池塘生产的智能决策;通过远程控制实现无人渔场的饲喂、增氧、水处理等工作,自主控制无人车与吸鱼泵结合实现无人渔场的收获、运输等工作。通过测控系统、管控云平台和智能设备之间的相互配合工作,实现无人池塘从生产管理到收获各个环节的无人化。

2.5.2 无人陆基工厂

无人陆基工厂主要是指在工厂化循环水养殖的场景中实现无人化的水产养殖,主要通过各类传感器、智能装备、机器人和智能系统实现无人化作业。无人陆基工厂以测控系统采集渔场数据为基础,由智能管控云平台系统处理数据并建立指令,所有工作由各种设备完成。通过水处理装备对水质进行净化,确保水质处于鱼的最佳生长状态;通过分鱼机、增氧机、饲喂机等实现鱼的分级、水质增氧和智能饲喂;通过搬运机器人和管理机器人实现工厂的搬运和管理工作。

2.5.3 无人网箱养殖

无人网箱养殖是一种主要的深海养殖模式,通过在网箱内安装摄像头来监测鱼的摄食等行为,实现自动投喂;在网箱中采用巡检机器人对网衣和死鱼进行巡查,确保网衣设施和鱼的生长环境处于最优状态;通过收鱼机和无人船实现鱼的收获与运输。

2.5.4 无人养殖工船

无人养殖工船是在船上开展鱼类养殖的一种深远海养殖模式,可以根据鱼类的生态习性及生态环境转换养殖海域采用分级设备对苗种进行智能分级,投放到不同的鱼舱,采用智能投饲装置进行投饵,采用吸鱼泵等智能捕捞装备对鱼雷进行起捕。同时,养殖工船还作为饲料存储和巡检机器人的仓库,由无人船往养鱼工船中运输饲料。养鱼工船搭载的网箱对大鱼放养,与无人网箱养殖方式类似。养殖工船搭载的网箱可以移动到适用于鱼类生长的水质环境中。

2.5.5 鱼菜共生智能工厂

鱼菜共生智能工厂是将鱼类养殖与植物栽培相结合的一种生态化养殖模式,养鱼池排出的水经过滤后进入植物水培系统,植物吸收养鱼水中的氮、磷作为自身生长的营养物质,同时净化水质,净化后的水重新回到养鱼池。通过每个鱼池上的传感器和搭载的摄像头观察鱼的生产环境和鱼的生理信息,智能管控系统根据这些基础信息下达相关指令;通过自主饲喂机和增氧机接到指令或直接分析数据,对特定的鱼池进行定向增氧与投喂;通过搬运机器人实现工厂蔬菜的移植、鱼苗投放的搬运工作;通过管理机器人实现对蔬菜的种植与收割等管理工作;通过微滤机、生物过滤器和自主抽水机等装置实现水的过滤和循环。

第二篇

技 术

第3章

物联网与无人渔场

3.1　无人渔场物联网体系架构

　　无人渔场物联网是一种基于智能传感、信息处理及智能控制等物联网技术,能够实现全天候数据和图像实时获取、无线传输、智能处理、智能决策和预测预警等功能的智能系统。无人渔场借助物联网、大数据、人工智能(AI)、通信技术(5G)、云计算和机器人等新一代信息技术,对渔场生产场所进行远程测控或由机器人独立控制渔业设施、设备、机械,完成渔场生产环节中环境监测、水质管控、智能饲喂、智能收获等多种工作。

　　无人渔场生产系统主要涉及池塘养殖、陆基工厂化循环水养殖、深海网箱养殖、养鱼工船和鱼菜共生五种模式,传统物联网体系中都采用三层结构:设备层、网络层和服务层。随着信息和电子科技的发展,在传统物联网的基础上发展成具有智慧的"云-网-边-端"物联网架构,如图 3-1 所示。"端"指智能设备端,包括具有智能接口和处理能力的智能传感器、智能执行机构或设备和智能机器人等终端设备,具备板载计算能力,负责数据的采集处理和向上传输、上级控制指令的接受和执行、设备自身的数据分析与控制等,如智能传感器、智能饲喂机器人、智能作业船等。"边"是边缘计算的范畴,包括使用传感网络节点设备、网络终端、具备网络和数据处理能力的设备终端等,能够实现数据处理和控制过程。"网"一般采用无线网络,通过网关、嵌入式设备以及移动终端等实现数据的传输和交换。"云"是智慧数据云平台,用于处理和存储数据,具有超强的大数据分析、计算和查询能力,提供各种智能信息处理服务,如水质分析、行为分析、疾病诊断等。

3.2　信息感知

　　信息感知是物联网的重要组成部分,无人渔场信息感知是无人渔场实现自我控制和自我决策的基础,主要是通过对环境要素、养殖对象个体信息、装备或设备状况等进行感知,实现生产全过程各类信息的实时追溯,为智能决策提供可靠的数据源。无人渔场的信息感知包括物联网"端"的智能水质传感器、智能环境小气候传感器、个体信息感知、

数字资源 3-1
池塘养殖物联网设施

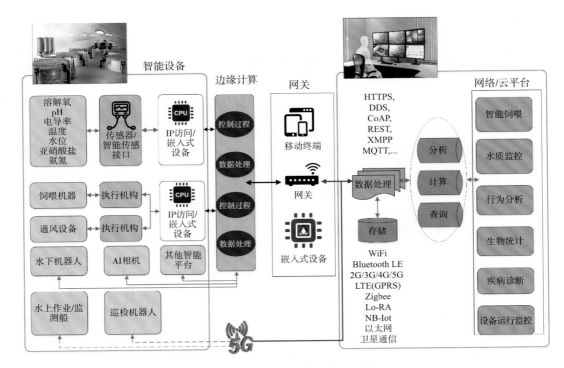

图 3-1　无人渔场物联网体系架构

智能自动检测系统以及大水面无人机遥感等。

3.2.1　水质数据

　　水是鱼类生长的根本环境,水质的好坏直接影响了鱼类养殖的成效,水质数据主要依赖水质参数传感器,包括溶解氧、pH、温度、电导率、叶绿素 a、氨氮、亚硝氮、硝酸盐氮以及活性磷酸盐等。

　　溶解氧(dissolved oxygen)是指溶解于水中的空气中的分子态氧。溶解氧检测主要采用电化学覆膜法和荧光淬灭法。电化学覆膜法(Clark 极谱法)溶解氧传感器,由 Pt(Au)阴极、Ag/AgCl 阳极、KCl 电解液和高分子覆膜 4 部分组成。测量时,在阴极和阳极之间施加一个 0.7 V 左右的恒定极化电压,溶液中的氧分子透过高分子膜,然后在阴极上发生还原反应。在温度恒定的条件下,电极扩散电流的大小与样品氧分压(氧浓度)成正比。荧光淬灭法基于溶液中的氧分子对金属钌铬合物的淬灭效应原理,可根据电极覆膜表面荧光指示剂荧光强度或寿命变化来测定溶液中溶解氧的含量。由于金属钌铬合物与氧分子的淬灭过程属于动态淬灭(分子碰撞),本身不耗氧、化学成分稳定,尤其选择荧光寿命(本征参量)作为复杂养殖水体溶解氧含量的测定依据,可极大地提高溶解氧传感器的检测准确度与抗干扰能力。

　　pH(酸碱度)描述的是溶液的酸碱性强弱程度。常见的在线复合式 pH 电极由内外(Ag/AgCl)参比电极、0.1 mol/L HCl 外参比液、1 mol/L KCl 内参比液与玻璃薄膜球泡

4 部分组成。在进行 pH 测定时,玻璃薄膜两侧的相界面之间建立起一个相对稳定的电势差,称为膜电位,且介质中的氢离子浓度与膜电位(相对于内 Ag/AgCl 参比电极)的数学关系满足 Nernst 响应方程。

溶液电导率描述的是溶液导电的能力,可以间接反映溶液盐度和总溶解性固体物质(TDS)含量等信息。应用电导率传感器实时监测无人渔场的盐度信息,探索盐度对不同动物、不同发育阶段的影响机制,就可有目的地精准调控养殖动物的生长发育,更好地为无人渔场生产服务。为了克服传统两电极电导率传感器在线测量时电极易钝化、易漂移等缺点,通常采用新型四电极测量结构,即两个电流电极,两个感应电压电极,通过两个电流电极之间的电流与电导率呈线性关系。

叶绿素 a 是植物进行光合作用的主要色素,普遍存在于浮游植物(主要指藻类)和陆生绿色植物叶片中,在水体中其含量反映了浮游植物的浓度,可以通过传感器对水中叶绿素 a 浓度的在线测量来监测无人渔场是否出现了赤潮或者水质污染。叶绿素 a 荧光法检测原理,即使用 430 nm 波长的光照射水中浮游植物(或者陆生植物叶片),浮游植物(或植物叶片)中的叶绿素 a 将产生波长约为 677 nm 的荧光,测定这种荧光的强度,通过其与叶绿素 a 浓度的对应关系可以得出水中或者植物叶片中叶绿素 a 的含量。

氨氮是水体中非离子氨与离子形态的铵根离子的总称,是水体质量的重要指标之一。水体中溶解的氨浓度一般只有几十 nmol/L,远低于环境中游离铵离子的浓度,但水中氨氮的毒性主要来自溶解的氨。氨在水中的溶解度,在不同温度和 pH 下是不同的,一般 pH 升高会导致游离氨的比例升高,反之,铵离子的比例升高。水体中氨氮的检测方法有蒸馏滴定法、色谱法、气相分子吸收光谱法,而主要采用的是纳氏试剂或水杨酸和靛酚蓝(IPB)分光光度法,其中纳氏试剂或水杨酸是国标测氨氮的方法,工业生产中常使用电极法,即铵离子电极、氨气敏电极,而光纤、荧光法在研究中使用较多,但是也逐步开始产品化。

分光光度方法最早始于 1859 年 Berthelot 等报道的一种氨、酚、次氯酸盐混合后可产生一种绿色的物质,其检测原理为:氨在碱性条件下被氧化成氯胺,随后氯胺和苯酚反应产生颜色变化,其颜色变化程度与氨浓度有关系。为了避免苯酚的负面影响,如今的检测多采用水杨酸、邻苯基苯酚(OPP)、百里香酚(及其盐类)、1-萘酚、氯酚、2-甲基-5-羟基喹啉和间甲酚代替。荧光法的原理可简单概述为氨氮在碱性条件下与邻苯二醛(OPA)和亚硫酸钠反应形成荧光化合物,该化合物吸收外部能量后,发出一定波长和强度的光,其强度与氨氮浓度相关。pH 比色检测法是基于氨的水溶液弱碱性特性,通过测量 pH 变化可间接测定氨浓度。溴百里酚蓝是一种常用的指示剂,铵离子转化为氨通过疏水膜扩散到受体通道后,可使溴百里香酚蓝溶液的颜色发生变化,通过颜色变化程度对应氨氮浓度关系。光纤检测法是利用光纤技术探索的一种检测方法,与传统的检测方法相比,光纤检测是利用光作为敏感信息的载体,利用光纤作为传输敏感信息的介质。光纤检测方法的基本工作原理是:从光源发出的光线通过入射光纤发送到调制区域,然后与调制区域外的被测参数相互作用,通过这种方式,一些入射光的光学特性被改变并被调制,例如光强度、波长、频率和相位等,光纤的出射光信号随后达到光电探测器和解调器,通过记录光信号的改变可以实现被测参数的测量。氨气敏电极是使用亲水性渗透膜,用内部溶液氯化铵从水样中分离氨。当溶液 pH>11 时,铵盐转化为氨,然后只能透过氨的气敏膜引入内液,促使内液的 pH 增大,当两侧氨的分压相等时,产生电位差,然后用 pH 计测量电位信号。铵离子选择电极通常包含敏感膜(通常由聚氯乙烯组成),可以选择性地响应铵离子。铵离子选择电极在水样中会选择性地对铵离子反应,并在敏感膜的内外之间产生电势,该电位符合能斯特方程,可用于计算样品中铵离子浓度。根据与溶液中非离子氨的百分比相关系数,可以计算出水样中氨氮的浓度。纳米材料修饰电极中,通过在电极表面设计具有所需化学性质的纳米功能材料,从而赋予特定的化学和电化学性能,这些材料对氨氮敏感,并可改变电导率或其他电学特性。生物酶检测通常是通过生物传感器来实现的,其检测基本原理为:待测分析物与生物活性物质通过分子识别实现生物反应,其产生的信息可通过匹配的物理或化学传感器转换成可量化和可处理的电信号。

　　亚硝酸盐氮是含氮有机物受细菌硝化作用分解的氮循环中间产物,是衡量水质污染情况的重要指标之一。亚硝酸盐氮在水中不稳定,易被氧化成硝酸盐,还可转化为致癌的亚硝胺,具有极大的危害性。其进入血液后,可以将低铁血红蛋白氧化成高铁血红蛋白,导致输送氧能力丧失,引发中毒现象。亚硝酸盐的检测方法主要有光度法、化学发光法、电化学法、色谱法、毛细管电泳法等,这些方法各有特点。光度法包括分光光度法、催化光度法、荧光光度法,主要依据朗伯-比尔吸收定律建立颜色与浓度的关系。分光光度法原理是在酸性环境下,对氨基苯磺酸与亚硝酸根反应生成重氮化合物,之后再与 N-(1-萘基)-乙二胺发生偶合反应,形成紫红色偶氮化合物,该化合物在 540 nm 波长处的吸收程度与亚硝酸盐浓度成相关性。化学发光法是根据亚硝酸盐浓度与分子发光强度呈线性关系,通过检测分子发光强度来得到亚硝酸盐的浓度。电化学法是以溶液中亚硝酸盐的电化学性质为依据,根据在已知电流、电量和电导等电学量与亚硝酸盐之间存在计量关系,对亚硝酸盐进行定量和定性的分析方法。依据检测原理的不同电化学法可分为伏安法和极谱法。伏安法是利用亚硝酸盐的氧化特性实现的,所用电极大多采用石墨烯类修饰电极,因其表面具有较大和较高活性面积,能够有效提高电极选择性、灵敏度。极谱法是利用电解过程中所得到的极化电极的电流电位曲线来确定溶液中物质浓度的电化学分析方法,其设备简单、准确度高、灵敏度高、重现性好,但是设备和保养成本较高。色谱法主要包括气相色谱法、高效液相色谱法和离子色谱法,其以离子交换树脂作为固定相进行分离,对同时存在的多种离子进行连续分离。气相色谱是利用不同物质在两相的分配系数不同,将各组分分离开来。高效液相色谱法是利用不同物质在两相的分配系数不同,将各组分分离开来,再通过 HPLC 和紫外检测器同时测定亚硝酸盐含量。离子色谱法是利用阴阳离子对载体(树脂)的吸附能力不同达到分离的目的。毛细管电泳法主要采用熔融的石英毛细管柱作为分离通道,根据样品中各组分之间的淌度和分配行为上的差异来实现分离的一种电泳分离分析方法,毛细管电泳法具有分离效率高、分离速度快、样品用量少及分析化合物种类广泛等特点,但是毛细管柱价格昂贵不易保存,检测过程操作复杂,毛细管壁会因杂质堵塞产生干扰。

磷酸盐大部分是由各种价态的正磷酸盐组成的,如 H_3PO_4、$H_2PO_4^-$、HPO_4^{2-}、PO_4^{3-},是藻类吸收的主要营养物质,过高浓度磷酸盐会导致水体富营养化使得水质下降,对水生生物生长造成巨大的威胁。目前磷酸盐的检测主要有分光光度法(标准比色法)、色谱法、光学荧光法以及电化学方法。分光光度法是在磷酸盐水样中加入钼酸铵、抗坏血酸与酒石酸锑钾,通过抗坏血酸还原蓝色磷钼酸铵络合物,从而建立磷酸盐浓度与溶液颜色的线性关系。电化学检测方法包括电位法、安培法及伏安法以及生物电分析法。电位法是通过磷酸根选择性膜透过磷酸根离子,再利用磷酸根离子的电位响应特性检测电极的电位变化。安培法是指在恒定电压下根据磷酸盐在电极上产生的电流进行定量的方法,测定磷酸盐最常用的安培法是电化学还原钼酸盐,该方法试剂消耗较少,具有优越的灵敏度和便携性。伏安法是指在工作电极上的电势发生变化时,根据分析物浓度与被测物质的氧化或者还原峰电流的比例关系进行定量的方法,一般采用三电极体系,稳定性较高。生物电分析法是利用电化学的基本原理和方法,在生物体和有机组织的整体以及分子和细胞两个不同水平上,研究或模拟电荷(包括电子、离子等)在生物体系和其相应模型体系中分布、传输和转移及转化规律的方法,包括单酶生物传感器、双酶生物传感器以及多酶生物传感器,生物电分析法精度较高,但是酶稳定性差,过多的酶会存在过多的非特异性反应。

3.2.2　环境小气候

太阳辐照度是指太阳辐射经过大气层的吸收、散射、反射等作用后到达地球表面上单位面积单位时间内的辐射能量。太阳辐射是植物进行光合作用的必要条件,对于维持植物生长温度,促其健康生长极其重要。通过对太阳辐照度长期监测,对于无人渔场鱼菜共生系统中作物种植结构优化配置具有重大的参考意义。目前对太阳辐射量的测量可以分为光电效应和热电效应两种。光电效应主要采用光电二极管或硅光电池等作为光探测器,灵敏度好,性价比高,响应速度快,且光谱响应范围宽。光电二极管或硅光电池在太阳光照射下,其短路电流与太阳辐照度呈线性关系。热电效应则是将多个热电偶串接起来,测量温差电动势总和,并基于赛贝尔效应换算出太阳辐照度。

光照强度是指单位面积上所接收可见光(400~760 nm)的光通量。农作物从光照中获得光合作用的能量,同时光照也影响着作物体内特定酶的活性,因此光照强度的监测对于鱼菜共生系统中作物生产调控极其重要。光照度传感器基于光电效应原理设计。为了模拟人眼的光谱敏感性,通常选用光扩散较好的材料制成光照小球置于光电传感器受光面作为光照度传感器的余弦修正器,不仅成本低廉,校正效果也比较好。

空气温度和湿度。过高的空气温度易使植物细胞脱水,影响其生理代谢。温度过低,植物组织易受损。在动物养殖方面,空气温度和湿度偏高会影响动物的摄食行为和生理代谢速率,甚至引起疾病。通常对空气温湿度的测量大多采用集成有湿敏元件和温敏元件的微型数字器件,诸如 SHT1x 系列、HTU1x 系列、DHT1x 系列传感器等。

风是作物生长发育的重要生态因子。适宜的风可以调节作物各个层次的温湿度分布,促进农作物的生长发育,促进水体溶解氧等物质分布,对水体流速也产生一定的影响。因此,对风速风向进行定量、定性的科学分析,有利于保障鱼菜共生稳定生产,趋利避害。标准的风速测量装置包括风杯和皮托管,分别基于机械和空气动力学原理。风向部分由风向标、风向度盘等组成,风向示值由风向指针在风向度盘上的位置来确定。

降雨量是指从天空降落到地面上的雨水,未经蒸发、渗透、流失而在水面上积聚的水层深度,单位用 mm 表示。降雨量测定方法以翻斗式雨量筒为主,通过测定 1 min 内翻斗翻转的次数(通过干簧管开关状态判断)来计算降雨量。

二氧化碳(CO_2)是植物进行光合作用的重要原料之一,促进早熟丰产,增加果实甜度。使用二氧化碳传感器实时在线监测二氧化碳浓度,对于鱼菜共生系统云管控平台精准调控作物的生长条件具有重要的意义。二氧化碳浓度测量通常采用基于 Beer-Lambert 原理的红外吸收散射法,传感器响应速度快、灵敏度高,预热时间短。二氧化碳的最佳红外吸收点位于 4.26 μm 处。

大气压力的变化是其他气候条件形成的关键要素,如大气压力的变化影响着水中溶解氧的溶解度,气压降低,溶解度就变小。因此,针对无人渔场环境大气压力监测具有重要意义。大气压力主要采用数字气压计,其工作原理是在压敏元件上搭建一个惠斯通电阻桥,外界的压力变化引起惠斯通电阻桥臂的失衡,从而产生一个电势差,这个电势差与外界的大气压力呈线性关系。

3.2.3 养殖对象个体信息感知

个体信息感知是将鱼、虾、蟹等养殖对象的进食、运动或游动、繁殖以及异常行为进行监测和分析,通过具有自动行为监控功能的分析平台,并使用算法自动分析数据,以获得数据的显著变化,从而为管理者提供更加全面、实时的养殖对象生理变化信息,方便及时调整管理决策。不同于陆地上的生物检测,水下生物的个体信息感知尤为困难,对于鱼、虾、蟹等生物而言,肉眼不可能对每一个标本进行观察和监测,因此需要借助生物记录仪、机器视觉和声学技术等更具成本效益的手段,以提供更快、更低廉和更准确的养殖对象个体信息量化解决方案。

1. 生物记录仪

生物记录技术是使用微型的、动物携带的电子设备来记录和传递动物行为的数据。标准的生物记录系统包括能量供应装置(如电池)、用于接收数据的微处理器、传感器(加速度计、霍尔传感器、陀螺仪或磁力计)、非易失性存储器和/或接收站。根据数据传输技术,生物记录仪原则上可分为两类:数据存储标签(DST)或发射器标签(无线电天线/卫星)。DST 与发射器标签的区别在于,DST 需要在观察周期后重新收集数据,而发射器标签的工作原理是接收和处理来自标签的特定信号,以同时获取运动信息。生物记录技术在个体信息采集方面展现出巨大潜力,包括个体轨迹、速度、心率等,如鱼鳃 AE-Fis hBIT

传感器(穿孔鱼标签),鱼腹电子标签。它直接测量生物数据并以时间序列格式保存,降低了计算成本,它适合进行长期监测,理论上可以记录动物的行为数据,直到手术取回或受试者死亡。然而,这是一种嵌入式的标签,大多数生物记录器在通过手术连接或植入动物体内之前无法正常工作,导致死亡或行为改变。随着电子信息技术的发展,为减少植入式标签对养殖对象的影响,非植入式标签逐渐被研究和应用。数字录音声学标签(DTAG)是一种非植入式并包含深度信息、声音、定位记录的传感器,新型的 DTAG 可以获得磁、角速率、重力、惯性测量,并可以结合视频数据融合分析获得更加全面的信息,但是这种穿戴设备需要吸附在大型生物表面。目前,已经开发了基于柔性压电单元的自供能鱼体声发射装置,以及在水下自供电传感器、可穿戴跟踪的运动学研究的多功能鱼类穿戴数据窥探平台(FDSP),可以实现鱼类摆动角度、摆动频率、摆动姿势等详细数据记录。

2. 机器视觉

机器视觉技术是人工智能(AI)的一个重要分支,可以替代人眼和大脑,实现快速、自动、无创的检测。机器视觉作为一种非侵入性、客观、可重复的工具,以光学图像的形式存储信息,已成为水产养殖中广泛使用的工具。机器视觉的最大优势在于成像设备与水产养殖数据的要求高度兼容,界面友好,非常适合记录浅滩信息、鱼形和颜色特征。自 1950 年以来,水下机器视觉技术一直被用于研究海洋和淡水生物的行为、分布和丰度。机器视觉方法可以对行为进行定量分析,大大提高了图像审查的效率、可重复性和准确性,这也是与声学技术相比的一个突出优势。典型设备包括工业相机、光源、采集卡和图像处理器。根据相机使用的不同波长,光可分为可见光和红外线。以可见光为光源的系统结构及监测流程如图 3-2 所示。

与其他类型的光源相比,基于可见光的机器视觉技术被广泛用于鱼、虾、蟹等养殖对象的行为监测,其可分为以下两类。①直接法:利用测量的视频或图像获取鱼、虾、蟹等养殖对象活动的特征、轨迹、角度、速度和范围等参数;②使用间接方法:根据相机记录的未食用饲料信息等,间接记录鱼、虾、蟹等养殖对象的行为。直接法是目前应用较为广泛的养殖对象个体信息感知技术,其主要通过机器视觉模型实现,将收集到的数据中的信息输入计算机进行分析和决策,检测结果可用于分析鱼、虾、蟹等养殖对象的行为、计算重量、估算大小、测量长度、估计数量和识别种类。机器视觉模型可以分为三个阶段:图像获取、图像预处理和图像分析方法,分析方法分为传统机器学习和深度学习。传统的机器学习算法,如人工神经网络(ANN)、支持向量机(SVM)和主成分分析(PCA)等在分类识别方面取得了优异的成绩。然而,传统的机器学习算法强烈依赖于手动提取的特征。深度学习作为机器学习领域的一个新研究方向在该领域取得了长足的进步,在深度神经网络中,原始图像在没有先验知识的情况下被输入以优化参数和特征设计,并可以通过迁移学习来克服模型训练需要大量数据集和计算资源的限制。

不可见光是指人类看不见的电磁波,波长范围在 400~760 nm 之外,水中检测的原理是基于水中对不可见光的吸收,从而产生可变的亮度,不受可见光强度的影响,在水下等黑暗的地方也能产生良好的成像效果,尤其是对于大多数夜间活动的甲壳类动物。因

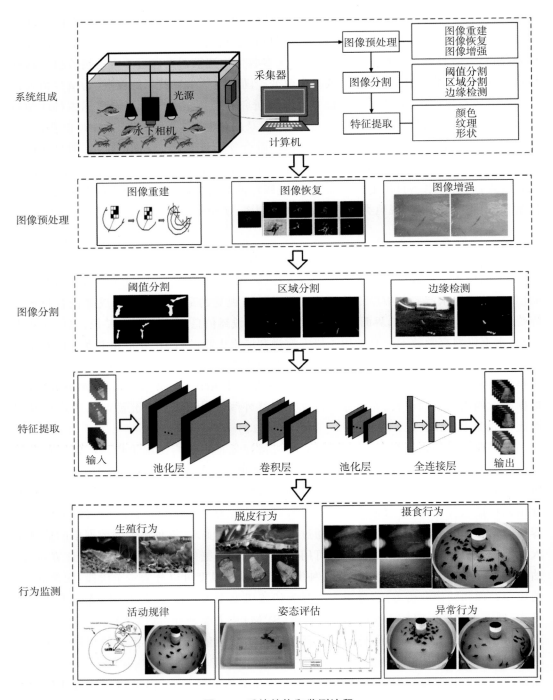

图 3-2　系统结构和监测流程

此,不可见光技术比可见光技术更适合捕捉夜间虾的昏暗图像。由于成本低,对可见光强度的要求低,它具有独特的能力,可以全面了解鱼、虾、蟹等养殖对象在光线不足的养殖环境中的行为和节律。不可见光技术主要包括红外成像技术和 X 射线成像技术。红外成像技术的优点是鱼、虾、蟹等的眼睛对系统中使用的红外光不敏感以及红外光在水中的散射不会出现问题,而其主要缺点是光在水中的衰减系数和吸收率随着光波长度增加到可见红色区域而急剧增加,然后在红外区域呈指数增加。不可见光成像技术无须校准,更适用于光照条件复杂的浑水测量。除了行为监测,它还被用于水产养殖生物量估计、2D 和 3D 跟踪、种群定位以及各种行为分析。

3. 声学技术

声学监测是一种使用声波远程测量信息的技术。声学技术已广泛应用于物种鉴定、生物量估计和行为监测,而不会对鱼、虾、蟹等养殖对象造成胁迫。对于水下监测,由于传播距离长,声学技术比光波和电磁波具有关键优势;声学技术的另一个优点是其测量结果受水浊度和水下光的影响较小。根据数据采集方式的不同,声学技术可分为被动声学和主动声学。主动声学包括声呐、回声和声学遥测。声呐和回声技术更多地用于测量鱼、虾、蟹等养殖对象的密度,声学遥测更常见于监测养殖对象的行为。

被动声学是聆听声音的行为,通常在特定频率或出于特定分析的目的,其基本技术使用一个或多个水听器或适当的声学处理系统来监测水下生物的自然发声。许多研究表明,当某些行为发生时,养殖对象会发出不同的声音频率,包括进食、游动、交配、甲壳振动、咬合和黏滑摩擦等,由于发声机制的多样性,发声的特点是多种多样的,通过对声音的长期声学监测可以识别养殖对象的行为。但是由于声音的频率非常广泛,因此,放置在渔场中的无源声学系统中的水听器将配备一个连接到数字采集单元的放大器,数字采集单元连接到个人计算机,用于提供有价值的信息,此过程通常由复杂且特定的算法进行。

声学遥测是利用声音在水下传输信息的技术,它于 20 世纪 70 年代初首次使用,并随着时间的推移不断改进。图 3-3 是声学遥测示意图,渔场中的声学遥测系统包括带水听器的声学接收器、无线电智能发射器、标签以及带天线和计算机的基站。水听器通常安装在水面浮标上,用于聆听被标记的动物,声学接收器采集声学信息,并对其进行解码和增加时间戳处理声波发射器将信息作为短音突发发送,最后以无线电波形式向基站发送标签信息和时间戳。通常,基站通过分析不同信号的到达时间来确定水下动物的位置,该信息包括标记动物的存在、运动和行为。因此,该方法可有效估计日常活动范围、核心活动区域、游牧运动、活动模式和行进距离,以及喂食、蜕皮和繁殖等行为。声学遥测适用于大范围的群体性分析,无法实现局部运动的准确测量。

声学技术稳定,提供强大的抗干扰能力和可靠的长距离水中信息传输。具体来说,被动声学会监听鱼类活动的适当声音,而主动声学使用设备来定位和监控鱼的运动方向。主动声学可进一步分为图像声呐和非图像声呐。图像声呐利用基于回声合成技术的回声测深仪。非图像声呐通常与生物标签技术相结合,以定位和跟踪鱼类,监测它们的行为。声学技术不受黑暗或浑水的影响,为进一步分析提供了高质量的数据。因此,声学技术的应用对工业远洋渔业的大幅扩张做出了重要贡献。与其他两种技术相比,声学数据还包括回声强度和能量信息,可以像机器视觉和生物记录仪一样进行处理。

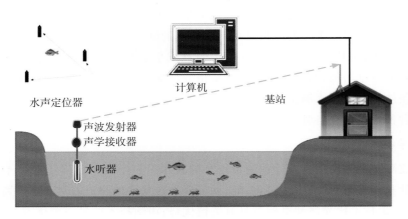

水声定位器
计算机
基站
声波发射器
声学接收器
水听器

图 3-3　声学遥测示意图

3.2.4　设备工况数据

智能设备与机器人实现自动化控制需要传感器的数据支持,而水泵、风机等基础设备同样需要实时的状态评估数据,设备工作状况信息感知有助于及时了解设备潜在的问题,做到快速反馈和设备调整,它能够显著延长设备的使用寿命,同时有利于提高设备的工作精度、工作效率,降低工作能耗,节省资源的投入。根据传感元件和测量条件的不同要求,除广泛应用的应变式传感器外,在工作状态监测中应用较多的还有光电、电感、电涡流、电磁式传感器等。

应变式传感器是由弹性元件、电阻应变片、外壳及补偿电阻等附件组成。应变片在传感器上的连接形式通常采用惠斯登全桥结构,每一桥臂上为单片或多片串联,这样可提高灵敏度并有温度补偿的效果。工作时,弹性元件受力变形,粘贴在弹性元件表面上的电阻应变片随之变形。当使用恒流源供电时,电桥的输出与应变片阻值变化量呈线性关系。其广泛应用于通过应力传感的设备,如水位传感、称重传感、投喂量传感、水泵压力传感等。

光电式传感器按照光电元件输出量形式可分为模拟式和脉冲式两种。在农业机械的测试中应用较多的是脉冲式光电传感器,其基本原理是利用光敏二极管或光敏三极管在受光或无光照时"有"或"无"电信号输出的特性,被测参量变换为易于检测的频率脉冲。由于光电式脉冲传感器具有结构简单、工作可靠、测量精度高等优点。光电传感在鱼类或物料计数设备、水泵或曝气等电机转速测量、无人车、无人船等方面被广泛使用。

电感式传感器的工作原理是电磁感应,可以将位移、振动、流量、压力等非电量转化为线圈自感或互感系数的变化,检测结构简单、测量精度和灵敏度高、抗干扰能力强。根据使用场景的需要,电感式传感器大多在电机监测、水位传感、称重计量上使用。

电涡流传感器主要是固定在框架上的扁平线圈,与一个电容器并联构成并联谐振回路。根据金属表面产生电涡流的原理,传感器线圈在高频信号的激励下产生高频交变的磁场。当被测体与传感器靠近时,被测体由于交变磁场的作用,表面产生与磁场相交链的电涡流。电涡流的产生将损耗传感器线圈的能量。两者相距越近,能量损耗越大。线圈能量的损耗会使传感器的等效电阻和品质因素发生变化。被测体的物理性质变化时,传感器线圈的电路参数也会发生变化,因此电涡流传感器可以将被测的非电量转换为电量来进行测量。电涡流传感器因测量线性度和灵敏度高、抗干扰能力强、耐油污污染且具有静态和动态无接触连续测量的优势在水泵电机监测上使用较多。

3.2.5 遥感数据

遥感技术由于具有大面积同步无损观测、时效性强、客观反映地物变化等优点,一直作为获取无人渔场空间信息的重要工具。水质遥感监测是利用不同平台上的遥感传感器获取目标水体的光谱辐射特征,结合水体-电磁波辐射作用机理,预测水中影响光谱辐射特性的相关物质组分的浓度,进而对目标水体水质状况进行判断分析。高光谱分辨率遥感技术能获取高维连续的光谱信息,其传感器通道数通常在 $100 \sim 200$,光谱分辨率在 $10 \sim 2\lambda$ 数量级上。在获取地物空间图像的同时,还能提供近乎连续的光谱曲线,具有"图谱合一"的特点,因此,图像上的每个空间元素都带有第二维的空间坐标信息和第三维的光谱信息,在遥感反演和精确识别中具有广泛的应用。

从 Landsat 系列卫星开始,便开始利用遥感影像进行水面信息提取,其中广泛使用的光学遥感数据包括 Landsat TM/ETM+、MODIS、AV HRR、DMSP-OLS 夜光影像等,但受其传感器限制,此类低分辨率卫星遥感影像仅能够在大范围水面中取得较好的效果。我国的卫星遥感技术发展飞快,特别是高分系列卫星,从 2013 年投入使用的分辨率为 2 m 的高分一号卫星到 2015 年投入使用的分辨率为 0.8 m 的高分二号卫星已经有着很高的分辨率,使得区域尺度下水面提取能达到较好的效果。然而总体来说,卫星遥感在小范围内仍然不具有优势。

随着无人机技术的发展,航空遥感进入新的时代,这也为无人渔场提供更加便捷有效的遥感途径。无人机遥感具有操作简单、影像获取效率高、使用成本低、地面分辨率高的特点,在水面信息获取中,由于高光谱遥感具有高分辨、多信息的特点,被用作主要的遥感信息获取手段。无人机高光谱遥感在无人渔场的大水面水质环境监测,尤其是在水体浮游植物色素、总悬浮物质以及有色可溶有机物等有色参数上具有显著的效果。由于此类参数的变化会引起水体的光学特性的变化,因此通过遥感光谱信号可以逆向推断参数含量的变化。对于化学需氧量 COD、溶解氧 DO、总磷 TP 等不具有光学特性水质参数,其隐含的物理机理尚不明确,因此反演模型大多使用经验统计模型。

具有光学活性的水质参数的反演方法通常可分为物理机理法、统计分析法和其他方法。物理机理法是以水体与电磁波相互作用机理为基础的,研究水色参数与水体吸收系数和散射系数等固有光学参量之间的关系,从而去推断水中水色参数含量。统计分析法是运用实测的光谱和光学活性参数数据,构建无具体物理含义的经验公式来推断光学活性参数的含量。

3.3　信息传输

信息传输是无人渔场实现"云—网—边—端"互联的基础,在"云""边""端"各层之间起承上启下作用,信息传输保证了无人渔场的正常运行,其注重可靠性和安全性。依据设备情况、环境情况和空间位置,采用不同的信息传输技术,可以最大限度地提高系统运行的稳定性,节约成本,达到高效、高质的目标。信息传输按照传输介质分类可以分为有线通信和无线通信。

3.3.1　有线通信

有线通信是指通过双绞线、同轴电缆、光纤等有形媒质传输信息的技术。常用的有线传输技术有以太网和现场总线。通信技术主要是强调信息从信源到目的地的传输过程所使用的技术,各通信技术之间的协同工作依据开放系统互联参考模型 OSI。

现场总线(fieldbus)是无人渔场数字通信网络的基础,它将生产过程现场及控制设备之间、传感器之间及其与更高控制管理层次之间联系起来。它既是一个基层网络,也是一种开放式、新型全分布控制系统。

控制器局域网(CAN)总线是一种用于无人车内部通信的通信系统。该总线允许许多微控制器和不同类型的设备在没有主机的情况下进行实时通信。与以太网不同,CAN总线不需要任何寻址方案,因为网络的节点使用唯一的标识符。这将向节点提供有关所发送消息的优先级和紧急性的信息。即使在发生冲突的情况下,这些总线也会继续传输。CAN 总线可将各个电子控制单元(ECU)通过网络互联的方式连接起来,在 ECU 之间传递命令和数据信息,实现整个系统的集中监测和分布控制。CAN 总线实时性强、可靠性高、抗干扰能力强。

RS-485 总线采用平衡发送和差分接收的半双工工作方式:发送端将 UART 口的 TTL 信号经过 RS-485 芯片转换成差分信号 A、B 输出,经过线缆传输之后在接收端经过 RS-485 芯片将 A、B 信号还原成 TTL 电平信号。RS-485 总线传输速率与传输距离成反比。使用该标准的数字通信网络能在远距离条件下以及电子噪声大的环境下有效传输信号。RS-485 总线可以用于无人渔场中的数据传输及控制指令传输。

SDI-12 总线是美国水文和气象管理局所采用的数据记录仪(data logger)和基于微处理器的传感器之间的串行数据接口标准。SDI-12 总线技术属于单线总线技术,即在一根数据线上进行双向半双工数据交换。SDI-12 总线至少可以同时连接 10 个传感器,每个传感器线缆长度可以是 200 英尺(1 英尺=0.304 8 m)。SDI-12 总线的通信速率规定为 1 200 bps/s。SDI-12 设计的目标是解决电池供电条件下低耗电、低成本、多个传感器并行连接的问题。

以太网(ethernet)是应用最广泛的局域网通信方式,同时也是一种协议。而以太网接口就是网络数据连接的端口。以太网使用总线型拓扑和 CSMA/CD(载波多重访问/碰撞侦测)的总线技术。无人渔场可充分利用现成的以太网网络实现远距离的数据采集、传输和集中控制。如网络型环境监测传感器,带有 RJ45 网线接口,集成网关通信功能,支持 TCP Modbus 或主动上报监测数据至服务器的功能;网络摄像头,除了具备一般传统摄像机所有的图像捕捉功能外,机内还内置了数字化压缩控制器和基于 WEB 的操作系统,使得视频数据经压缩加密后,通过以太网送至终端用户,而远端用户可在 PC、PAD、手机上使用标准的网络浏览器,根据网络摄像机的 IP 地址,对网络摄像机进行访问,实时监控目标现场的情况,并对图像资料实时编辑和存储,同时还可以控制摄像机的云台和镜头,进行全方位监控;固定式的网络型生产设备,即通过局域网组网的方式,对其进行集中统一生产管理,达到协同互联的目的。此外,以太网还广泛应用于无人渔场技术集成中管理与控制终端、以太网交换机/路由器、WEB 应用服务器、数据库服务器、光载无线交换机、GPRS/3G 网关等设备之间的接口互联。

3.3.2　无线通信

无线通信是利用电磁波信号在空间中直接传播而进行信息交换的通信技术,进行通信的两端之间无须有形的媒介连接,如 RFID、NFC、IRdA、ZigBee、WiFi、LoRa、Bluetooth、NB-Iot、3G/4G/5G 等。无线通信技术无环境限制,抗干扰能力强,网络维护成本低,且易于扩展。无线通信技术沟通了各要素之间的联系,使得无人渔场中的各种固定机械、移动机器人、传感器、机器视觉以及遥感监测平台之间的信息交互变得更加简单、高效和智能。

无线通信传输技术按照传输距离的不同可分为 3 种:近距离无线通信传输技术、短距离无线通信传输技术和远距离无线通信传输技术。

1. 近距离无线传输技术

射频识别(RFID)利用电磁波自动识别和跟踪附着在物体上的标签,RFID 标签由一个微型无线电转发器、一个无线电接收器和一个发射器组成。当由来自附近 RFID 读取器设备的电磁询问脉冲触发时,标签将数字数据发送回读取器。RFID 标签有无源标签和主动标签 2 种类型。无源标签是由来自 RFID 阅读器的询问无线电波的能量驱动的。主动标签由电池供电,因此可以在距离 RFID 阅读器更大的范围内读取,可达数百米。与条形码不同,标签不需要在读卡器的视线范围内,因此它可能嵌入到被跟踪的对象中。RFID 是一种自动识别和数据捕获(AIDC)技术,其具有读取距离远、识别速度快、数据存储量大及多目标识别等优点,在鱼、虾、蟹等生产监控、识别与跟踪等方面已广泛应用。

近场通信(near field communication,NFC)是射频识别(RFID)技术的一个子集,它是具有低带宽、高频率、允许在厘米范围内传输数据的特点。NFC 工作频率是 13.56 MHz,可以提供高达 424 kbps 的传输速度。NFC 标签基于 ISO14443 A、MIFARE 和 FeliCa 标准进行通信和数据交换,其不需要进一步配置即可启动会话来共享数据,具有很好的舒适度和易用性。NFC 标签的阅读也非常简单,只需将其贴近 NFC 阅读器即可完成阅读,不需要提前建立连接,NFC 这一特性源于感应耦合的架构使用。此外,NFC

兼容蓝牙和 WiFi。

2. 短距离无线传输技术

ZigBee 通信是在 IEEE 802.15.4 无线个人局域网(WPANs)标准上专门为控制和传感器网络而构建的,是 ZigBee 联盟的产品。该通信标准定义了物理层和媒体访问控制层(MAC),用于距离短、功耗低且传输速率不高的各种电子设备之间进行双向数据传输。ZigBee 无线个人局域网可以工作在 868 MHz(欧洲标准)、902～928 MHz(北美标准)和 2.4 GHz(全球标准)频段。其中,250 kbps 的数据传输速率最适合传感器和控制器之间的周期性数据、间歇性数据和低反应时间数据传输的应用。ZigBee 支持主对主或主对从通信的不同网络配置。此外,它还可以在不同的模式下运行,从而节省电池电量。ZigBee 网络可以通过路由器进行扩展,并允许多个节点相互连接,以构建更广泛的区域网络。

ZigBee 网络系统由 3 种不同类型的设备组成,如 ZigBee 协调器(ZC)、路由器(ZR)和终端设备(ZED)。每个 ZigBee 网络必须至少由一个充当超级管理员和网桥的协调器组成。ZigBee 协调器负责在执行数据接收和发送操作时处理和存储信息。ZigBee 路由器充当中间设备,允许数据通过它们来回传递到其他设备。路由器、协调器和终端设备的数量取决于网络的类型,如星型、树型和网状网络。

目前 ZigBee 技术已普遍应用于农业生产中,可以选用 ZigBee 模组和传感器组成低功耗、低成本的无线采集节点,通过无线组网的方式与网关互联,网关再将传感器的数据通过有线或者远距离无线传输的方式上传到服务器,服务器根据获取到的传感器数据进行数据库管理和决策支持。

蓝牙(bluetooth)是一种基于 IEEE802.15.1 无线技术标准的短程通信技术,旨在取代连接便携式设备的电缆,保持高度的安全性。蓝牙技术是在 Ad-Hoc 技术的基础上开发的,也称为 Ad-Hoc Pico 网,是一种覆盖范围非常有限的局域网。蓝牙技术的低功耗和高达数十米(10～100 m)的传输范围为多种使用模式铺平了道路。蓝牙技术在 2.4～2.485 GHz ISM 频段下工作,使用调频扩频,全双工信号(标称跳频为 1 600 hop/s)。蓝牙 1.2 版支持 1 Mbps 数据传输速率,蓝牙 2.0 版引入了 EDR 标准,支持 3 Mbps 数据传输速率。蓝牙 3.0 采用 Generic Alternate MAC/PHY (AMP),这是一个全新的交替射频技术,使得数据传输率提高到了 24 Mbps,可以用于短距离的视频图像传输。

WiFi 是一种 WLAN(无线局域网)技术。它在移动数据设备(如笔记本电脑、掌上电脑或电话)和附近的 WiFi 接入点(连接到有线网络的特殊硬件)之间提供短程无线高速数据连接。最新 WiFi ac 标准允许每个通道的速度高达 500 Mbps,总速度超过 1 Gbps。WiFi 802.11 ac 仅在 5 GHz 频段运行。WiFi 比任何通过 GPRS、EDGE 甚至 UMTS 和 HSDPA 等蜂窝网络运行的数据技术都要快得多。WiFi 接入点覆盖的范围为室内 30～100 m,室外单个接入点可覆盖约 650 m。WiFi 技术应用比较广泛,在无人渔场中,应用基于 WiFi + ZigBee 智能控制系统可将传感器采集的信息进行数字化,并实时传送到网络平台,通过服务器及相关软件处理及信息汇集,精确地控制增氧、投喂等相关设备。

Lo-Ra(Long Range)是 LPWAN 通信技术中的一种,是基于扩频技术的超远距离无线传输方案。其主要工作在全球各地的 ISM 免费频段(即非授权频段),包括主要的 433 MHz、470 MHz、868 MHz、915 MHz 等。其最大的特点是传输距离远(1~15 km)、功耗低(接收电流 10 mA,休眠电流<200 nA)、组网节点多、节点/终端成本低。Lo-Ra 应用前向纠错编码技术,在传输信息中加入冗余,有效抵抗多径衰落,提高了传输可靠性。在 Lo-Ra 网络的实际体系结构中,终端节点通常处于星形拓扑结构中,网关如同一个透明的网桥,负责在终端节点和后端中央网络服务器之间中继消息。网关到终端节点的通信通常是双向的,也可以支持多播操作,这对于诸如软件升级或其他大规模分发消息等功能很有用。此外,Lo-Ra 采用了唯一的 EUI64 网络层密钥、唯一的 EUI64 应用层密钥以及设备特定密钥(EUI128)三层加密方法,确保 Lo-Ra 网络保持足够的安全性。支持 LoRa 的设备可处理无人渔场中发生的众多情况,如个体跟踪、环境气象监测等。

3. 远距离无线传输技术

无线传输技术 GSM(global system for mobile communication),全球移动通信系统,是欧洲和世界其他地区的移动电话用户广泛使用的数字移动网络。GSM 使用时分多址(TDMA)与频分多址(FDMA)两种多址技术,它将频带分成多个信道。通过 GSM,语音被转换成数字数据,数字数据被赋予一个信道和一个时隙。在另一端,接收器只监听指定的时隙,并将呼叫拼凑在一起。很明显,这种情况发生的时间可以忽略不计,而接收者并没有注意到发生的"中断"或时间分割。GSM 是三种数字无线电话技术中应用最广泛的技术:TDMA、GSM 和 CDMA。与第一代移动通信系统相比,GSM 突出的特征是保密性好、抗干扰能力强、频谱效率高和容量大。

码分多址(CDMA)是一种使各种信号占据一个传输信道的复用技术。它通过扩频方法优化了可用带宽的使用。该技术通常用于超高频(UHF)蜂窝电话系统,频带范围在 800 MHz 至 1.9 GHz。码分多址系统不同于时频复用系统,在这个系统中,用户可以在整个持续时间内访问整个带宽,其基本原理是利用不同的 CDMA 码来区分不同的用户。CDMA 技术特点是具有很强的抗干扰能力、保密性能好、通信质量高、建网成本低和低功率密度。

GSM 和 CDMA 是两种不同的 2G 网络制式。中国移动和中国联通采用的 2G 网络制式为 GSM,而中国电信的 2G 网络制式采用了 CDMA。基于 GSM 和 CDMA 的第二代移动通信技术在网络化分散、广域作物监测领域已经进行了广泛的集成与应用,如早期利用 CDMA 进行涉农信息的传输。

GPRS 是一种分组交换技术,能够通过蜂窝网络进行数据传输。它用于移动互联网、彩信等数据通信。理论上,GPRS 的速度限制是 115 kbps,但在大多数网络中大约是 35 kbps。非正式地说,GPRS 也称为 2.5G。GPRS 覆盖面广、接入速度快(<2 s)、实时性强,非常适合用于间歇的、突发的、频繁的、小流量的数据传输。早期,环境监测站与监测中心远程服务器之间的数据交换以 GPRS 网络为桥梁。现场监测站周期性采集各个传感器所测量的环境信息,同时进行数据帧打包,并控制 GPRS 模块将包含环境信息的数据帧发送到 GSM 基站,数据帧经 SGSN 封装处理后,将被上传到 GPRS 网络上,接着,

GGSN 从 GPRS 网络获取对应的封装数据且对数据进行进一步处理后,即可借助 Internet 网络将数据传输到远程服务器端。

第三代移动通信技术,即 3G 网络技术,通常包括高数据速度、始终处于数据访问状态和更大的语音容量。高数据速度可能是最突出的功能,当然也是最热门的功能。3G 支持实时、流媒体视频等高级功能。目前有 3 种不同的 3G 技术标准:美国 CDMA2000、欧洲 WCDMA、中国 TD-SCDMA。

TD-SCDMA 是时分同步码分多址技术的简称,以我国知识产权为主,被国际上广泛接受和认可的无线通信国际标准。TD-SCDMA 集 CDMA、TDMA、FD-MA 技术优势于一体、频谱利用率高、抗干扰能力强。采用了时分双工、联合检测、智能天线、上行同步、软件无线电、动态信道分配、功率分配、接力切换、高速下行分组接入等关键技术。

基于 3G 的第三代农业移动互联技术不仅能够提供所有 2G 的信息化业务,同时在视频远程诊断、环境远程监控、短信息服务、参考咨询服务、移动流媒体服务、远程教育服务等方面提供更快的速度,以及更全面的业务内容。

4G 是第四代无线技术的缩写,是一种可用于手机、无线计算机和其他移动设备的技术。这项技术为用户提供了比第三代(3G)网络更快的互联网接入速度,同时也为用户提供了新的选择,例如通过移动设备接入高清(HD)视频、高质量语音和高数据速率无线信道的能力。4G 技术的无线宽带上网、视频通话等功能非常适合在田间或养殖场开展实时、交互式的农业信息技术服务。带有 4G 模组的嵌入式终端,如摄像头、智能手机、PAD 等,可以高速无线上网,且体积小、易携带、续航能力强,极大地解决了农业信息化设备野外部署环境制约问题。

NB-IoT 是一种适用于 M2M、物联网(IoT)设备和应用的窄带无线电技术,属于低功耗广域网(LPWAN)的范畴,需要以相对较低的成本在更大范围内进行无线传输,并且电池寿命长、功耗小。NB-IoT 使用 LTE 授权频段,使其设备能够双向通信。NB-IoT 的优点是利用移动运营商已经建成的网络,从而确保建筑物内外的充分覆盖。NB-IoT 一个扇区能够支持 10 万个连接,支持低延时敏感度、超低的设备成本、低设备功耗和优化的网络架构。NB-IoT 终端模块的待机时间可长达 10 年。在同样的频段下,NB-IoT 比现有的网络增益 20 dB,相当于提升了 100 倍覆盖区域的能力。

随着 NB-IoT 技术的发展,农业物联网也开始采用 NB-IoT 技术,由于其超低功耗、超强覆盖、超低成本、配置简单等优势,解决了当前农业物联网的难点和痛点,为农业物联网提供了技术保证,同时促进了农业物联网的快速发展。

卫星通信系统(satellite communication system)是一种利用通信卫星作为中继站来转发无线电波的通信系统,其具有覆盖面积广、传输距离远、频带宽、容量大、线路稳定、机动灵活等优点,它在湖泊、近远海等不利于架设通信基站的大水面,是主要的通信手段。目前,通信卫星均为有源卫星,多采用低轨、大椭圆或地球同步轨道,如 VSAT(very small aperture terminal)卫星和我国相继发射的几颗“东方红”通信卫星,而几个全球移动卫星通信系统:国际移动通信卫星(ICO)、铱(Iridium)和全球星(Globalstar)系统都属于中轨道(MEO,5 000～15 000 km)、低轨道(LEO,500～1 500 km)卫星通信系统。卫星通信可以弥补一般无线通信需要布设基站的问题,从而实现渔场在近远海、湖泊等在大水域的快速无线通信,通过架设卫星通信与其他网络的交换通道,有利于无人渔场在更大范围的区域或无线信号弱的区域实现全范围、全覆盖。

5G 是第五代蜂窝移动通信系统,其目标是高数据速率、低延迟、省能源、降成本、高系统容量和大规模设备连接。5G 网络技术的主要优势在于:Gbit/s 的峰值速率能够满足高清视频、虚拟现实等大数据量传输,其空中接口时延低于 1 ms,支持多用户、多点、多天线、多摄取的协同组网以及跨网自适配。无人渔场需要网络支持海量的设备连接和大量小数据包频发,由于物联网设备常常部署在大水域等 4G 信号难以到达的地方,因此,亟须基于 5G 技术实现对农业物联网升级。在深海养殖中,采用 5G 技术进行高通量的高清视频传输和监控,能够很好地解决光缆铺设成本高、难度大的问题。5G 技术将在未来的几年给农业带来颠覆性的变化,无人渔场将布满传感器,大量机器视觉、人工智能等新技术与智能设备将一起融入农业,物联网云端将处理更加复杂的海量业务。

3.4　智能信息处理

无人渔场是一个复杂的系统,传感器、移动设备、固定装备等各项设施装备均会产生多方面的信息,以为环境监测、设备管理等提供数据支撑。智能信息处理是一个将设备端、采集器等方面的信息进行综合的筛选、预处理、存储、分析,最终形成决策的过程。云平台和边缘计算设备是主要的信息处理终端,通过大数据分析、人工智能算法,实现无人渔场的各项数据分析和渔场管理。

3.4.1　云平台

云平台具有大规模分布式、虚拟化、高可用性和扩展性、按需服务更加经济及安全五大特点,云平台的核心是云计算与云服务(图 3-4)。云计算系统的组建运用了许多技术,其中最重要的是编程模型、数据分布存储技术、数据管理技术、虚拟化技术和云计算平台管理技术。云平台的虚拟化包含服务器虚拟化和应用程序虚拟化两种基本类型。应用程序虚拟化指将一台主机上的应用程序分享给大量用户使用,虽然上载到云端的应用程序需要高端虚拟机来运行,但由于访问用户数量众多,成本得以分摊。服务器虚拟化常用物理硬件(网络、存储或计算设备)来托管虚拟机。一台物理主机可以运行多台虚拟机,不同虚拟机共用一套硬件,但能安装独立的操作系统和不同的应用程序。这样配置的目的可以实现一种称为弹性机制的快速资源分配,从而使得服务器虚拟化可以大大降低部署的经济成本,提高运营效率。云服务就是指通过一系列相关联的功能组件和资源,实施一项业务流程。个人用户将服务需求提交给云端,云端为用户提供平台或软件等服务,通过云端计算后,反馈结果给个人用户以满足其使用要求。云平台可以随处访问、按需自助、资源集中、快速弹性和用量可测。这些特征的满足是通过基础设施及服务(IaaS)、平台即服务(PaaS)、软件即服务(SaaS)、信息即服务(INaaS)和业务流程即服务(BPaaS)各个抽象层分别实现公有云、私有云的部署,来实现云计算。

图 3-4　云平台架构

云平台可以为无人渔场提供物联网顶层的数据服务,包括数据预处理、数据存储、数据分析、智慧决策等数据支持。终端设备通过网络连接与云平台实现互联,通过云平台的数据分析实现智能饲喂、智能调控、智能监测、智能诊断等各项业务,实现完全的数字驱动智能管控,可以有效降低人为因素带来的决策干扰,更加准确地对各个设备进行监控,从而实现计算机代替人脑和人力管理。

数字资源 3-2
水产养殖物联网平台

3.4.2　边缘计算

边缘计算是对云计算的一种辅助,它将大量原本由云端处理的业务转由边缘一侧的计算力实现,从而避免了大量数据的传输造成网络延迟,同时也降低了云端处理业务的巨大压力,使得边缘大量闲置计算力得到应用,并确保了个人隐私能够在不上传到云端的边缘得以保存、处理,实现了隐私安全保护。

边缘计算可以理解为一种和云计算共生的计算模型,其运行方式是在云计算的基础上实现的。即将原有的数据产生设备(称为边缘设备)从原有的仅仅作为数据产生者转变为数据产生者和数据处理者,这样可以大大利用边缘一侧设备的存储能力和计算能力,可以使得云端设备的传输、存储、计算压力大大降低,并能实现云计算所遇到的各种瓶颈的释放。其核心的体系结构为"终端设备—边缘设备—云"。终端设备种类繁多,诸如各类传感器等会被部署在所有计算体系的前端,用于采集数据,它本身不具有或者具有较弱的存储、计算能力;边缘设备可以理解为在原有云计算中提供数据的各种终端设备,在传统云计算中,它们的角色是数据的生产者,并且是被服务的对象,在边缘计算中,它们除了提供数据之外,还兼有数据处理、存储、保护隐私等功能;云端仍然是指云计算中的云平台,负责实现基础设施即服务、平台即服务、软件即服务等大数据处理工作。在边缘中,其工作分工没变化,仅仅是将各类处于边缘的设备、终端的计算能力予以释放,从而降低了数据传输和云端数据处理的巨大压力。

边缘计算在靠近物源或数据源的网络边缘提供智能服务,使物联网的每个边缘都具有数据收集、分析和计算、通信和智能处理能力,并能处理数据、过滤数据和分析附近的数据。本地决策和事件处理可以满足网络容量限制、数据及时性、资源限制以及安全和隐私挑战的关键要求。以前,机器学习甚至深度学习只能通过网关、边缘服务器或数据中心执行的边缘训练和推理在高性能硬件上完成。现有的传感器几乎不能自我确认其工作状态,也就是说,它们一直被认为是正常工作的。但是一旦传感器发生故障,输出结果将严重偏离实际情况,可能导致误报,降低检测结果的可信度。为了解决这个问题,将边缘计算应用于传感器故障诊断和数据修复方法,可以在少量非线性训练集的情况下,实现多功能自验证传感器的数据恢复。随着物联网、深度学习、强化学习等一系列新技术的广泛应用,边缘计算与一系列新技术的融合,必将为诸多与边缘计算技术愿景的实现与落地提供助力。

第 4 章

大数据与无人渔场

4.1 概述

4.1.1 无人渔场的大数据需求分析

随着现代数字化信息技术的发展,大数据技术逐渐应用于渔业领域,促进水产养殖过程不断智能化。无人渔场是渔业智能化发展的必然趋势,其以渔场大数据为数据支撑,以实现无人化作业及管控为目标,通过养殖过程中各类传感器的使用优化替代养殖过程中养殖人员的经验感知(环境、养殖对象、智能装备、作业状态等数据获取)、手工操作(智能装备控制、执行及应用)甚至是大脑(智能处理、决策)来驱动无人渔场内的一切作业并然有序地进行(图 4-1)。但是无人渔场养殖过程中涉及环境信息、养殖对象以及各种智能装备(无人机、无人车、无人船、机器人等)实时数据的监测,其在养殖全链条产生海量的数

图 4-1 无人渔场简化网络物理系统图

据,具有来源广泛、参数复杂、类型丰富的特点。因此,如何获取大量的渔场数据并从中提取有用信息服务于无人渔场成为最关键的问题。大数据技术作为目前农业领域智慧管理的最新技术,其最大的优势是通过采用相关技术从具有海量、多来源、多类型等特征的数据中挖掘有用信息并服务于生产过程智慧化管理。因此,无人渔场养殖全过程迫切需要大数据技术的支撑。

在无人渔场日常养殖过程中,渔场内的智能装备需要大量的实时数据支持以指导进行精准的生产作业,如获取养殖水体环境信息用以指导增氧等,养殖对象(如鱼类)的生理生态信息用以指导投喂、分级、病害识别等,机器或者设备的运作、轨迹信息用以指导机器人或智能装备捕捞、除污、避障作业等,具有多、繁、杂的特点。而单一的数据采集手段无法完全获取渔场内的全部信息,具有非常大的局限性,无法满足养殖过程中精准作业的数据需求。因此,无人渔场亟须采用光谱、视觉、智能传感器等大数据获取技术,采集养殖环境数据、养殖对象生理生态数据以及服务于无人渔场的智能装备数据等。

无人渔场内部养殖环境、养殖对象、智能装备等数据获取系统彼此独立管理,数据获取手段及数据来源均存在差异性,进而造成不同系统获取来的海量数据中存在数据异常、重复相似性数据多、数据冲突、类型多、格式差异明显、多媒体数据占用内存大等挑战。因此,无人渔场亟须采用数据清洗、集成、转换、规约等大数据处理技术,从大量的数据中获取有效的信息为后期数据存储及分析应用提供良好的数据支持。

无人渔场生产环境复杂,生产过程容易受到外界环境及气候的干扰,要想实现无人化作业及管控,必须获取各种无人渔场养殖全程相关的历史数据来总结规律,进行赋能精准决策与作业。但是,当数据来源于同类型养殖设施时,其彼此之间关联性强;当将无人渔场内各种养殖设施的数据都获取来的时候,其彼此之间关联性不强,这为海量大数据的存储带来了挑战。因此,无人渔场亟须采用大数据存储技术对渔场养殖全过程数据进行高效、有序、合理的存储。

无人渔场大数据分析是实现无人渔场智能化、精准化无人作业及管控的关键所在。针对存储的无人渔场内不同养殖设施获取所得海量大数据,必须通过大数据分析技术从数据中挖掘相关规律来代替传统养殖人员的人为经验知识,然后驱动渔场内的智能装备进行精准作业,进而实现无人渔场的精准管理及决策。因此,无人渔场亟须采用大数据分析技术从海量大数据中获取渔场无人化管控所需要的知识及规律。

4.1.2 大数据关键技术

大数据技术就是可以从海量的多种多样的数据中提取有价值信息的能力,可实现对大容量、多类型、高复杂性数据的处理及分析。而无人渔场正是基于数据驱动的一种新兴产业模式,其内部包括各种基础设施,时时刻刻产生海量、多类型的渔场数据。因此,大数据技术恰能满足无人渔场的精准作业需求。无人渔场中采用的大数据技术主要包括大数据获取、大数据处理、大数据存储、大数据分析,其与无人渔场之间的关系见图 4-2。它最终要实现的目标就是从无人渔场获取所得海量大数据中挖掘有用信息并服务于渔场生产过程智能化、自动化及无人化。

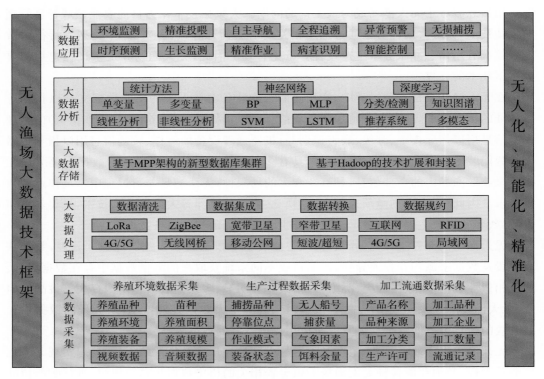

图 4-2　无人渔场大数据五大关键技术逻辑导图

　　数据获取主要是为了解决第一大技术需求——如何获取多来源数据。渔场大数据主要来自渔场内部的智能设备、环境传感器以及相应的自主作业监控等,是实现基于渔场大数据发展起来的无人渔场产业生态的基础,因方式不同主要有 Web、流媒体、移动端、传感器、视觉、遥感等。

　　数据处理主要是为了解决第二大技术需求——如何处理杂乱的多源数据。其中,渔场大数据类型主要包括非结构化数据、半结构化数据及结构化数据,同时为了避免原始数据的噪声干扰,将数据格式进行规范,为数据挖掘奠定基础,主要包括数据清洗、数据集成、数据规约、数据转换。

　　数据存储主要是为了解决第三大技术需求——如何存储海量大数据。从简单的 Direct-Attached Storage（DAS）、Network Attached Storage（NAS）、Storage Area Network（SAN）等存储方式,逐步扩展到数据聚合平台,最终形成云服务,主要包括基于 Massively Parallel Processing（MPP）架构的新型数据库集群技术及基于 Hadoop 的技术扩展和封装技术。

　　数据分析与应用主要是为了解决第四大技术需求——如何挖掘有用信息。主要包括统计方法、神经网络技术以及深度学习技术,其作为无人渔场大数据产业链的关键环节,肩负着从海量数据中运用大数据挖掘技术获取潜在有用信息,解决渔场生产过程中各种问题,实现无人渔场大数据服务的精准化、个性化和智能化。

综上所述,无人渔场需要大数据实时获取技术、大数据智能处理技术、大数据存储技术和大数据分析技术,后边的章节将对这些技术进行详细介绍。

4.2 大数据获取技术与无人渔场

4.2.1 基本概念

大数据技术的优势之一就是可实现对多来源数据的采集及处理,而渔场大数据获取主要指通过在渔场内部搭建智能传感系统来获取生产环境信息、动植物生理生态等数据,为渔场的无人化精准管控奠定数据基础。其主要包括网络通信体系、数据传感体系、传感适配体系、软硬件接入体系及智能识别体系,进而实现对非结构化、半结构化、结构化的大量数据的智能识别、跟踪定位、接入传输、数据转换、监控处理及管理应用等。数据获取的技术主要包括水体传感器、遥感卫星、物联网、智能移动终端、射频技术等。同时,针对网络渔业相关数据,采用网络爬虫技术、开放应用程序编程接口(API)等数据获取技术为渔业大数据的获取提供智能、新颖、高效的技术手段。

4.2.2 获取技术及原理

1. 无人渔场遥感数据获取

无人渔场遥感数据采集主要是指通过遥感搭载相关设备等对无人渔场内的作物种植区域、水产品养殖区域进行大范围测量、远程数据采集等,其采用的主要技术是遥感技术,该技术具有获取数据速度快、测量数据范围广、获取数据手段多、周期短等特点。其中,常见的搭载工具包括卫星遥感、航空遥感、无人机遥感等;常见的遥感设备主要包括可见光、微波、紫外线、数字相机、多光谱扫描仪、高光谱、微波辐射计、合成孔径雷达等;根据遥感平台搭载的传感器工作方式的不同,又可将遥感数据获取方式分为主动方式和被动方式。

无人渔场在生产过程中,由于全天无人参与,需要通过数据获取并提取有用信息进行自动作业,实现渔场内的一切作业过程正常进行。如针对鱼菜共生种养殖区域,蔬菜在生长过程中可能会受生物因素及非生物因素的影响,导致蔬菜出现病害。因此,通过遥感技术可以获取蔬菜的遥感图像及光谱数据,然后自动分析、提取相关特征,以用于蔬菜病害诊断及预警。在进行数据获取时,可在当天天气状况良好且无乌云遮挡的条件下,采用相应的遥感设备对目标区域内的蔬菜生长特性进行测量并记录,然后经过传送到达无人渔场数据分析中心,对所得目标区域内的多源异构数据进行识别、分析及应用。

针对无人渔场内大范围蔬菜病害识别问题,由于无人渔场种植面积较大,蔬菜病害初期难以通过肉眼发现,摄像设备也不能精准识别病害并进行预警。而采用遥感技术搭载多光谱设备便可实现蔬菜病害的精准识别,如通过 Landsat 图像可识别无人渔场内蔬菜的病害面积及所属作物的种类。此外,还可应用于无人渔场内蔬菜的产量估计及长势估测、土地/水体资源的利用及保护以及渔业气象灾害预测等方面。

2. 无人渔场生产环境数据获取

无人渔场生产环境数据获取主要是针对渔场内部与动植物生长密切相关的生长环境、气象因素、养殖水体因素等,采用渔业智能传感器或者无线传感网技术等进行实时、动态采集及监测。而无人渔场内部包含了蔬菜、水产品等,其在生产过程中受诸多非生物因素的影响,常见的有生长环境(池塘、陆基工厂、网箱、鱼菜共生等)、气象因素(极端天气、二氧化碳、空气温湿度、风向、光照强度、蒸发量等)、养殖水体环境因素(温度、氨氮、溶解氧、电导率、水位、pH 等)等。因此,可采用无线传感技术对上述数据进行实时采集,为种植/养殖对象的生长环境智能调控提供数据支持。

无人渔场环境广阔,基础设施众多。为避免数据传输过程中发生数据包丢失及冲突,无线传感网技术是一种比较好的选择。无线传感器网络在运行过程中(图 4-3),就是通过监测节点的各种传感器获取渔场内动植物生长所在环境以及智能设备作业的实时信息数据,然后通过无线方式发送至路由器,路由器再将数据发送至协调器,协调器通过RS232 连接 Data Transfer unit(DTU),将实时数据通过互联网的方式进一步传输至远程服务器,远程服务器收到实时数据,并显示于监控终端,供用户查看分析。

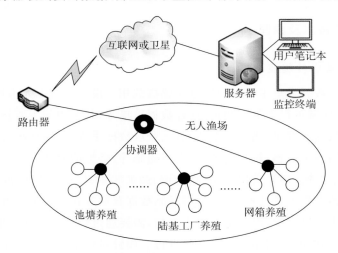

图 4-3 基于 WSN 的无人渔场数据获取工作原理

在水产养殖环境监测中,由于在养殖过程中水质对水产动物生长发育至关重要,传统渔场工作人员判断水质状况多通过天气状况、水体的颜色及气味等经验知识进行水质好坏的判断,容易受主观因素影响而不精确。无线传感器网络可通过溶解氧、pH、氨氮等传感器实时获取水体的状况,如当水体溶解氧浓度过低时,会自动开启增氧机进行水体增氧,以保证水体氧气充足。此外,随着渔业与其他学科交叉应用的发展,微电机系统、光线传感器、电化学传感器以及仿生传感器等新型传感器以及光谱、高光谱、多光谱、核磁共振等先进的无损检测方法在作物、养殖水体数据采集方面已得到广泛的应用,大大提升了渔场生产环境数据的广度、精度及频度。

3. 无人渔场动植物生理生态信息智能感知数据获取

无人渔场动植物生理生态信息智能感知就是指对无人渔场内部养殖的水产品、种植的蔬菜等在生长过程中的生长、生理、发育等生物生理信息进行采集、记录,如蔬菜的氮含量、叶绿素含量、病害类型、病害等级等生理信息指标,水产品养殖对象的生物量、摄食、异常行为、发情状况及日常活动轨迹等。常用的数据采集技术包括机器视觉技术、光谱技术、热红外技术等。

生物因素严重制约蔬菜的健康生长,常见的因素包括蔬菜种类(生菜、芹菜、茼蒿、油麦菜等)、蔬菜发育状况(生长状况、生育期、N 含量、叶面积指数、叶绿素含量、N 积累量以及干物质积累等)、虫害天敌(草蛉、瓢虫、蜘蛛、食蚜蝇、寄生蜂等)、周边生物环境(木本植物、蔬菜、禾本科植物等)等。采用动植物生理生态信息智能感知数据获取技术应用于无人渔场可改变传统的以经验为主、人为测量的方式,提升生命感知的科学性、实时性、动态性。随着渔业数字化信息技术的发展,上述数据的远程、非接触、无损获取成为可能。

在无人渔场鱼菜共生系统中蔬菜的 N 含量预测方面,可以通过无人机搭载热红外成像设备,在无人渔场鱼菜共生区域上空,无遮挡的条件下获取目标区域蔬菜的冠层热成像数据,选取一些与 N 含量紧密相关的光谱指数对目标区域内的蔬菜 N 含量进行 N 含量预测模型构建,进而实现 N 含量无损预测。此外,基于获取的无人渔场内的动物生理生态信息,还可应用于无人渔场水产养殖对象监测系统的搭建,可实现与养殖对象相关的参数实时采集及上传功能,且与云计算系统及智能移动终端实时连接,便于数据的快捷处理及分析应用。

4. 无人渔场涉农网络数据抓取

无人渔场涉农网络数据抓取技术是指通过抓取等大数据获取技术对涉渔网站、微博、论坛以及博客中的数据进行动态监控、定向获取的过程,进而对各种涉渔数据进行集成和汇总,以方便更进一步的分析及利用。随着互联网技术的快速发展,网络数据越来越多,其中包含了很多有利于无人渔场发展的具有潜在价值的数据(如水产品市场价格、水产品市场供需情况等)。通过采用网络抓取技术可从中抓取相关的数据,为无人渔场发展奠定良好的基础。

无人渔场的生产运营主要是为了解放生产力,自主完成市场所需水产品的业务需求。因此,除了遥感数据、生产环境数据以及动植物生理生态信息等相关数据,还需要网络抓取技术实现水产品网络相关政策及市场需求数据,其基于一种给定的规则,然后实现对万维网等信息进行自动抓取的小程序及脚本,具有深度优先及广度优先两种策略。通过网络抓取技术可在短时间内抓取大量的数据,通过与 Hadoop 结合使用,可显著提高数据的采集能力。此外,DeepWeb 中也含有大量的渔业数据。这些数据具有规模大、范围广、异构性、实时动态变化、数据涌现的特点。国内的农搜、搜农等网络搜索引擎均是面向涉农数据获取的平台,经历多年积累,积累了海量数据,可为无人渔场的快速发展及推广奠定良好的基础。

在无人渔场水产品的市场预测方面,通过采用抓取技术获取渔业网页 Web 数据,对其进行自动抽取及采集,然后采用 SVM 算法进行文本分类识别,结合物联网异构数据采集技术,搭建涉渔网络数据自动采集及分类系统,此系统的搭建为无人渔场的发展提供了网站数据支持,实现了从物联网、渔业网站自动抓取及分享数据的功能,同时可为相关渔业养殖户提供水产品市场行情、渔业资讯以及水产品供求在线查询等个性化功能。

4.3 大数据处理技术与无人渔场

4.3.1 基本概念

大数据处理就是在保证原有的数据信息量及语义的情况下通过数据清洗、数据集成、数据规约、数据转换等技术降低噪声对数据分析的干扰及影响,将原始数据变成对最终决策及控制有用的数据,同时将数据的格式进行规范,为后期的数据存储及分析应用奠定良好的基础。无人渔场是基于信息化技术快速发展而兴起的新兴产业,大量的渔场数据被快速地生产及收集,但是由于生产环境受外界环境干扰较多,经过数据获取所得原始数据中可能含有大量的噪声数据,同时可能存在缺失或不一致的数据,并且随着获取的数据量不断增加,噪声数据也会累加,会严重影响后期分析建模的精度及效率,甚至对最终决策结果产生影响。因此,通过大数据处理技术可将渔场数据进行清洗、集成、转换及规约,使渔场数据满足存储及后期分析的基础要求。

4.3.2 处理技术及原理

1. 数据清洗

数据清洗就是指对渔场大数据中的噪声数据、不一致的数据以及遗漏数据进行去除的过程。而随着无人渔场信息化的不断发展,渔场内部每天会产生大量的数据。虽然数据量不断增加,数据获取范围广泛,数据类型丰富,但是要想实现无人渔场的精细化管理,对数据质量也有相应的高标准要求。

无人渔场大数据在产生过程中受诸多因素如天气突变、网络延迟等干扰,导致获取的渔场大数据中可能存在异常数据、重复相似记录的"脏数据",导致数据质量不佳。加之无人渔场中涵盖了池塘养殖、网箱养殖、鱼菜共生、陆基工厂等,每个设施均有自己的业务系统,虽然无时无刻产生大量的数据,但是如果不加以清洗,会造成"垃圾进,垃圾出"的严重现象,同时导致无人渔场大数据利用率不高,进而不能充分地服务于无人渔场产业发展。因此,需要通过数据清洗的方式净化数据。

在无人渔场大数据中心搭建交互式渔场大数据清洗系统,可实现对采集来的渔场内的各种基础设施的数据进行噪声去除等处理,使数据满足后期存储及分析的要求。其主要采用机器学习算法分析所得渔场大数据的语义结构,然后进行对比将不符合此语义结构的数据视为清洗目标,对其进行清除,达到数据清洗的目的。

(1)异常数据清洗

常用的异常数据清洗方法有:基于统计学的方法,是通过计算字段值的标准差及均值,然后使用置信区间识别数据中的异常字段及相关记录;基于聚类的方法,是通过计算字段记录区间内的欧氏距离、明考斯基距离、曼哈顿距离等参数,然后以此为依据对数据记录空间进行聚类,进而将字段中前期检查未被发现的"孤立点"进行清除;基于模式的方法,是通过结合聚类及分类等方法,对渔场大数据的模式进行识别,然后针对新的无人渔场大数据就可以发现模式不匹配的数据字段,对其进行清除。但是,由于无人渔场中具有多种基础设施,获取的数据之间大多数不相关,因此很难找出与模式匹配的数据。基于关联规则的方法,其主要针对无人渔场大数据中具有低置信度及支持度的数据具有一定的作用。

(2)相似重复记录数据清洗

针对无人渔场大数据中具有相似和重复特点的数据字段,对其进行检测及匹配可实现数据的清洗。在数据属性匹配方面,常用的主要方法包括 Smith-Waterman 算法、基于递归的匹配方法以及 R-S-W 方法等。在数据相似重复记录检测方面,最基本的检测算法是结合排序+合并的方法;基于优先队列的方法也可实现对无人渔场大数据的排序,将记录的数据假设为字符串,然后计算这个字符串之间的编辑距离,以此为依据将重复相似的数据字段进行清除。但是,由于无人渔场大数据众多,为了提高重复相似数据的检测效率,可采用基于近邻排序的方法(sorted-neighborhood method,SNM)进行重复相似字段清除,此方法的弊端就是过分依赖大数据中的关键字字段,而多趟近邻排序算法(multi-pass sorted neighborhood,MPN)可弥补此方法的缺陷。此外,还可以对无人渔场大数据中的相似记录数据采用直接聚类、先统计后排序再进行聚类、实例级约束聚类、基于增量、基于 q-grams 相似函数、结合 Map Reduce 模型的方法实现无人渔场大数据中重复相似数据的清洗。通过采用高效的大数据清洗方法,可为无人渔场的精准决策提供可靠的数据支撑。

2.数据集成

数据集成就是将无人渔场内部不同来源的数据以一定的规则合并存储在同一个数据库的过程,方便后期数据存储及应用,解决从无人渔场中获取所得数据的模式匹配、数据值冲突检测与处理等问题。因此,在进行无人渔场数据处理时需要采用数据集成技术将这些大数据进行合理高效的集成,为后期的数据存储及分析奠定良好的基础。

无人渔场内部涵盖了池塘养殖、网箱养殖、鱼菜共生、陆基工厂等基础设施,会产生大量不同类型的数据,并存储于各个设施不同的应用系统内部,且均处于采集回来的初始状态,具有明显的数据结构异构及语义异构特性。采用数据集成技术就是将渔场内不同来源的数据进行处理,然后对数据源中的数据属性及概念进行明确的定义,制定统一的标准,实现对多来源数据的集成处理。

在无人渔场信息管理网络平台的开发中,由于渔场数据来源多,且格式差异性大,特对其进行格式标准化,然后基于 Extensible Markup Language(XML)搭建标准的数据接口,将不同来源的数据按照通信协议进行标准格式解析及存储,结合 PHP、服务器、MySQL 数据库、网站技术搭建网络平台,对无人渔场农业信息化发展具有重要的意义。

（1）模式匹配

无人渔场大数据获取过程中,由于数据来源多,格式类型丰富。因此,如何将不同格式的数据进行汇总及整合是一大难题。而模式匹配是将采集的无人渔场大数据通过一个迭代循环的过程,期间调用多个模式匹配智能算法(如简单匹配算法、复杂匹配算法以及基于重用的模式匹配算法),获取相应的若干匹配结果,然后对所得结果进行再次组合,获取相似或者相同的匹配模式。经过模式匹配,可将无人渔场内不同格式及来源的数据进行汇总及整合,为数据存储奠定良好的基础。

（2）数据值冲突检测及处理

在无人渔场数据处理中,由于池塘养殖、网箱养殖、鱼菜共生、陆基工厂等局部数据库都是各自独立管理运行的,具有一定的自治性。因此,容易造成各个局部数据库的数据之间可能存在语义或者数据值的冲突问题,进而导致数据源冲突,使得数据对象的描述出现多层含义,直接导致在查询的时候出现错误的结果。针对上述问题常用的有两种解决方案:一种是全局模式法,基本思想是通过对无人渔场大数据建立一个全局模式来实现其与局部数据源之间的映射对应关系,但是该方法过多地依赖于相关的数据源模式或者应用系统,如果出现一个新的模式需要加入集成处理过程中,一旦具有潜在的冲突,将会造成全局模式的大范围修改,不利于无人渔场的高效管理;另一种是基于域本体的方法,基本思想就是针对无人渔场大数据先构建一个机器可以理解的本体,用以表述数据中概念与概念之间的关系,从池塘养殖、网箱养殖、鱼菜共生、陆基工厂等获取来的数据源都可被视为这个本体的含义,该方法所述的知识虽然属于特定的域,但是其与局部模式及应用系统是独立的,因此相对便于管理。

3. 数据转换

数据转换就是将来自池塘养殖、网箱养殖、鱼菜共生、陆基工厂等不同养殖设施的数据按照统一的格式标准进行转换,以便于后期的存储及应用。而采用数据转换技术,可替代人工完成数据格式的统一,使渔场内不同设施的数据获取及统一实现自动化,不断完善渔场内的数据处理机制,提升数据处理智慧化水平。因此,随着无人渔场生产环境及设施的不断完善,需要采用数据转换技术将渔场内部数据格式进行统一,以提高渔场智能决策及控制效率。

无人渔场生产过程中,存在多个养殖设施,相互之间由于养殖规模、养殖对象、业务要求等不同,所产生的数据格式及类型也存在明显的差异性。常见的数据类型有整数型、浮点型等,数据格式有.txt、.xls、.csv 等。一般根据不同业务的不同需求,可采用数据转换技术将数据类型统一为整数型或者浮点型,将数据格式统一为.txt、.xls、.csv 三者之一。如在无人渔场蔬菜病虫草害、水产品养殖对象异常行为等多元异构数据的转换中,基于关系数据库与 XML 之间的映射关系,将病虫草害、异常行为等关系型数据转换为 XML 文档数据,然后结合病虫草害、异常行为数据本身的特点,构建数据转换模型,进而搭建数据转换系统。

可扩展标记语言(XML)具有灵活性、可扩展性、结构化及可试验性的特点,是无人渔场大数据描述及传输过程中最常用的一种方法。而基于元素树的数据转换方法,其基本思想是基于元素树,根据无人渔场不同来源数据之间的映射关系获取执行指令,然后执行指令将结果插入模型中的对应位置,从而得到了 XML 文档。反之,通过执行反向指令,又可以将 XML 中的数据转换为关系数据库中的数据。其中主要涉及由 XML 到 Relational Database(RDB)的转换与由 RDB 到 XML 的转换两个过程。

(1)由 XML 到 RDB 的转换

基本转换思想是基于以获取的无人渔场大数据,根据 Document Type Definition(DTD)创建元素树,然后获取渔场数据源之间的映射关系,解析 XML 数据文档,然后创建数据库模式并保存数据。其原理见图 4-4。

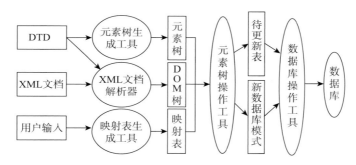

图 4-4　XML 到 RDB 转换原理

(2)由 RDB 到 XML 的转换

如果需要将无人渔场数据库中的数据转换为 XML,主要面临两种情况:一种是渔场应用系统根据现有数据库中的数据生成一个 DTD,然后基于此 DTD 得到相应的 XML 文档;另一种是渔场应用系统根据一个已有的 DTD,然后根据数据库中的数据生成一个 XML 文件。在无人渔场信息集成及转换中,这也是最主要的两种情况。其原理见图 4-5。

4.数据规约

数据规约就是在最大可能保持渔场大数据原貌的情况下,最大限度地简化数据,进而获取较小数据集的处理过程。常见的数据规约操作有数据压缩、立方体压缩等处理方法。通过采用上述方法,可将无人渔场内通过遥感、视觉等技术获取的蔬菜、水产品养殖对象冠层图像、病害图像等进行压缩,进而减小数据量,降低计算时间。因此,数据规约技术对于后期渔场数据的分析具有重要的意义。

无人渔场在生产运营过程中会产生大量、多类型的数据,如数值数据、音频数据、视频数据、图像数据等,其数据量大且本身占用内存较多。因此,为了减小系统存储负荷以及

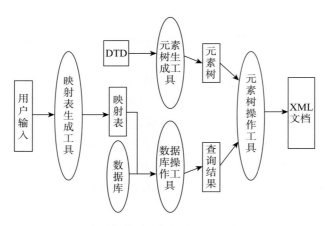

图 4-5　RDB 到 XML 转换原理

网络传输压力,在保证数据不受损的情况下,通过采用数据压缩及立方体压缩技术对音频及视频数据进行简化,同时减小数据的大小,可满足后期数据分析的要求。

　　而在无人渔场内部数据传输过程中,大多采用的是无线传感网络技术,其在渔场实际应用过程中,传感器节点布置范围广,获取的数据量大,给数据传输带来了负担。通过使用数据规约中的数据压缩技术,在保持数据原貌的基础上最大可能地简化数据,可实现采集所得数据的完美重建,同时大大地降低了传输的数据量,解决了数据传输压力大的难题。

　　(1)数据压缩

　　随着互联网技术的快速发展,无人渔场多媒体数据的产生逐渐增多,各种生长监控、养殖对象行为监测、遥感监测等数据源源不断地积累,为保障无人渔场多媒体数据在互联网上的有效传输,必须对其进行压缩处理。而数据压缩就是采用压缩算法针对无人渔场大数据中的冗余信息而设计的,即通过一定的编码方式,消除大数据中的这些冗余信息(如空间、时间、结构、视觉等),达到不失真压缩的效果。或者以人的听觉及视觉生理特性为基础,在允许的失真范围内进行有效失真的压缩以达到良好的压缩比。常见的压缩方法主要包括无损压缩和有损压缩。无损压缩主要是根据统计方法获取多媒体数据出现概率的分布特性,并以此为依据获取消息与数据之间的对应关系,进而进行准确的压缩。而有损压缩主要是采用高效的有限失真算法降低无人渔场多媒体数据中的冗余信息,但是在压缩和解压缩过程中可能会损失部分数据。

　　(2)立方体压缩

　　由于无人渔场每天 24 h 均处于无人参与的过程,渔场内部一切决策及控制均由数据驱动完成。虽然数据是一切精准决策及控制的前提,但是随着数据量的不断增加,渔场大数据立方体维度结构以及大数据本身的维度逐渐复杂,极易产生数据爆炸情况。因此,数据立方体压缩技术的出现解决了此问题。其压缩的基本原理与上述压缩方法的不同之处是通过去除数据之间的冗余信息,降低数据立方体的尺寸而达到压缩的目的。这其中绝大多数属于无损压缩的方式,可以在不失真的情况下完全恢复初始数据。此外,通过采用立方体压缩技术可以平衡无人渔场系统查询速率与存储负担之间的矛盾,同时为后期的数据存储及分析应用奠定良好的基础。

4.4 大数据存储技术与无人渔场

4.4.1 基本概念

大数据存储就是将获取到的多类型海量渔场大数据源经过上述数据处理后以某一指定的数据格式记录于计算机内部存储设备或者外部存储介质上的过程。而无人渔场生产过程中,获取的渔业大数据存在数据量大、数据类型丰富等特点,给数据存储带来了难题。同时数据存储需要满足上层接口对于数据查询及处理的强扩展、高通吐的要求。但是,在海量数据存储需求及动态数据流不断涌入的刺激下,传统的基于关系数据库检索方式存在检索速度慢、维护较为麻烦等问题。而基于 MMP 架构的新型数据库集群、基于 Hadoop 的技术扩展和封装的出现,不仅解决了上述问题,还可应对不同类型数据的存储要求。

4.4.2 存储技术及原理

1. 基于 MPP 架构的新型数据库集群

基于 MPP 架构的新型数据库集群技术(图 4-6)就是一种主流的关系型数据库存储技术,重点面向无人渔场内的基础设施大数据,采用 Shared Nothing 架构,然后通过多项大数据技术(粗粒度索引、列存储等)协作,再配合 MPP 架构本身高效率的分布式计算方式,实现对分析类应用的支持。此外,运行环境通常为较低成本的 PC Server,具有高扩展性及高性能的特点。

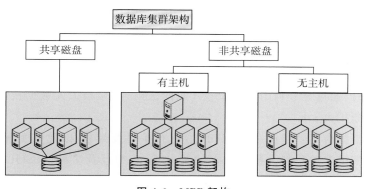

图 4-6 MPP 架构

无人渔场生产过程中,由于存在多个相对独立的养殖基础设施(如池塘养殖、陆基工厂、网箱养殖、鱼菜共生等),获取所得数据量大且类型丰富,主要分为关系型数据与非关系型数据。其中,如陆基工厂、网箱养殖等基础设施各自获取的数据之间关联性强,可称之为关系型数据。因此,需要采用基于 MPP 架构的新型数据库集群技术进行存储。

在无人渔场生产环境监测中,可对数据关联性强的陆基工厂、网箱养殖等基础设施的数据进行存储。如查询池塘养殖中的 1 号池塘,然后紧接着查询 1 号池塘的养殖水体环境状况(如水体温度、溶解氧等)、水产品养殖对象本身的生理状况(如是否生病、是否饥饿、是否异常、是否发情等)等,这种关联性强的数据具有查询效率高、查询能力强大的特点,有利于无人渔场后期的数据分析及应用。

2. 基于 Hadoop 的技术扩展和封装

基于 Hadoop 的技术扩展和封装(图 4-7)就是一种主流的非关系型数据库技术,其以Hadoop 为主扩展出有关的大数据处理及分析技术,以此克服传统关系型数据库在进行数据存储中遇到的困难场景及数据。此外,基于 Hadoop 的技术在针对半结构化、非结构化的数据处理、挖掘、计算方面更擅长。因此,通过使用该技术,可为无人渔场内部的非关系型数据存储提供良好的技术支撑。

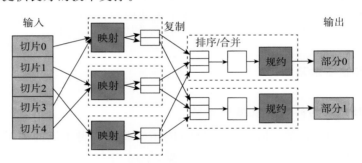

图 4-7　Hadoop 框架

无人渔场内部的池塘养殖、陆基工厂、网箱养殖、鱼菜共生等基础设施获取的部分数据之间,由于数据内容及数据类型等差异性,使得数据之间关联性弱,因此称为非关系型数据,需要采用基于 Hadoop 技术扩展与封装技术进行存储。其整个运行过程中最重要的工作就是实现 map 和 reduce 的设计,当有一个新的计算作业提交,其会被拆分为多个map,并分给不同的节点执行。当 map 执行任务结束时,将过程中生成的中间文件输入reduce 任务,reduce 对其进行进一步的处理并输出最终的结果。在存储和计算无人渔场非结构化数据时,通过充分利用 Hadoop 开源的优点,配合相关大数据技术,可使其后期的应用场景不断扩大。

目前最广泛的应用就是通过对 Hadoop 进行扩展及封装,以此来实现无人渔场内部各养殖基础设施的非关系型大数据的存储及分析,其中涉及多种 NoSQL 技术。通过对无人渔场内池塘养殖、陆基工厂、网箱养殖、鱼菜共生等基础设施中部分非关系型数据的存储,然后提取温度、湿度、溶解氧、pH、氨氮等环境信息,可实现不同养殖设施同一天同一时刻同一环境因子下的环境信息对比分析,进而指导生产环境的智慧化管理及控制。

4.5 大数据分析技术与无人渔场

4.5.1 基本概念

大数据分析技术,就是对无人渔场内获取的所有与基础养殖设施相关的数据以及相关涉渔网络数据进行挖掘、分析以提取有用信息的过程。而无人渔场在生产过程中一切作业操作,如养殖水体环境信息采集、动物生理状态监测、饵料投喂、装备智能作业等均通过大数据驱动来自动完成。因此,通过使用大数据分析技术,挖掘渔场大数据中的有用信息,然后去进行监测、投喂、捕捞及搬运等相关精准决策,为无人渔场智慧化管理提供数据依据。

4.5.2 分析技术及原理

1.统计方法

统计方法就是通过对渔场大数据进行收集、分析并从中得出结论的方法,通常分为推断统计方法和描述统计方法两种。而统计方法作为适用于所有学科的一种通用的基础数据分析方法,只要有数据就可以通过统计方法解决基础的数据处理问题。因此,可采用统计方法实现对无人渔场内基础数据的处理。

随着无人渔场数据分析过程中对定量研究的日益重视,统计方法已被应用到渔场内各个基础养殖设施的众多方面,如池塘、陆基工厂、网箱养殖等基础养殖设施的生产环境因子日变化趋势、日水体均温、日水体最高温、日水体最低温、日水体平均溶氧量、日水体最高溶氧量、日水体最低溶氧量等。而在无人渔场生产过程中,大多时候会选取主要影响因素对水产养殖对象的生长发育提供良好的环境,而针对大量、多属性、多类别的数据,我们需要从中提取所需的主要影响因素,而统计方法正好可以解决此问题。

在无人渔场内的鱼菜共生系统管理过程中,由于蔬菜生长过程主要受温度、湿度、二氧化碳浓度、光照强度等地上因素以及水温、养分等地下因素的影响,为从中获取哪些因素是对蔬菜生长发育影响最大的,可通过采用统计方法中的主成分分析对鱼菜共生系统采集所得大数据进行分析,提取对蔬菜生长影响最大的因素进行着重监管及控制,以达到蔬菜最佳生长的目的。此外,通过对鱼菜共生内采集所得全天或者一段时间内的温度、湿度、光照强度等数据进行可视化分析,以图像的形式进行展示,便于远程监控系统内部小气候的变化情况,进而提升鱼菜共生的智能化管控水平。针对鱼菜共生系统中养殖区域和种植区域的水体营养供给平衡问题,通过搭建鱼菜共生系统水体氮素调控分析系统,采用智能传感器获取水体氮化合物含量信息,并通过无线传输的方式发送至鱼菜共生内的服务器存储于数据库中,然后针对采集所得数据进行智能分析,通过设定养殖水体胁迫阈值进行水体环境智能调控,为养殖区域和种植区域共同营造一个适宜的环境。统计方法目前主要用于无人渔场内基础数据的分析及应用,对于较为复杂的数据及应用场景,能力较为有限。

2.神经网络

神经网络技术就是通过模仿生物神经元之间的信号传递过程,进而进行网络传输结构及功能设计的一种复杂信号处理技术。其通过多个信号处理单元组成网络结构,然后在接收外部信号的刺激下动态响应进而进行信号处理。其中处理单元指的是神经元,而网络的信息处理过程是通过神经元之间的相互作用完成的。

在无人渔场生产过程中,针对获取所得渔场大数据,需要通过数据去预测未来某一时期气候的变化或者某一种环境因素的变化情况,以此来指导无人渔场正常作业。如在无人渔场的气象预测方面,以池塘养殖水体温度预测为例,通过从存储器中提取池塘养殖过程中某一时间段内的水体环境因素及时间节点数据,以此为样本数据进行时间序列模型训练,可通过时间、光照强度、风速、二氧化碳浓度、外界温度等因子为输入,相应的水体温度数据为输出,得出池塘水体温度预测模型,然后基于此模型,将实时获取的环境数据进行传入,便可预测出未来某一时间池塘水体的温度状况,并以此为依据进行智能决策,如增氧机的自行关闭或者打开。

神经网络分析技术也可用于水产养殖过程中的产量估测,针对前述 Hadoop 技术存储所得渔场数据,采用模拟退火算法对 BP 神经网络模型进行优化,以平均水温、平均降水量、苗种量、水产养殖面积、技术推广经费、对虾损失数量、对虾养殖人员数量为输入,以对虾产量为输出建立了产量估测模型。

3.深度学习

深度学习作为一个新型的数据处理技术,起源于神经网络技术,是机器学习研究中的一个新型领域,其通过构造及模仿人的大脑进行分析学习,用以解释如图像、声音和文本的相关大数据。如网络结构中含有多隐层的多层感知器就是一种典型的深度学习结构,其主要通过将低级特征进行组合形成高级的抽象特征,然后用于目标分类、目标识别等应用场景。

而在无人渔场生产过程中,不仅产生数值型数据,还会通过视觉技术获取大量的图像及音频数据,神经网络技术虽然也可以通过相关算法实现对图像及音频视频数据的处理,但是针对不同的数据源涉及的特征提取方法不同,导致分析过程复杂,严重影响数据分析效率。因此,深度学习技术更适合处理复杂数据。其可以通过设置多层网络结构,对图像中的内容进行理解和认识,代替了人眼识别或者认识目标的过程,进而实现机器人或者智能设备在作业过程中的路径规划、目标识别、场景分析等,显著提升作业的智慧化及精准化。

鱼菜共生系统中蔬菜的自动采摘,可将获取的蔬菜图像通过深度学习进行目标识别模型训练,然后基于此模型,当搭载视觉传感器的机器人捕捉到蔬菜目标时,对其进行识别并返回目标位置信息,通过轨迹规划算法计算抓取目标蔬菜的距离及轨迹,进行精准采摘。此外,机器人在无人渔场内的运动轨迹均是基于深度学习算法实时获取机器人所在周边场景图像而进行自动视觉及路径规划的。因此,深度学习在渔场大数据分析方面更为快捷,且适用于很多自动化场景,在后边的章节中会有详细论述。

4.6 应用案例

案例 1 水产养殖大数据防灾减损系统落地成都

2019 年 9 月,基于大数据、物联网、云计算技术打造的水产养殖大数据防灾减损系统应用项目在成都邛崃成功落地,成为我国首个部署在云端的"大数据＋物联网"水产养殖防灾减损系统。项目落地当日,中央农村工作领导小组副组长袁纯清带领调研工作组到现场视察调研,并观看了相关系统功能的操作演示。

该水产养殖大数据防灾减损系统主要由建立在云端的大数据中心、物联网设备以及用户应用软件三大部分组成。大数据中心负责提供数据分析、数据挖掘及数据建模;布置在养殖场各个环节的物联网设备,如水质传感器、水位传感器等,负责收集一手数据;用户应用软件则给养殖户及保险公司等风险管理用户提供具体的应用服务。系统能实时分析、评估、预测水产养殖过程中风险发生的可能性,并提供预警,是一个紧盯客户需求、低成本的智慧农业风险管理云平台。

水产养殖大数据防灾减损系统主要目的是要解决养殖户对自然灾害风险不知所措、对如何养殖水产难以把握等核心痛点问题,同时也是为了做好风险预警管理,有效地控制赔付损失。系统通过整合物联网设备、大数据应用以及云计算等技术应用,一方面可帮助养殖户了解风险何时发生,发生时应该如何实施减灾措施,另一方面也可帮助保险公司自身更准确地评估不同承保标的的风险,预估损失的可能性,以达到更好、更快地控制风险,提供精准的风险保障目标。项目落地现场,袁纯清副组长明确提出这是中航安盟保险公司为水产养殖行业做的一个可以有效解决一直以来水产养殖行业靠天吃饭难问题的民生项目,值得大力推广。

案例 2 福州首个水产养殖物联网应用示范基地落户琅岐岛

用电脑或手机监控养虾,坐在家中便可实时查看虾塘的溶氧量、pH,每年可节省十几万元开支。该虾塘是中农宸熙(福建)物联网科技有限公司定制农业物联网智能感应器产品的应用示范基地,也是福州市水产养殖物联网技术的首次应用。目前,该公司试验项目面积为 50 亩(1 hm² ＝ 15 亩)。

养殖户表示"仅溶氧量监控一项,每天就能替我节省 300 元电费,一年可节约开支十几万元。"以前养虾靠经验,为了不让虾因缺氧死亡,每天都要打开增氧机对虾塘进行数小时增氧。如今有了水产养殖物联网的实时监控,坐在屋内就可以了解每天各时段的溶氧量,增氧机开机时间日均减少 3 h,十几个鱼塘每天可节省开支 300 元。此外,pH 等数据的监测还可以减少虾的死亡率、提高脱壳率等,大大增加了养殖效益。

作为该项目的主要研发方,中农宸熙公司有关负责人表示,未来还将在应用示范基地陆续投放不同类型的传感器,增加控制端数据和类型传感器,届时能根据数据自动控制增氧机、饵料投放机等设备,真正做到智能化养殖。相关产品投放市场后,1 个农民可以管理 100 个鱼塘,每亩鱼塘每年成本可降低千元。

案例 3　上海打造淡水鱼产地追溯大数据——全程可监管

上海最大的淡水鱼批发市场已经在全市率先试水,建立起一套利用物联网技术的水产品追溯系统。对周边供应上海的 1 137 个渔场,设立追溯监控。从鱼苗投放到整个养殖过程,从产地资源管理到生产标准、质量安全,做到全程可监管。

第一批可追溯的鱼,已经佩戴上了二维码标签作为身份证,投入市场。2019 年,这套淡水鱼追溯系统部分开放,让市民可以查询优质鱼的养殖过程,通过加强监管,让餐桌上的水产品更加安全。

位于江苏大丰的华东地区最大标准化养殖基地,水域面积 8 万亩(1 hm^2＝15 亩),每年可产出 2×10^7 kg 鱼,供应上海市场。目前,渔场已经设立了 300 多个监控探头,从鱼苗投放到饲料、药品投喂,整个养殖过程全部接入物联网设备,并上传到上海最大的淡水鱼批发市场的追溯系统上。

水产品追溯系统信息化管理员沈逸介绍:通过裸光纤直连的方式,将这些视频信息直接传到上海。让我们的门店、消费者能够看到这些监控视频,放心吃鱼。

这些可追溯的鱼运抵上海的批发市场后,由专业人员给它们戴上带二维码的身份证明。扫描固定在鱼身上的圆形牌,就可以直接获得塘口信息、放养捕捞时间、养殖户等一系列信息。

光明渔业总经理戴建国表示,通过物联网追溯技术,可以当天在 6 h 之内,发现食品安全造成的影响,可以直接追溯到每一个塘口、每一条鱼。

上海嘉燕水产批发市场负责人周辉表示:"通过技术分析,在养殖现场放置传感器,可以对所有养殖场里的水体和空气、环境、土质做全面的监控,再由技术专家对整个渔场做技术分析。一旦这个渔场被污染了或者被视为不诚信企业,就不允许我们的车再去装它的鱼。"

第 5 章
人工智能与无人渔场

5.1 概述

无人渔场最根本的任务是机器对劳动力的替换,也就是需要模拟人类大脑思维正确分析和解决问题,从而保证渔场的生产正常运行。人工智能技术是协同感知装备和作业设备系统的中间环节,其具体任务是处理、整合、分析感知到的数据信息,下达给智能装备正确的命令,完成一套完整的作业过程,也就是承担决策、下达指令的任务。本章着重阐释人工智能技术在无人渔场云端管理平台中的原理和应用,阐述智能识别、智能学习、智能推理和智能决策四项技术的实现原理和应用案例,以期对渔场中人工智能技术如何实现无人化工作具有更全面的认识。

5.1.1 人工智能概念

人工智能(artificial intelligence)是构建能够跟人类似甚至超卓的推理、知识、规划、学习、交流、感知、移物、使用工具和操控机械能力的一门技术,其研究目标包括推理、知识表示、规划、学习、自然语言处理、感知以及移动和操纵对象的能力。为了解决这些问题,人工智能研究人员综合整合了可广泛解决问题的方法——包括搜索和数学优化、形式逻辑、人工神经网络以及基于统计、概率和经济学的方法,主要由专家系统、启发式问题解决、自然语言处理、计算机视觉四部分组成。

人工智能技术不仅具有学习、知识运用能力,还可以模仿人类思维逻辑,处理不确定性事件,对问题的判断没有主观臆断,决策方案也优于人类的解决办法,这些技术特征使人工智能技术在无人渔场中得到广泛应用。人工智能技术贯穿于整个无人渔场,从实际作业装备端到云端管理系统,在渔场的作业现场对环境状态监测,水下生物的生长过程调控与决策以及控制装备作业等,在云端管理系统对已存储的数据进行预处理和学习,对无人渔场中波动或异常情况进行原因分析和解释,提供适当的解决办法并指挥装备端进行实际作业,完全将生产者需要做的事情用机器进行替代。充分利用人工智能自身的技术特点让智能装备具有能感知、作业、可解决实际问题的功能,赋予云端管理系统可识别、会学习、能推理、做决策的能力。

我国是水产养殖大国,养殖面积大,但现阶段劳动力老龄化严重,生产率低。无人渔场的全面应用是解决劳动力问题、提高渔场生产力水平的根本途径。人工智能技术是无人渔场实施的理论基础,将养殖人员日常维护渔场的学习、判断、决策以及实际操作能力赋予智能装备和云端处理系统,是整个无人渔场的中转和指挥中心。人工智能技术充分利用其智能化、机械化的系统和设备,将每一个步骤的实际问题具体化,云端系统集中处理渔场需要解决的问题,可为无人渔场的建设提供技术支持和保障。

5.1.2　无人渔场对人工智能的需求

无人渔场的关键问题就是如何实现机器换人,通过一系列智能化机器设备模拟传统渔场中养殖人员检测水质和鱼类生长状况,判断问题类型,综合分析,再进行清理、换水、投喂以及病害处理等。根据无人渔场的实际要求,人工智能技术需要对渔场中的各类信息进行采集、监管、优化、调控、决策、作业等全方位的无人化操作,也就意味着无人渔场中的所有系统是自动的、智能的、全面的。智能装备对感知到的生产养殖信息进行筛选和处理,这是智能识别的过程;人工智能技术还需对感知到的历史数据以及该领域的专业知识和经验进行学习;经过相关知识学习的人工智能技术具备了处理问题的能力,可对渔场中发生的情况进行因果判断,这是所谓智能推理的过程;最后人工智能需要找到解决问题的办法,并下达装备作业的指令,此过程为智能决策,也是无人渔场运行的关键,更是对人工智能技术提出的巨大挑战。

无人渔场需要智能识别技术。无人渔场中依靠不同类型的传感器获得池塘中的信息,但这些数据和信息量是巨大的、杂乱的,甚至混有一部分无法使用的信息以及有误信息,干扰云端管理系统对这些数据的梳理和学习,影响最终的决策方案,造成指令错误,误导装备和机器人作业。智能识别技术正是对这些问题进行前期处理,减轻后期学习负担,提高决策和作业的精准性。

无人渔场需要智能学习技术。无人渔场通过智能感知和智能识别等技术已在云端系统存储了庞大的数据和知识,这些看似毫无关系的信息实则存在一定的规律和逻辑,故需要对这些数据进行解析。解析的过程就是模拟人类学习的过程,因此还需无人渔场具有智能学习的能力,将这些复杂的数据进行归纳总结,使其条理清晰,逻辑了然。云端系统需要利用智能学习技术对这些知识进行学习和训练,找到高效的学习方法和训练模型,为无人渔场中问题的判断和决策打下基础。

无人渔场需要智能推理。通过智能识别和智能学习技术已将大量归纳后的知识和经验存储在云管理系统中。当池塘中监测到水质参数超出限定范围时,代表着异常情况的发生,由于这些异常情况较复杂,简单的识别和学习无法对其进行内在了解,这时就需要无人渔场具备智能推理的能力。智能推理技术可根据知识与规则、所建立的模型和以往的案例对产生的问题进行解析和判断,找到问题发生的原因,判定问题的性质,全方面认识问题,逐步推理出相关结论。这些经过推理出的结论是对问题深层次的认知,更是云端管理系统做出正确决策提供最佳解决办法的基石。

无人渔场需要智能决策技术。在对渔场中的问题进行了初步认识的判断后,对出现的异常情况有了一定的了解和掌握,下面就是对问题进行解决。这也就需要无人渔场具备智能决策的能力,云端系统根据储备的知识和经验提供有效解决问题的方法以及这些方法的成功率,从而指导云端管理系统做出正确决策,同时对智能作业装备下达执行命令。这是模拟人类遇到问题进行思考、想出解决办法的过程,也是人工智能技术的关键,用机器取代了人类智能的"思维"。

基于以上四种技术的支持,无人渔场云端管理系统从信息的识别、知识的学习、问题的判断、做出的决策等方面全面实现无人化操作,具备可筛选、好学习、能思考、会做事的能力,取代了人类分析问题、解决问题的过程。但这也仅仅是云端管理平台的无人化,无人渔场在云端发出命令信号后,还需要进行实际的池塘作业,真正解决渔场中的问题,维持日常运作。因此无人渔场还需要智能作业技术,利用智能设备、智能机器人等智能化装备执行云端系统下达的命令,完成传统渔场中人力需求量最大的池塘作业任务。至此人工智能技术为无人渔场中机器替代人类智能和劳动提供了技术支撑。由于智能作业技术主要体现在智能装备上,因此这部分内容将在下一章进行详细介绍。

5.2 智能识别与无人渔场

无人渔场涉及复杂的水下和水上环境,因此智能感知装备获取的数据相对杂乱,大大增加了数据处理难度和工作量。智能识别技术正是解决这一问题的有效方法,作为无人渔场中感知到的各类混杂信息进入云端管理系统之前的预处理过程,智能识别技术不是单一地筛选大量的数据信息,还可对一些难收集、质量差的数据集进行优化,经过此项预处理后的数据会相对规范,云管理平台后期处理时的难度也会大大降低,降低了系统负荷压力。本小节所阐述的是无人渔场作业现场中智能装备在感知信息时对监测对象的识别技术,下面会对该技术的基本概念进行详细介绍,并根据属性的不同对无人渔场中涉及的知识进行划分,重点阐述每一种类型知识预处理的原理和步骤。

5.2.1 智能识别的基本概念

智能识别技术是指对无人渔场内所获得的信息进行筛选的过程,其实质就是利用计算机对数据进行预处理、分析和理解,以识别各种不同模式的目标和对象,是深度学习算法的一种实践。这个过程必须要排除输入的多余信息,抽出关键的信息,同时还需要人工智能技术整合提取后的信息,将分阶段获得的信息整理成一个完整的知识印象。

无人渔场数据量大、涉及范围广、环境复杂,充分利用智能识别技术可进行筛选的特点,过滤掉错误的历史数据,减少云端系统处理数据的压力。经过智能识别后的数据更加精炼,与之前杂乱无章的数据不同,智能识别后的数据存储经过了简单的分类,整体更加清晰、规范、整洁,大大增强了有关信息的可检测性,从而最大限度地简化数据。

根据无人渔场中云端接收到的学习和数据信息属性,可将信息分为数值信息、图像信息和专业知识经验,这三类信息的识别和处理方法各不相同。无人渔场云端系统根据三种类型信息的特点采取不同的预处理方法,最终达到精简数据的目的,这也为后面智能学习提供了规范、可靠、有效的数据和专业知识。

5.2.2 直观数据预处理

所谓直观数据就是指感知装备获取的数据,即是可用的数据信息,无须进一步提取和转换处理,可直接得到渔场内的信息参数,例如温度、pH、溶解氧、氨氮、亚硝酸态氮、硝态氮等水质参数,均属于直观数据。从属性上来看,此类数据通常以数字加单位的形式呈现,智能识别技术的预处理过程也是对数值的深层次合理筛选。经过预处理后的直观数据不仅删除了因硬件装备导致的错误数据,还平滑了正常范围内的数据,使其更加符合无人渔场标准数据的要求。由于传感器等智能感知装备测出的结果是用于评定该监测对象的参考标准,这个过程虽然没有间接信息的转换,但还是存在一定的测量误差。结合直观数据预处理的技术特征,无人渔场需要使用智能识别技术将这些数据在学习之前进行预处理并送至云端存储。

在无人渔场中,仅温度变量就涉及很多不同场景,水温、室外大气温度、工厂化养殖的室内温度等,每一种温度都要在合理的范围内。智能识别技术首先要对这些数据的来源进行区分,判断是否存在因机器故障等外在原因引起的离谱数据,然后将异常数据和正常数据分离,再通过建模、回归分析等方法对这些数据进行校正。校正的过程是对智能装备硬件测量误差的一种弥补,这种细微的处理都是大数据技术无法实现的。经过这样一系列处理后的数据会更加合理、准确,可提高历史数据的可靠性。

5.2.3 图像预处理

图像预处理的主要目的是消除图像中的无关信息,并恢复有用的真实信息,最大程度简化数据,提高信息检测度,从而改进特征抽取、图像分割、匹配和识别的可靠性。预处理过程一般有数字化、几何变换、归一化、平滑、复原和增强等步骤。

无人渔场中的相关参数有一部分是无法直接获取的,例如鱼的数量、虾的体尺参数。针对这类数据,通常需要间接测量提取。其中最常见的就是依靠计算机视觉技术获取监测对象的视频或图像数据。通过视频可以全方位、无死角采集到多个 2D、3D 图像,这些图像信息中包含了所需的长度、宽度、体高、甚至体重等信息。水下相机作为一种无接触的数据获取设备可在池塘中使用,但水下环境复杂,尤其土塘中的水质十分浑浊,采集到的视频和图像数据质量也相对较差。因此,图像预处理流程是十分必要的,对这些模糊的图像数据进行平滑、滤波、膨胀、傅里叶变换、去燥、重建、压缩等一系列的预处理,这不仅使得一些图像可以被重新使用,还压缩了存储空间,这时图像中提供的信息都是便于云端使用、处理的宝贵信息。

5.2.4　专业知识和经验筛选

专业知识和经验是指在专业领域内,人类对客观世界的认识成果,它包括事实、信息的描述和在实践中获得的技能经验。专业知识是经过验证的正确结论,无人渔场中的这类数据区别于上面直观和图像数据,不是采集到的渔场客观参数,而是通过人类在不断实践和作业中对渔场中出现情况的判断和分析,这些知识和经验在传统渔场中是完全可行且通用的,但无人渔场区别于传统模式的渔场。知识和经验的筛选是一次可行性分析的过程,因此无人渔场利用智能识别技术可对这些未知的知识和经验做出可行性分析和判断,筛选出适用于无人渔场的知识和经验,避免因不适用性的结论进行错误的分析,做出无法实现的决策。

无人渔场是没有任何人为干预的渔场,传统知识库中的知识和经验大多数是依赖人为完成的,无人渔场需要对这部分知识进行判定,初步判断在无人的情况下,是否可以用机器进行代替,如果判定后为不可行,人工智能技术则需要舍去对这部分知识的学习,选择其他方法重新进行事物的认知。例如有经验的渔民在判断池塘中的鱼是否可以进行售卖时常常将鱼进行麻醉称重或者肉眼进行判断,但这种方法是人工智能技术无法模拟的。因此,通过智能识别技术对这种方法进行可行性分析后,发现智能装备和机器人完成这项工作时消耗的成本过高,可行性差,所以将这种经验和专业知识进行剔除,不再存储到无人渔场的云端系统中。当然剔除的这部分经验判别方法可使用其他方法进行替代,例如利用计算机视觉技术对鱼的生物量进行预测,辅助分析该池塘的鱼能否达到捕捞标准。

5.2.5　应用案例

无人渔场中数据预处理的典型应用就是水下图像增强。无人渔场水下复杂的环境导致光线吸收有颜色偏差,出现颜色衰退、对比度低以及细节模糊等问题。严重退化的水下图像由于缺少用于目标识别的有效信息,导致水下目标检测识别难度提升。因此,水下图像增强对实现无人渔场的精准养殖十分必要(图 5-1)。

前　　　　　　　　　　　　　　　　后

图 5-1　养虾池塘中图像增强前后的对比

5.3 智能学习与无人渔场

智能学习是无人渔场可以进行无人化管理的前提,云端管理系统只有经过相关专业知识、经验、历史数据等信息的学习和训练,才会对渔场中的设备、装备以及鱼、虾、蟹等养殖对象个体的信息全面了解。这些数据信息和专业知识储备可为接下来渔场中的决策诊断、方案规划提供技术支撑。智能学习是对智能识别后的渔场信息进行梳理、总结和归纳的过程,通过对这些数据的训练和学习,可以建立相关的数学模型,理清数据之间的逻辑关系,达到快速全面掌握无人渔场各项指标情况的目的。本节将介绍智能学习技术的概念,重点阐述常用的机器学习和知识图谱这两种方法的技术原理和在无人渔场中的应用。

5.3.1 智能学习的基本概念

智能学习是获取知识的基本手段,也是人工智能技术的前期准备,其目的是使人工智能系统做出一些适应性变化,系统在下一次完成同样的或类似的任务时会比之前的效率更高。对无人渔场而言,就是需要清楚原始渔场中人类智能以及劳动力都做了什么,学习了什么,掌握了什么知识,有什么经验。知识是智能的基础,智能学习就是不断地获取知识并运用知识的过程,也是渔场智能化的核心。

无人渔场中涉及的知识广泛且杂乱,智能学习技术可将这个庞大的知识体系进行系统的划分和存储,方便信息的检索和应用,使无人渔场变得更加"博学",达到甚至超越人类智能的能力,更加高效地管理整个渔场。通过对水产养殖知识的学习使得无论是智能装备还是云端管理平台在接收到相关信息以及对相关情况做出判断时,都具有丰富的经验和知识储备。这个学习过程是通过机器实现的,这也是无人渔场的关键技术支撑,用机器代替传统人类学习和专业技术的掌握,将相关知识和技能存储在机器中。

智能学习技术是无人渔场进行智能推理、决策甚至进行智能作业的先决条件。无人渔场中智能学习的范围是广泛的,例如各项水质参数、大气环境数据、养殖对象的健康状态以及渔业上专业知识和经验的学习。当然,学习的过程也面临着很多的困难和挑战,例如如何将知识在智能学习系统中进行表示,如何了解知识的特性等。为了解决这些问题,必然涉及相关的技术方案,本节总结了机器学习和知识图谱两种可应用在无人渔场中的智能学习方法并进行详细介绍。

5.3.2 机器学习

我国渔业市场未来将面临两大困境:一是劳动力老龄化严重,生产效率低,高度自动化和机器换人大幅提高渔业劳动生产力已迫在眉睫;二是新生代人群对水产养殖生产管理的喜好和选择迫使传统渔业加速进行现代化升级,大量的智能装备和机器人应用将成为必然。机器学习是利用计算机学习所有需要人类掌握的知识,是一门多领域的交叉学科,涉及概率论、统计学、微积分、算法等复杂理论。用计算机模拟人类的学习行为,以便获取新的知识和技能,重新组织已有的知识结构并不断改善自身的性能。其理论和方法已经被广泛应用于解决农业工程和科学领域的复杂问题,机器学习不仅使计算机能够模拟人类学习活动,也是实现人工智能与农业生产有机结合的学科。目前,传统的机器学习的研究方向包括决策树、随机森林、人工神经网络、贝叶斯学习等方法。

在无人渔场中,机器学习的主要内容包括历史数据、渔业专业知识和经验,这些内容涵盖了渔业领域内人类掌握的所有知识和数据,因此机器学习技术可替代渔场中人类的学习。其应用原理可以用一个简单的例子进行说明,例如渔民在养殖过程中,需要把每种鱼的生长属性归纳总结出来,如适宜的养殖温度、pH、溶解氧含量、投喂量、繁殖周期。根据这些参数,养殖人员可大致判断每个池塘中养殖对象的生长情况。因此,人工智能技术将这些数据传输给机器进行训练、学习和分析,它就会构建出一个养殖参数与生产之间的关系模型。对这些数据抽取特征(特征已知,作为判断依据)、标结果(结果已知,作为判断结果),即告诉机器根据什么样的特征可以出什么样的结果,用机器学习算法找规律或建模型,找到规律之后可以对其他的特征数据进行结果预测。经过这样一系列学习后的系统是相对智能的机器,之后再进行养殖时,输入采集到的各类参数(测试集),机器学习可利用之前构建的模型对养殖对象进行估计和预测,其工作流程如图 5-2 所示。有了机器学习的技术支撑,无人渔场就不再需要人工掌握这些渔场中的数据,并且这些算法还会依据每次预测后的结果进行自动更新和完善,完成模型的自动修正。训练的数据会不断地累计,这样用机器学习进行预测的结果会越来越准确,同一个算法,稍加改进可以应用在多个对象上,例如鱼、虾、蟹等,这样学习后的结果既精准又高效。

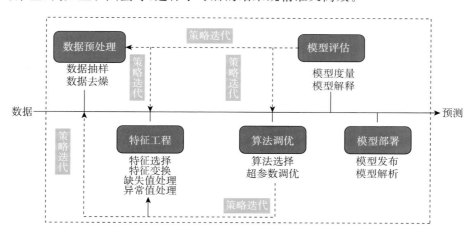

图 5-2 机器学习工作流程图

无人渔场通过机器学习可以让水产养殖从育苗到捕捞的每一个环节都实现自动化,无须人类的参与和帮助。目前,通过机器学习已经实现了鱼种类的区分、生物量的估计、行为的识别等。机器学习需要对渔场中各项参数全面掌握,不仅可以达到人类学习的标准,还要超过人类的能力,这些知识包括一些目前还没有涉及的领域学习,例如对渔场中工作人员经验的学习,水温、气候等变化规律的学习,甚至对一些突发情况的学习,如设备故障、极端天气等意外情况。

5.3.3 知识图谱

知识图谱是显示知识发展进程与结构关系的一系列不同的图形,用可视化技术描述知识资源及其载体,挖掘、分析、构建、绘制和显示知识及它们之间的相互联系。作为一种智能学习的手段,知识图谱通过可视化的技术手段将与渔业相关的概念、实体、事件以及各部分之间的关系进行描述,是一种结构化的语义知识库,也是水产养殖人工智能的重要基石。机器虽然可以模仿人类的视觉、听觉等感知能力,但往往需要学习的数据种类过多且逻辑关系复杂,为了加快机器对人类知识和能力的掌握,可采用绘制知识图谱的方法帮助学习。

根据无人渔场分散式、异质多元、组织结构松散的特点,知识图谱技术可以构造复杂化的知识网络,将这些离散的信息相互关联,把所有不同种类的信息连接在一起而得到一个关系网络,提供了从"关系"的角度去分析问题的能力,形成可视化的语义网络,使得云端管理系统更加轻松地学习复杂的渔业知识。智能学习技术通过强大的搜索和查询能力在极短的时间内完成对海量信息的准确查询,并对这些信息进行整理和统计,以最简单的方式展现出来。渔业知识的快速掌握是推动农业人工智能不断进步的重要基础,而相关知识对于人工智能的价值就在于让机器具备认知能力,这样的云端管理系统更加智能,能够替代更多的人类任务。但也正是由于人工智能的强大,可辅助人类更深入地了解客观世界,挖掘、获取、沉淀依赖人类智能无法掌握的知识,这些知识与人工智能系统相辅相成,共同进步。目前,可在渔业中应用的知识图谱绘制工具包括 CiteSapce、Ucinet、GepHi、Pajek 四种。该技术以其强大的语义处理能力和开放组织能力,为无人渔场的知识化组织和智能应用奠定了基础。

无人渔场中的水产养殖知识是人工智能的主要学习对象,在无人渔场的远端管理系统中根据监测到的数据进行标准分类和扩展,构建知识图谱。例如关于鱼、虾、蟹病害的知识是大量且杂乱的,但这其中还是有一定逻辑关系的,传统的学习方法只会将这些知识全部吸收,其学习过程往往过于复杂,增加了渔业人工智能系统的工作量,负担更重。如果将水下生物的相关信息构建成一个知识图谱,则会比较清晰。

5.3.4 应用案例

以渔业中的基础知识为例,其知识图谱如图 5-3 所示,可清晰展现水产养殖中不同养殖对象和基本环境参数之间的直接或间接关系。反之,当渔业人工智能系统学习了相关环境属性后也可以反向推理出一系列的养殖对象信息。所学到关系环境特征属性的相关知识越多,推理后得到的养殖对象结果也越精确。这种可视化的学习方法也是人类在学习中常常使用的,快捷的知识掌握可大大减少渔业人工智能系统的繁重工作量,加快信息处理速度。

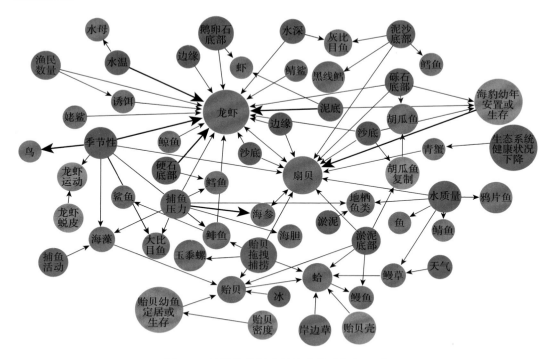

图 5-3 基于渔民调查的渔业基础知识图谱

5.4 智能推理与无人渔场

智能推理,是指根据云端管理系统中存储的知识和经验,对无人渔场中发生的动态变化或异常情况进行原因分析、问题性质判断并做出符合客观事实结论的过程。无人渔场云端管理系统的智能识别和智能学习是进行智能推理的基础和前提,智能推理是无人渔场解决问题的关键技术,智能推理得出的结论直接关系着所做出决策的可靠性,牵动着智能作业的实际效果。因此,无人渔场智能推理技术是人工智能技术的核心。本节首先介绍智能推理技术的基本概念,分析智能推理在无人渔场中的作用,重点介绍常用智能推理方法的关键技术与原理。

5.4.1 智能推理的基本概念

智能推理,是利用机器模仿人类进行推理的过程,由一个或几个已知的判断(前提)推出新判断(结论)的思维形式,任何一个推理都包含已知判断、新的判断和一定的推理形式。作为推理的已知判断称为前提,根据前提推出新的判断称为结论。前提与结论的关系是理由与推断、原因与结果的关系,智能推理技术以此为原则,模仿人类思维,完成无须人类参与的推理过程。

人工智能是利用计算机来模拟人类智能的过程,上一节已经介绍了人工智能技术学习知识的方法,但仅仅使它拥有知识还是不够的,还必须具备思维能力,让机器能够模拟渔场工作人员思维规律。当计算机学习了一系列的农业相关知识后,便可以将知识表示出来并在计算机中进行存储,然后再利用智能推理的方法,按照某种策略从已有事实和知识中推理出结论,其基本任务就是从一种知识或经验推断出另一种判断。智能推理的基础是渔业知识的学习主要手段,也是渔业问题求解的主要手段,无人渔场中的智能推理也可称为利用渔业知识、经验等进行广义问题求解的智能过程,这个过程是靠计算机的算法和程序实现的。

在渔业人工智能系统的知识库中,存储着大量的经验及水产养殖基本常识,数据库中存放着不同种类水下动物的生长情况、行为特点、环境参数等历史数据。当无人渔场需要判断是否该做决策时或做什么决策时就是一次推理的过程,即从这些参数中初始事实出发,利用知识库中的知识及一定的控制策略,对监测对象的状态进行判断,逐步推出相关结论。在渔场的日常运作中,养殖人员在处理不同工作、对不同事件做判断时,采取的推理方法也是不同的。渔业人工智能技术在仿照人类渔场中的工作流程时,依据所得出结论的途径对推理的方法进行划分,具体可分为规则与知识推理、案例推理、预测与智能推理,下一节将对这三种推理方法的原理和应用进行详细介绍。

5.4.2 规则与知识推理

基于规则与知识的推理是指以产生式规则表示知识的推理,各条规则之间相互独立,知识具有很强的模块特性,易于解释。其具体含义为:如果前提满足,则可得出结论或者执行相应的动作,前提是规则推理的执行条件。无人渔场中可靠的专业知识和真实的历史数据都可作为规则推理的前提,大量的前提条件为规则推理的进行提供了技术支撑和保证,确保规则推理方法在无人渔场中的广泛应用。

规则与知识推理的逻辑形式对于渔业人工智能的重要意义在于,它对机器所模仿到的人类思维保持严密性和一贯性并有着不可替代的校正作用,所有的结果真实有效,其结果可作为系统规则和基准,有效避免了人类主观臆想产生的错误判断,因此基于知识与规则推理出的结论准确性极高,可作为无人渔场中的确定性条件,是云端管理系统中的理论基础,其结论可以直接使用,无须验证,这为无人渔场中异常情况和问题的判断提供了准确的信息支撑。

在无人渔场中,经常会遇到一些以某些一般的判断为前提,得出一些个别、具体的判断。规则与知识推理是非常严格的逻辑推理,从反映客观世界对象的联系和关系的判断中得出新判断的推理形式,例如:"所有的鱼肉品质都可以采用光谱的方法进行检测;鲫鱼是鱼;所以鲫鱼鱼肉的品质可以采用光谱来进行检测",这也是一种经典的三段论来进行演绎推理的形式。在利用规则推理进行判断时需要遵守两个最基本的要求:一是前提的判断必须是真实的,也就是例子中鱼肉品质可以用光谱进行检测、鲫鱼是鱼这两个大前提都一定是真实的;二是推理过程必须符合正确的逻辑形式和规则,计算机在进行推导时的程序需要符合规定。

5.4.3　案例推理

案例推理是借助先前求解问题经验,通过类比和联想的方法解决当前的相似问题,也就是利用寻找相似案例的推理法,找到解决旧问题的方法来适用于解决新的问题,是一种最接近人类决策的过程。案例式推理方法在模拟人类解决问题时,通过搜索过去存储下来类似情况的处理方法,再根据对过去类似情况处理方法进行适当修改来解决新的问题。过去的类似情况及其处理技术被称为案例。过去的案例还可以用来评价新的问题及新问题的求解方案,并且对可能的错误进行预防。

在无人渔场中,这是一个至关重要的方法,因为案例推理的方法非常适用于需借助经验来进行判断的场合,有效克服了基于规则、知识和模型等难于推理的脆弱性缺陷。该方法的核心就是要借鉴养殖人员常年的经验和渔业上的成功案例。在无人渔场中,案例推理的应用十分广泛,最典型的就是对智能装备故障的诊断。首先从云端管理系统所存储的以往案例中检索出与当前故障问题相似的案例,并选择一个或多个相似案例,其次以设备的结构、零件特征、运行记录等信息作铺垫,根据装备的运行状态对所选案例进行适当调整和改写,从而获得当前问题的结果,最后将修正、调整后的新案例添加到案例库中以备重用。人工智能系统与智能设备实际使用情况的结合,能够提高设备维修的准确性、直观性,使维修周期、成本得到合理优化。

无人渔场可以在没有任何相关问题经验的前提下,只需正确采集到问题的信息和属性值,就可以从案例库中快速得到根据相似度排序后的问题判断,这种推理方法可以解决一些没有经验的突发状况,发现规则与知识推理中忽略的特殊现象,从而可以提高无人渔场的运行效率。具体的案例都是来源于真实水产养殖环境中的实践,没有经过理论的抽象与精简,是对客观事实的全面反映,与另外两种推理方法相比,能够切实增加实证的有效性。

5.4.4　预测与智能推理

预测是指根据过去和现在的已知因素,运用已有的知识、经验和科学方法,对未来环境进行预先估计,并对事物未来的发展趋势做出估计和评价。智能推理技术除了可以对已发生问题进行性质判断外,还具有预测的功能。系统进行预警处理,及时采取应对措施,减少损失。为了实现这一目标,利用预测模型和专业知识与来自无人渔场的实时信息进行融合,对未发生的事情或即将发生的事情进行合理预测。这也是智能推理技术在无人渔场中的另一个应用。

无人渔场中智能装备的零件更换成本很高,但装备的磨损和故障却是必然存在的,如果等到出现故障再做处理必然会降低效率,耽误生产。这就要求渔场对装备维护具有高效的智能调度能力。因此,利用智能推理技术对智能装备性能以及水产品产量的预测是必要的,智能推理技术在渔场中的预测工作流程遵循以下步骤:安装在智能装备上的传感器通过物联网和大数据平台将感知到有关机械状态的信息传输至云管理平台,这些信息为预测问题提供了关键的参数,再通过描述性和双变量分析,确定传感器的测量值和配置变量,从而估计和预测此类机器的逐渐退化情况,使无人渔场对维护操作做出明智的决策,预测的流程如图5-4所示。

利用智能推理的方法对渔场中的装备和水下环境预测不仅可以预防设备故障的出现,尽早做出预防措施,还可以利用预测的结果对病害问题进行防治。合理预测和提早的预防措施对提高无人渔场的运行效率和经济效益都是必不可少的。结合历史数据,建立模型,用预测的方法估计渔场中未知的事件,综合参数的变化实时更新预测结果,提高渔场的作业效率和生产效益。

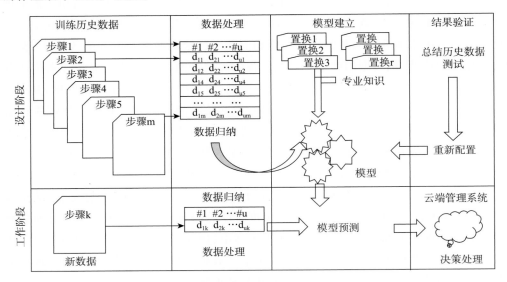

图 5-4 人工智能预测流程图

5.4.5 应用案例

无人渔场中的专家诊断系统就是典型智能推理技术的应用。系统中按照科学的方法将水产养殖中动物病害诊断划分为数据管理、用户管理、病例管理、信息查询、病害诊断、经验交流等模块。当无人渔场中出现动物病变时,根据品种、病害主要特征、发病原因、发病部位、必见症状、偶见症状等病害参数等,系统通过对这些参数分析,与数据库进行检索对比,找到最佳的匹配对象,从而确定疾病的类型,采取相应措施。

5.5 智能决策与无人渔场

智能决策是保证无人渔场正常运作的关键技术手段,该技术以渔业知识为指导,综合运用数学、管理学、自动控制等科学理论,在不确定、不完备、模糊的无人渔场环境下,通过智能推理技术对问题的描述和认识,对复杂决策问题进行求解,为云端管理系统提供可靠的运行方案。本节对智能决策的概念和系统组成进行了概述,阐述了决策树、决策矩阵以及多目标决策 3 种决策的基本原理,并用一些无人渔场中的案例辅助解释这 3 种方法在无人渔场中的工作流程,以期使读者对无人渔场中的智能决策有一个清晰、系统的认知和了解。

5.5.1　智能决策的概念及系统组成

智能决策是人工智能和决策支持系统融合的产物,使智能决策系统更充分、更智能地运用知识和经验,通过对养殖人员内心思想的访问,总结渔业专家的决策活动规律,智能推理得到结论辅助复杂问题的解决。智能决策系统的处理对象主要是半结构化或非结构化信息,由计算机协调多个智能机制模拟人类的思维决策,从而提供最终的解决方案。

无人渔场对发生的问题进行合理分析和准确判断是远远不够的,尽管根据智能推理的结果对问题有了专业性的判断,但还需要一个下达命令的过程,也就是采取什么样的措施去应对和解决发生的问题。智能决策支持系统可以为无人渔场提供分析问题、模拟人类决策过程的环境,综合利用智能学习的知识和经验,提供出最优解决方案。整个过程不需要人的参与,使采集与学习、推理与判断、决策与行动完全贯通在一起,可以持续完成决策,采取行动,然后继续决策,继续采取行动,实现无人渔场过程的完全自动化。

智能决策支持系统充分利用专家系统,通过智能推理等技术手段,使无人渔场用人类的知识处理复杂的决策问题。智能决策系统以求解为主,也就是系统的重要任务就是找到合理的解决方案。无人渔场中的智能决策系统主要由知识存储系统、模型库系统、数据库系统、方法库系统和问题处理系统等组成。无人渔场中的环境是复杂多变的,而做决策的分部更要采取及时、恰当的控制策略应对待解决的问题,使其沿着预定的方向发展,提高无人渔场的工作效率,降低问题带来的负面影响。例如,渔场中的鱼饲养的过程中需要实时监测,以便掌握最新的个体情况,对体况异常等情况相应、实时地做出正确决策,确保无人渔场高效运行。

5.5.2　决策树

决策树是一种在已知各种情况发生概率的基础上,直观运用概率分析,判断其可行性的技术,也可以进行风险型决策分析。是由决策模型和状态模块交替组成的一种树结构,绘制的决策分支图形与树的枝干很相似,既直观又方便,所以称为决策树。决策树作为一种树形结构,其中每个内部节点表示一个属性上的测试,每个分支代表一个测试输出,每个叶节点代表一种类别。

决策树通过分析可以采取的决策方案及其可能出现的状态或结果来比较各种决策方案的好坏,从而做出正确的判断。决策问题的结构包括决策人可能采取的行动、随机事件和各种可能后果之间的关系,都可以用决策树来形象、直观地表示。决策系统从决策树的根部也就是最初的决策点出发向前直到树梢,当遇到决策点时,系统需要从该点出发的树枝中选择一枝继续向前,当遇到状态点时,决策系统无法控制沿哪一枝继续,这时需要由状态要件决定。决策树方法利用了概率论的原理,以树形图作为分析工具,其基本原理是用决策点代表决策问题,用方案分枝代表可供选择的方案,用概率分枝代表方案可能出现的各种结果,经过对各种方案在各种结果条件下损耗的计算比较,为无人渔场提供决策依据。无人渔场利用决策树进行决策分析的基本步骤为:①构成决策问题,根据决策问题绘制树形图;②确定各种决策可能的后果并设定各种后果的发生概率;③评价和比较决策,依据一定的评价准则选择一种最适合的决策。由于无人渔场的面积广泛,情况多变,状态的描述往往是非常复杂的,例如,评价鱼类的个体的状况必须要用多属性来进行刻画,如体长、尾长、鳍长等。以树的形式对各类解决办法进行比较,不仅增加了该形式的表达能力,也提高了准确性。

决策树具有阶段性明显、层次清晰和便于决策机构集体研究的特点,在无人渔场中应用时可以细致地考虑渔场的复杂环境因素,并能直观地显示整个决策问题在时间和决策顺序上不同阶段的决策过程及全部可行方案和可能出现的各种自然状态,以及各可行方法在各种不同状态下的期望值,更有利于做出决策。当然,决策树法也不是十全十美的,这种方法无法适用于一些不能用数量表示的决策,对各种方案出现概率的确定有时主观性较大,可能会做出一些错误的决策。

5.5.3 决策矩阵

决策矩阵又称为损益矩阵,是以系统中给出的损益期望值作为决策的参考标准,该方法多用于解决资源分配最优化的问题,具体包括预备方案、概率以及损益值。其中预备方案是一种可控的因素,为决策变量;概率是指渔场每一种状况发生的概率,包括水温、气候等外界客观的实际情况,是不可控因素,也叫作状态变量;损益值是指每种方案的损益值,人工智能技术可根据无人渔场中待解决问题发生的条件构成一个矩阵决策表。

在无人渔场中,每一年对不同种类养殖对象的产量要求是不同的,因此每年养殖量的多少都要使用决策矩阵进行决策,通过对市场需求、收益比例、养殖品种、成本、预计产量列出矩阵表,合理安排每一种养殖对象的养殖量,进行最大利润化养殖。决策矩阵对决策环境的信息要求很高,也是一种十分贴近实际情况的决策方案,在无人渔场中得到广泛应用。

决策矩阵技术既克服了常规方法过于简单、无法全面考虑无人渔场中的每一项环境参数的问题,同时也将清了外界错综复杂的关系,用表格矩阵的方式将各项与渔业有关的数据与拟解决问题的方案联系起来,数据随着方案的变化而变化,在综合考虑经济、生态环境等因素的前提下选择出最佳的解决方案。

5.5.4 多目标决策

多目标决策是针对具有多个目标的决策问题提出的解决方案,通过分析各目标重要性大小、优劣程度,分别赋予不同权数,常采用的方法有多属性效用理论、字典序数法、多目标规划、层次分析、优劣系数、模糊决策等。其应用的原则是:除去从属目标,归并类似目标,把那些只要求达到一般标准而不要求达到最优的目标降为约束条件,采取综合方法将能归并的目标用一个综合指数来反映。

无人渔场在使用多目标决策方法时,首先要求云端管理系统要清楚问题的结构和态势,也就是问题的客观事实,其次要清楚决策的导向和偏好结构,也就是最终达到的目标。该方法的流程是:第一步,将定性的信息定量化、不确定或模糊的概念确定化;第二步,根据目标对所有方案的数学模型进行结果估计;第三步,对每一种方法进行评价;第四步,评价准则,对初步方案进行调整;第五步,最终方案的产生,结合偏好进行抉择。由于单目标决策问题的解是唯一最优解,与单目标决策方法相比,多目标决策方法更加适用于单指标无法全面衡量单个方案优劣的多目标优化的决策、定性指标与定量指标混合的复杂问题。这些目标之间的权益通常是相互矛盾、相互竞争的,这些特点也促使多目标决策更加适用于无人渔场中实际问题的解决。

5.5.5 应用案例

多目标决策方法在无人渔场的养殖区有着广泛应用。例如,无人渔场使用 $n(n \geq 2)$ 种原料配制供鱼食用的混合饲料,为了满足营养需求,饲料中必须要含有蛋白质、钙质、脂肪、维生素等多种营养成分,云端系统针对此类问题需要对每种原料进行所含营养成分的适宜性评价,评价过程要根据已存储在云端系统中的渔业专业知识也就是每种原料的营养含量表,再根据目标需求,建立数学模型来确定每一种原料适应性级别及其所占混合饲料的比例,按照评价要求进行方案排序,从而选择最接近要求的配料方案,达到营养最大、成本最低的要求。

第6章
智能装备与无人渔场

6.1 智能投饵系统与装备

6.1.1 环境感知系统

无人渔场智能投饵系统环境感知技术是利用光学、声学以及其他类型的传感器设备，对鱼群在摄食过程中产生的图像、声音等获取、处理、分析，进而实现对鱼群摄食强度的量化。同时现代化的信息技术可以实现鱼群数量和质量的估计，从而指导鱼群的投喂。

1. 基于机器视觉的环境感知技术

机器视觉技术具有非接触、低成本和无损的优势，在鱼群的摄食过程分析中已经取得了广泛应用。采用机器视觉技术对摄食过程进行感知主要包括以下三个方面的内容：通过获取摄食过程中的视频数据分析鱼的游泳轨迹、游泳速度、摆尾频率等状态对不同鱼类摄食行为和状态进行识别和量化。残留饵料检测是一种基于机器视觉对鱼类摄食强度进行分析、识别和评价的检测方法。通过图像对鱼群中鱼的数量和质量进行估计是指导饲料投喂的直接方法（图 6-1）。

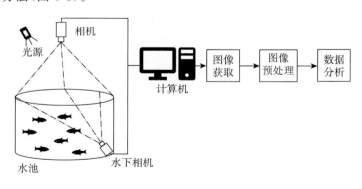

图 6-1 基于机器视觉的环境感知技术

利用机器视觉对鱼群进行持续、动态的跟踪是研究摄食强度的一个重要思路。研究表明，鱼类表现出不同强度的摄食行为时，伴随着摄食区域纹理、形状、面积以及同时摄食的鱼的数量的不同；对于鱼类本身而言，还将在运动速度、角速度、加速度、转角速度以及鱼和鱼之间聚集程度上表现出差异。在低密度养殖条件下可根据鱼头图像的形状和灰度特征来确定鱼头的位置,从而获得鱼的运动轨迹。在高密度集约化养殖环境中可采用结构光传感器提高鱼群的跟踪精度。传统面积法和鱼群纹理特征相结合的方法可以实现鱼群摄食强度的评估,通过分析水面抖动和水雾等不利因素对纹理特性的影响可以提高检测精度。随着深度学习强大特征提取能力的发展,卷积神经网络已经被用于摄食强度的分级。深度学习算法的应用,避免了传统机器学习方法人工特征提取费事费力、泛化性能差的问题。

无人渔场饵料颗粒消耗的实时监控是制定科学投喂策略的重要依据,可以有效减少饵料浪费和水污染,对经济效益和生态效益具有重要意义。然而饵料检测存在目标小、背景复杂、鱼群干扰等诸多问题,给饵料颗粒的识别提出了巨大挑战。机器视觉由于具有无损、低成本、易于开发等优点而发展迅速。与此同时,出现了许多图像预处理与图像增强算法使得通过机器视觉检测饲料颗粒成为可能。基于自适应阈值分割方法可以有效地从不均匀光照图像中对残饵分割并计数。饵料在养殖网箱中的时空分布对研究鱼类的摄食行为具有重要意义。基于机器视觉的残饵检测器可以准确定量网箱中残饵的时间和空间分布,此外通过识别残饵的大小和沉淀速度,可以有效地过滤其他干扰物质。在深度学习算法中,YOLO 系列算法作为目前优秀的单阶段检测算法,具有检测精度高、检测速度快的优点,已经被用于残饵的检测。

对鱼群数量与鱼的质量进行评估是指导饲料投喂量的直接方法。基于机器视觉的鱼群计数方法有 3 种:基于计数方法、基于目标检测的鱼群计数方法、基于目标跟踪的鱼群计数方法。基于图像分割的鱼群计数方法通过把感兴趣区域从背景中分离出来,然后统计感兴趣区域的数量来实现计数。基于目标检测的计数方法是通过用一些几何形状(矩形框、椭圆框)来定位出物体,并通过统计框的个数来估计目标物体个数。基于目标跟踪的鱼群计数方法通过自动检测或人工选择确定目标位置,建立图像序列模型。然后根据所建立的目标运动模型和选择的滤波算法估计下一帧运动目标的状态,用来确定搜索区域,在搜索区域进行目标检测获得运动目标的准确观察值。机器视觉技术已经被用于自由游动鱼的质量估计。然而水下自由游动的鱼大部分时间是弯曲变形的,这会导致使用机器视觉对鱼进行尺寸估计存在误差,进而导致质量测量误差。为了能获得更好的测量精度,全自动去尾鳍的方法将有助于机器视觉建立更准确的质量模型。

2. 基于声学的环境感知技术

声学是通过对声音回波信号进行处理分析,可以判断出鱼群位置、范围和密集程度等。声学技术可以克服光线不足、图像质量差等实际问题,在鱼群摄食活动识别、残饵检测以及鱼群数量及质量估计中具有重要应用(图 6-2)。

对鱼群声音的长期监测可以用来推断周期性的鱼群摄食活动变化。研究发现,大多数非摄食声音由单个或一系列<100 ms 的脉冲事件组成,而一些鹦鹉鱼和梭鱼摄食时可以产生不定期摄食声音,频率可为 2 000~6 000 Hz,可作为该类鱼群摄食活动的重要量化指标。在此基础上,研究者开发了一些以鱼类摄食声音为基础的饲喂控制系统。在这

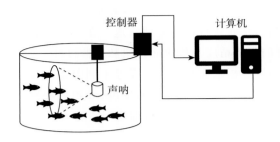

图 6-2　基于声学的环境感知技术

些研究中,背景噪声是影响鱼类摄食行为识别准确性的最重要因素。因此,水听器或声波接收机仅选用 6 000~8 000 Hz 频段的摄食声音,以减少背景噪声的干扰。随着芯片的集成化、微型化发展,鱼体内植入声学发射标签在研究鱼类摄食行为中具有重要潜力。声学定位遥测系统已经被用于研究鱼在不同摄食强度下游泳行为的差异,实现对不同摄食行为的分类。

声学系统的基本原理是利用基于回波合成技术的回声测深仪获取残饵的声呐图像,并采用图像处理方法对图像进行分析。另外,基于不同层次的图像融合技术的使用可以有效降低光传输、光照干扰、图像对比度低、模糊、捕获过程中颜色衰减、噪声等干扰对图像质量的影响。声学技术被用于检测水下饲料颗粒,超声回波法可以被用于量化未食饵料颗粒的数量。回波积分法用来估计下落颗粒的质量。自动化声学应用需要对颗粒及其状况进行声学表征,例如,每单位体积的反向散射能量或平均单个散射体的反向散射截面。

研究表明,鱼群的空间位置分布、密度等与鱼的摄食欲望有关,利用声学方法可以较好地重建并分析鱼类的数量、分布及活动强度。研究人员利用多波束声呐对鱼群的三维进行重建和分析,与垂直单波束回声仪的一维波束产生的二维图像相比,包含更多、更准确的信息,可以更好地定量鱼群行为、形态及分布。另外,声学计数方式是通过对声音回波信号进行处理分析,通过对水下鱼类的回波强度和回波时间进行积分,测量水下鱼类的散射回波能量,并以此来估计鱼类的数量。然而,声学计数只有当鱼的体积足够大时,声波才会被反射,因而使用此种方法对鱼群中的小鱼或者幼鱼计数时误差较大。基于声学图像的鱼群计数方法也被广泛使用。双频识别声呐系统被用于获取鱼的视频,其成像质量接近光学成像,通过检测和跟踪技术来估计调查区域内鱼的数量。

3. 基于传感器的环境感知技术

影响鱼类摄食行为的因素是众多而复杂的,能够反映鱼类摄食活动的参数也是多样的。因此,除了采用光学和声学技术研究以外,研究者还利用各种基于不同参数的传感器对鱼类的摄食行为进行监测、识别及评估。众多研究中,以加速度传感器和水质参数(溶解氧、酸碱度、水温等)传感器为主(图 6-3)。

大多数鱼类的摄食行为会导致加速度的特征变化,这与正常运动不同。因此,可以通过测量加速度的这种特性变化来研究鱼群的摄食行为。由于摄食行为伴随着咀嚼,将小

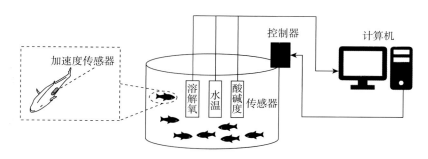

图 6-3　基于传感器的环境感知技术

型加速度数据记录仪连接至鲤鱼的下颌骨,可以实现远程鱼的摄食行为监测。动物携带的加速度传感器或陀螺仪数据记录器可以用于分析并量化鱼类的摄食行为,直接获得鱼的各种运动参数。摆尾频率是监测生理状态关键的指标,研究人员利用 0.1 Hz 高通滤波器分析了从有眼侧到盲侧穿过鱼体轴的加速度。绝对幅度大于特定阈值的剩余波峰和波谷被认为是摆尾。速度是鱼类行为在时间维度上的典型表达,通常用于描述鱼类的行为能力。速度传感器已被植入鱼体内测量鱼的运动速度,从而实现鱼的行为监测。加速度已被广泛用于估算能量消耗、活动模式和特定行为。将精细尺度三轴加速度传感器数据分解为各部分来分析鱼体运动,从三个维度量化鱼类运动(动态加速度)和身体姿势(重力引起的静态加速度)。

养殖水体的主要水质参数(水温、溶解氧浓度、pH、氨氮含量等)可以直接影响鱼类的食欲和摄食量,当这些参数高于或低于它们的最优值时,鱼类的摄食欲望都会有不同程度的降低。鱼类的摄食行为也会引起水体环境中各参数的变化,例如,鱼群进食时会引起局部溶解氧浓度降低,因此养殖人员会在饲喂的同时开启增氧设备;未被食用的饵料沉积在水底,会引起溶解氧浓度和氨氮浓度的变化。因此,一些研究者基于这些参数,利用相应传感器检测、量化鱼类的摄食行为,有的还开发了水产养殖智能决策和控制系统。溶解氧浓度(DO)是影响鱼类食欲的主要参数,DO 浓度的变化是由流速的变化引起的,而鱼类在饲喂期间的摄食行为会引起水体流速的变化。当水质发生变化时,鱼的游泳行为和身体状态会发生较大的变化,研究人员通过计算鱼的轨迹和位置,研究在不同氨氮浓度下的游泳行为,并对鱼的异常行为发出警告。

鱼群的摄食强度分析对于准确投喂、提高水产养殖产量和质量以及保障动物养殖福利具有至关重要的作用。本节主要回顾了鱼群摄食强度分析方法,包括机器视觉、声学和传感器技术,主要从鱼群运动行为、残饵检测、鱼群数量与质量检测和水质检测等方面对鱼群的摄食行为进行了分析。未来鱼类摄食强度估计的最大挑战是如何在复杂的养殖环境中获得鱼群的摄食行为信息,以及如何提高实时的、对不同摄食强度量化分级的精确度。

6.1.2　智能投喂决策与控制技术

饲料投喂是水产养殖中的关键环节。投喂决策是根据各养殖品种长度与重量关系,通过分析光照强度、水温、溶解氧、浊度、氨氮、养殖密度、饥饿程度等因素与饵料成分的吸收能力、饵料摄取量关系,建立养殖品种的生长阶段与投喂率、投喂量间定量关系模型。根据这些模型来预测总饲料投喂量以及不同生长阶段的日投喂量。实现按需投喂,降低饵料损耗,节约成本。

加速度传感器是作为获取投喂过程中鱼个体的运动强度的传感器,计算机通过分析鱼个体运动强度来量化鱼的饥饿程度,从而指导投料机调整投喂量。声呐系统是通过声波图像获取投料过程中鱼的密度,计算机通过分析声学图像量化计算鱼群的实时密度,监控云平台调整投料机投喂量。环境传感器是作为获取投喂过程中的水温、溶解氧、浊度等环境信息的传感器,计算机通过分析环境数据对饲料投喂量进行决策。然而,所有上述方法在投喂决策时都存在一个共同问题。其在选择继续或者停止投喂决策的阈值时,以往大多数研究仅考虑单一的指标,并没有结合或直接忽略其他行为指标。一般来说,鱼类的摄食行为可以通过多种方式表现出来,使用单一指标可能会导致决策错误或者误差。此外,其阈值的选择过程通常是经过多次测试实现,缺乏自学能力和智能性。因此,其并不能算真正意义上的智能投喂。随着智能优化算法的发展,可以将自适应算法应用于投喂控制过程。自适应神经网络模糊推理系统将模糊逻辑的概念整合到神经网络中,已广泛应用于许多工程科学和水产养殖系统。

无人渔场饲料投喂系统(图 6-4)是通过物联网技术实现远程操控的投料系统。传感器监测投喂过程中鱼群实时密度值及运动强度值的变化,并以实时鱼群密度值及运动强度值作为投喂终止判断的依据,构成一个自动且精准饲料投喂的控制系统。现代传感技术对养殖投喂过程中的鱼群进行监测,对投喂过程中鱼群的数量以及运动状态进行监控以判断鱼群是否达到"饱食"程度。基于物联网的饲料投喂决策系统主要由 3 部分构成:

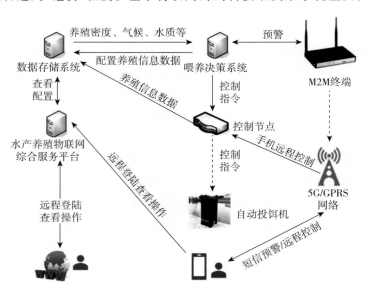

图 6-4　智能投喂决策与控制系统

智能数据采集系统(高清摄像机、加速度传感器、声呐系统、环境传感器等)、数据传输系统和在线监控云平台。高清摄像机是作为获取投喂过程中的鱼群密度信息的传感器,计算机通过分析视频图像量化计算鱼群的实时密度,监控云平台控制投料机调整饲料的投喂量。

6.1.3　饵料智能投喂装备

无人渔场养殖环境中需要智能化的投饵装备在养殖区域内均匀投饵。投饲作业幅宽、投饲能力、投饲均匀性、投饲破碎率是检验投饵装备作业性能的重要指标。作业装备的航线规划能力、自主控制模式、行驶轨迹精度和续航能力等对于实现高质量的投饵具有重要作用。无人渔场自动投饵机、自动投饵船、自动投饵机器人以及无人机系统是投饵作业的重要装备。

无人渔场自动投饵机系统由小型投饲单元组成,这些投饲单元沿着养殖池上方的轨道移动在各个养殖池中间。自动投饵机主要由投饵机组、自动控制系统、多路饲料配送系统、饲料喷投系统、能源供给系统组成,可以实现手动、自动、远程 3 种控制模式。系统通过中心计算机控制系统实现无人操作,池与池之间设置不同的投饲程序。投饵行为由投饵时间、投饵量、投饵速率和投饵目标等参数设定,可实现动态和固态的定时、定点、定量投喂。自动投饲系统由管理系统直接控制风机与下料器,实时调节出料量,同时控制在线监测系统,并接收在线监测系统的反馈数据,主要包括各传感器测量的 pH、含氧量、温度等各项水质参数。自动投饵机根据传感器返回数据判断是否投料或补料,进而实现智能定量投喂。

智能投饵船因具备饵料均匀抛撒和实时监控的功能而被广泛用于水产养殖领域。智能投饵船采用 GPS/北斗/GIS/惯性元件组合导航的方法实现了自主导航功能;开发了航向、航速解耦控制算法,航迹跟踪误差小,船速控制精度高;采用 4G/5G 技术和 GPRS 技术实现远程监控功能,可通过手机 App 设定投饵(药)量、投饵(药)时间等作业参数、自动规划投饵(药)路径、监控投饵(药)作业状况;通过建立投饵机饵料抛撒模型,实现投饵机饵料抛幅可控、流量可控、剩余饵料可测和饵料精准抛撒等功能;通过建立施药系统喷洒模型,实现药液喷幅可控、流量可控、剩余药液可测和药液喷洒均匀等功能。真正实现了水产养殖的智能化、便捷化和科学化。

无人渔场自动投饵机器人由地面站、遥控设备、船体部分、航行控制器、机体部分、投料执行部分、投饵控制器、数据采集模块、数据与图像传输模块组成。航行器接受地面站、遥控器或者船载面板的指令,可以根据养殖工艺要求把饵料运送至特定的养殖池边,按特定的抛撒半径、抛撒扇面角度进行投饵操作;还可进行定量投饵和灯光诱食等操作。投饵机器人在养殖区、饵料库等区域自动运行和工作,自动投饵机器人自主完成计划任务航行,保证了航线固定;根据实时航程、航速、料量等参数实时动态控制投料速率,保证了均匀投料。数据与图像传输部分实时将采集的数据与系统相关运行参数传输到地面站。

无人渔场自动投饵无人机具有投料均匀、投料幅度大的优势。自动投饵无人机由无人机本体、填料箱、水箱、漏斗搅拌器和水泵组成。无人机自动投喂饵料一次可装饲料 30 kg，每小时能投喂 200 亩左右的水面，投料幅度达 5~7 m，有利于饲养对象生长规格整齐和尾水净化循环使用。无人机投饵作业时需要采用建图与定位系统，该系统包括摄像识别模块、定位模块和分析系统。摄像识别模块用于对无人机自动投饵装置和养殖池拍摄图片信息，并识别地理信息。定位模块对无人机自动投饵装置和养殖池塘建立坐标信息并提取位置信息。分析系统根据养殖池的地理信息、位置信息和坐标信息建立养殖池三维地图，并将无人机自动投饵装置实时定位在养殖池地图内。

6.2 智能增氧系统与装备

溶解氧是水产养殖动物氧气需求的来源，是养殖动物生存及正常生理活动的最根本保证，溶解氧可以氧化残留有机质和水体及塘底的有害物质。溶解氧越高，有害物质浓度越低，溶解氧有利于促进塘水生态中的物质正常循环从而活化水质。当养殖环境中溶解氧含量降低时，鱼类可能会出现浮头的现象。总而言之，溶解氧对于水产养殖，是重要的因素之一。本节从无人渔场溶解氧的环境感知、智能增氧决策与控制技术和智能增氧装备 3 个方面进行探讨。

6.2.1 环境感知系统

溶解氧感知是水产养殖监测的最主要任务之一。实时监测水产养殖中溶解氧的含量对于及时了解养殖对象的健康状态具有重要意义。无人渔场使用水质监测设备监测溶解氧主要的方法有 2 种：第一种采用溶解氧传感器直接监测水中溶解氧的含量；第二种采用机器视觉的方法间接监测养殖对象的行为，监测养殖池的溶解氧状态。

溶解氧的检测方法较多，但是实现溶解氧的精确定量测定相对复杂。针对溶解氧的定量测定方法主要可以分为化学滴定法、电化学法和光学法。这些方法各有优势，在实际应用中均发挥了重要作用。化学滴定法测定水中溶解氧一般需要将水样采集到试剂瓶中进行。如果水样中含有反应的干扰物质时，普通的碘量法将会变得不再准确，需要对碘量法进行改进和修正才能进行准确的测量，如含有氧化物或有机物的工业废水则需要采用修正的碘量法测量。电化学传感器用于溶解氧测量是基于电化学原理实现的，通常将电极浸入电解质中，在工作电极上施加固定的电压，通过溶解氧分子在电极表面的还原产生与溶解氧浓度呈比例关系的扩散电流实现测定。光学法测定溶解氧是基于荧光猝灭原理实现的，由于氧分子会干扰荧光激发，根据荧光物质的荧光强度或者寿命可以实现对溶解氧的测定。

鱼类健康状况与水环境密不可分，通过量化分析鱼类行为可以间接获得当前水环境的状况。利用计算机视觉技术可以远程、实时且对鱼体无害地提取鱼的各项行为参数，从而进一步实现对水环境溶解氧分布程度的评价。基于机器视觉分析的水质监测技术利用一些计算或数学模型分析行为模式的变化以评价水质是否出现异常。可以将行为参数视为一种行为信号,用信号处理方法如傅里叶变换、小波变换、排列熵等分析处理行为参数,评价水产养殖中溶解氧的含量。当养殖对象处于缺氧环境下时,养殖对象的个体行为参数变化往往比群体行为参数变化明显,这表明在生物水质监测中,个体行为参数的变化更为灵敏,但个体行为参数具有较高的随机性,为了保证行为量化的可靠程度,可以采取对鱼群行为进行整体量化的方法,提取分散度和动能 2 种鱼群行为参数,最后将个体行为参数和群体行为参数融合,保证了基于养殖行为量化的溶氧评价模型的灵敏性和可靠性。

6.2.2　智能增氧决策与控制技术

溶解氧是水产养殖中极为重要的制约因子,溶解氧水平的高低决定着无人渔场养殖活动是否顺利进行,因此建立稳定可靠的水产养殖智能增氧决策与控制技术系统是实现养殖对象健康生长的重要前提。基于物联网的智能增氧决策与控制系统是基于智能感知、无线传感器网络、智能信息处理与控制等技术开发,集养殖环境参数远程环境感知、无线传输、实时存储、智能处理、决策支持与自动控制功能于一体的水产养殖物联网服务平台。整个系统分为 4 个功能模块,即数据感知模块、传输功能模块、数据服务功能模块和远程监控功能模块。

数据感知模块是整个系统的基础,该模块负责搜集前端的养殖对象环境参数等信息。为了实现对水产养殖对象生长环境的监控,将带有网管、汇聚节点的无线传感器节点群任意地布置在池塘的各个角落。根据采集信息需要,实时收集周边养殖环境溶解氧信息,将采集的信息无线传输给汇聚节点集中处理。

网络传输模块负责将前端采集的数据传输给服务器,并提供远程终端访问主服务器,是整个系统数据的传输通道。无人渔场数据感知与传输功能模块主要利用无线传感器节点实时感知水产养殖现场数据,并通过 ZigBee 无线通信技术将数据传输到 ZigBee 主节点,由 ZigBee 主节点简单处理后经网络媒介传输到数据服务功能模块。根据 ZigBee 的传输速度和系统监控需求,设定系统信息收集频率。要实现 ZigBee 的无线传输,需要传感器节点、汇聚节点、网关都使用同一型号的 ZigBee 无线模组。

远程监控功能模块将无线传感器节点感知的养殖环境实时数据处理后,对不符合生态化养殖环境参数要求的数据,自动下发相应的指令,经网络媒介下发到设备控制与指令传输功能模块,由模块中的物联网智能网关对指令进行解析后,传输到现场被控设备的控制电路,由控制电路来控制中间继电器的开关来启动或关闭被控设备,从而来改善养殖环境,使其达到生态化养殖的标准。溶解氧自动控制过程如下:由放置在水中的溶解氧传感器检测水体溶解氧,将数据送至下位机,如 PLC。然后在下位机中通过一定的控制算法计算出控制结果,输出给变频器。变频器根据接收到的控制结果改变电流频率,从而控制充气泵电机转速升高降低,改变充气量多少,满足溶解氧量的要求。控制算法可以选择传统的 PID 算法或是新近发展的模糊控制算法,也可以两者结合成为 PID 模糊控制算法:用模糊控制整定 PID 的三个参数,然后用 PID 计算出最终的控制结果。运用自动控制系统可以使同一套设备满足不同溶解氧的要求,并且能降低充气泵能耗,达到节省成本的效果。

数据服务模块主要实现对无线传感器节点实时感知的养殖现场环境数据进行处理后,供远程监控功能模块调用。模块由一系列具有特定功能的服务器组成,如接口服务器主要负责侦听指定端口,判断并识别数据感知终端发出的 TCP/IP Socket 连接请求,如属于合法数据则存入指定的数据库;数据管理服务器主要实现对存入指定数据库中的数据进行相应的处理后,进行规范化管理;Web 服务器主要为远程监控中心管理系统提供 Web 服务;移动应用服务器主要为智能移动终端提供 WAP 服务;应用服务器主要为其他各类系统提供数据接口、权限管理和其他应用服务。

6.2.3　智能增氧装备

增氧机是水产养殖过程中为保证水中溶解氧适宜的浓度所采用的设备。其对养殖池中增氧的方式主要包括 2 个方面:一是使用机械促进空气与水体的接触,使更多的氧溶入水中;二是促进上下水层交换,使下层水体上涌承受光照,利用自然能增加水体溶解氧。增氧能力和动力效率是评价增氧机机械性能的主要指标。增氧机械的类型主要包括叶轮式增氧机、水车式增氧机、微孔曝气增氧机、涌浪机、太阳能水质调控机。

叶轮式增氧机主要由立式搅水叶轮、球体浮架、减速箱和电动机组成。使用时由绳索定位,其功能主要表现为水跃增氧和水层交换。增氧机开启后,在叶轮的旋转搅动下产生水跃作用,在水面形成跃向四周的波浪和水珠,迅速增加水体与空气的接触,促进空气中的氧向水体中转移并扩散。在叶轮的下方水体,由扩散作用形成负压区,促进底层的水涌向上层,产生水层交换作用。

水车式增氧机主要由卧式搅水叶轮、船型浮体、减速箱和电机组成,使用时由绳索定位,其功能主要为水跃增氧和水体流动。水车式增氧机在水面搅动水体,产生水跃与水流,在旋转叶轮的背面形成一定程度的负压区,使下层的水上涌。水车式增氧机往往沿池塘四边布置,形成环形水流,有利于水体中氧的扩散。

微孔曝气增氧机是由设置在塘梗或浮体上的鼓风机和铺设在池底的微孔管网所组成。运行时由鼓风机产生的正压空气进入管道,透过管壁上的微孔带以微小气泡的形式进入水体,其功能主要表现为曝气增氧。在微小气泡上升的过程中,气泡膜的吸附作用将水中悬浮颗粒带到水面形成上升流。微孔管或平行排列或制成圆形盘管分布于水底,有利于池塘底层增氧及底泥氧化条件的构建。微孔曝气增氧更适合于虾、蟹、参等底栖性生物养殖池塘,对于未及时清淤、底泥淤积较多的老化池塘也有明显的作用。

涌浪机的叶轮由环形旋转浮体和固定其上的搅水板构成,叶轮立式布置并与减速箱、电机、拉杆连接,使用时通过拉杆在水面定位,其功能主要为水层交换,并有一定程度的水跃作用。涌浪机叶轮的转速较增氧机小,运行时在水面形成波浪向四周扩散,并利用叶轮的旋转在下部水体形成负压区,使下层水体上升,形成循环水流,其生态增氧作用大于机械增氧。

太阳能水质调控设备主要由移动平台和旋转提水平台组成。移动平台通过连杆与旋转提水平台连接,向提水电机供电,并沿绳索往复行走,其功能主要为水层交换,可使底层的水及底泥表层的营养物质提升至水面,进行生态增氧。移动平台由船型浮体、太阳能光伏板及供电系统、行走机构绳索构成,并通过连杆与旋转提水平台相连接。旋转平台由船型浮体及设置其上的电机、提水叶轮和提水管组成,提水管通过调节装置与池塘底部保持接触或非接触高度。当光照强度达到设定值时设备启动运行,在移动旋转过程中将底层富营养水体提至上层,参与光合作用,光照度越大,发电量增加,提水量越大。

6.3 循环水处理系统与装备

循环水养殖系统是一种现代集约化水产养殖模式,通过一系列水处理单元实现养殖废水循环利用。该系统集现代生物学、环境科学、信息科学等领域的先进技术于一体,实现高密度、集约化水产养殖。目前,世界各水产养殖强国围绕循环水养殖进行理论论证、精心设计和高效运行,重点开展相应技术及装备的设施化、机械化、信息化等研究。

6.3.1 循环水养殖系统工艺流程

循环水养殖系统(recirculating aquaculture system,RAS)以养殖车间和水净化设备为主要特征来实现水循环利用。在 RAS 中,采用物理和生物过滤的方式,去除养殖水体中的粪便、残饵、杂质等固体颗粒以及控制氨氮、亚硝酸盐等有害物质浓度,再经消毒、增氧、去除二氧化碳、调温等处理,将净化后的水体重新输回养殖池,实现养殖用水的多次循环利用(图 6-5)。

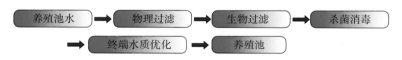

图 6-5 循环水养殖系统工艺流程基础框架

养殖池作为水产养殖的主要场所,还要考虑集排污功能,这是实现系统净化的前提。目前国内主要采用 2 种集排污(水)方式:一种是传统的单通道底排模式,该模式的结构简单却无法有效去除水表面的泡沫和油污;另一种是底排与表层溢流相结合的模式,即通过大流量的底排有效排出沉淀性颗粒物,并在养殖池上方水体表面设置多槽或多孔的水平溢流管,去除水表面漂浮杂质,同时保持水位稳定。

物理过滤是去除水体中固体悬浮物的主要手段,即以不含化学成分过滤的方法,达到净化水质的目的。用于循环水系统的物理过滤设备主要有砂滤器、微滤机、弧形筛和泡沫分离器,这几类装备和过滤技术都已较为成熟。因其结构简单、易于操作、悬浮颗粒物去除效率高,同时又具有价格低廉、运行成本低、无污染、可循环使用等优点,目前得到广泛的应用。

生物净化是循环水处理的核心技术环节,在控制养殖水体中氨氮、亚硝酸盐等有毒有害物质浓度方面起着十分重要的作用。目前国内水循环处理系统中采用的生物滤器一般为浸没式生物滤器，填料通常为生物球、生物陶粒、立体弹性填料等。

增氧一般分为鼓风曝气增氧和纯氧增氧2种。传统的鼓风曝气存在增氧效果低等问题，在鲆鲽养殖系统中已逐步被纯氧增氧所取代。纯氧、液态氧和分子筛富氧装置逐渐得到推广应用。低压溶氧器是国外近十年来广泛应用的一种新型纯氧混合装置，在目前几种纯氧混合器中性价比最高，国内现已掌握该项技术，并得到良好应用。

二氧化碳去除（脱气）是保证养殖水体 pH 稳定的关键工艺。国外系统采用的主流工艺是滴淋结合吹脱法，也有与泡沫分离结合的工艺。目前我国在这方面的研发尚处于起步阶段，少数企业在水处理工艺中增设了该环节，对水体 pH 的稳定有一定效果，但目前相关技术研究还不够充分，技术尚未成熟。

杀菌方面，目前主要有臭氧杀菌和紫外线杀菌2种。臭氧不仅可灭杀水中细菌、病毒和寄生虫卵，还能除去水体中的色、味等有机物。但过量使用会产生对鱼类和生物膜有害的臭氧残留和溴酸盐。因此，目前广泛使用紫外线技术对水体进行杀菌，该技术具有杀菌效果好、无残留、易控制等优点。

调温方面，为保证养殖水温始终处于适宜鱼类生活和生长的环境，加温方式主要有4种：一是采用传统的锅炉加温；二是利用地下热水资源通过换热器进行加温；三是热电厂附近的养殖场可利用电厂余热进行加温；四是采用以太阳能为主体的清洁能源加温。降温主要采用低温水源调温的方式。

6.3.2 循环水养殖系统主要设备

（1）固液分离器

固液分离器作为水循环系统的首个水处理单元，现有技术包括旋流分离器、水力旋流器、减速池和离线沉降锥。在水产养殖应用中，这些装置通常去除直径为 80 μm 及以上的颗粒，占总颗粒负荷的 80%。虽然只去除了水体中可沉淀的大悬浮颗粒物，但因低成本、水量损失小等优点，使其在循环水养殖生产中悬浮颗粒物预处理环节得到广泛的

数字资源 6-1
工厂化循环水处
理系统

应用。而且该处理还可降低后续环节过滤器的工作压力，提高过滤器及整个循环系统的效率，对于提高水质有很大的帮助。研究人员通过实验对装置性能进行评估并不断改进，如在相同尺寸和表面负荷率的情况下，径向流沉降器的总悬浮颗粒物（TSS）去除效率是旋流分离器的 2 倍；对于直径大于 250 μm 的悬浮颗粒物，旋流分离器的去除率超过90%；水力旋流器对直径大于 77 μm 的颗粒物的去除率超过 87%。此外，研究人员还对低压水力旋流器、旋流颗粒过滤器等进行了研究和改进，进一步提高分离性能。

（2）微滤机

微滤机是目前滤除养殖水体中固体悬浮物最有效的设备。依据水体中悬浮物粒径比筛网孔径大，从而截留悬浮颗粒物，达到固液分离、净化水质的目的，并通过转鼓的转动和反冲洗清洁筛网保证其高效去除的可持续性。

滤网是微滤机的主要工作部件,其网目数(孔径)直接影响微滤机的总悬浮颗粒物去除效率、反冲洗频率、耗水耗电等。滤网的目数越大,孔径越小,截流的固体物越多,滤网目数与过滤效率的关系如图 6-6 所示。

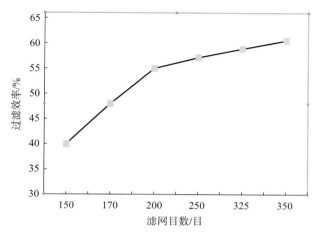

图 6-6　滤网目数与过滤效率的关系

微滤机的电耗由 2 部分组成:一是驱动转鼓转动,二是反冲洗水泵消耗的功率。在微滤机运行中,转鼓转动的耗能基本上是稳定的,而随着滤网目数的增大,反冲洗的频率提高,电耗也随之上升。耗水量是评价微滤机性能的另一个重要指标,其与反冲洗次数成正比,当滤网目数大于 200 目时,耗水量、耗电量都迅速增加。根据去除效果与耗水、耗能三者的相互关系,微滤机选用 200 目的滤网技术性价比最高。

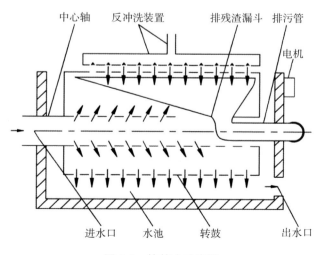

图 6-7　转鼓式过滤器

转鼓式微滤机用于去除 $60~\mu m$ 以上的固体颗粒物质(TSS)。微滤机最大的特点是拥有自动清洗筛面的功能,可满足系统连续运行要求。转鼓式微滤机的不足之处在于运行过程中易使颗粒物质造成二次破碎;过滤筛网受反冲洗水流的冲击容易损耗,同时设备造价也较高。

（3）弧形筛

弧形筛源于矿砂筛分的分离装置，在养殖水处理上主要是将弧形筛垂直固定于进水水流方向，利用筛缝实现水体固液分离。在离心力和重力作用下，清水和粒径小于筛孔直径的悬浮颗粒物从筛缝中排出，而粒径大于筛孔直径的悬浮颗粒物则留在筛面上（图 6-8）。最常用的筛缝间隙为 0.25 mm，可有效去除约 80% 的粒径大于 70 μm 的固体颗粒物。

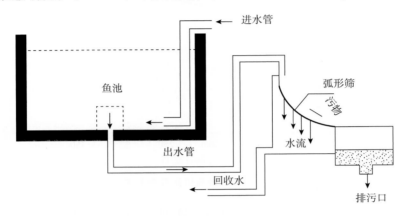

图 6-8　弧形筛过滤装置

弧形筛是一种金属网状结构设备，具有很高的强度、刚度和承载能力。该设备结构简单易于操作，无动力消耗，在循环水养殖系统中已得到广泛使用。与转鼓式微滤机相比，其最大优点在于无须额外的机械动力，节能效果好，但弧形筛面的自动清洗是一大难题，要人工及时清洗以防止筛网网目堵塞。因此，弧形筛过滤装置的自动化程度有待进一步提高。

（4）泡沫分离器

泡沫分离器通过射流器将空气（或臭氧）射入水体底部，使处理单元底部产生大量微细小气泡，微细小气泡在上浮过程中依靠其强大的表面张力以及表面能，吸附聚集水中的生物絮体、纤维素、蛋白质等溶解态物质（或小颗粒态有机杂质），随着气泡的上升，污染物等杂质被带到水面，产生大量泡沫，最后通过泡沫分离器顶端排污装置将其去除（图 6-9）。由于泡沫分离技术在去除微细小有机颗粒物等方面的优势尤为突出，因此泡沫分离器被广泛应用。蛋白质分离器是一套基于泡沫分离原理的集约化设备。

泡沫分离器虽然水处理效果较好，但也有一定的局限性。淡水养殖中由于电解质缺乏，泡沫形成率低，稳定性差，容易破碎，固液分离效率低，所以在淡水循环水养殖中通常不宜选择泡沫分离器。此外，泡沫分离器在去除养殖水体中污染物的同时，也会造成微量元素的减少。所以在应用泡沫分离器时需要注意水体中痕量元素（trace element）的变化，需要根据生产环境选择合适的泡沫分离方式，及时加以调整，以发挥泡沫分离设备的最大优势，达到最好的水处理效果。

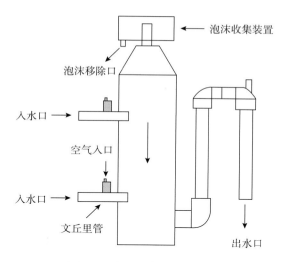

图 6-9　文丘里式蛋白除泡器

（5）生物滤器

生物滤器作为整个系统的核心处理单元,其原理主要是通过填料吸附截留作用、微生物代谢作用以及反应池内沿水流方向食物链分级捕食作用去除系统内污染物的过程。生物滤池将养殖废水中对养殖生物有害的污染物（TAN、NO_2-N、有机物等）绝大部分转化为无毒害作用的硝酸盐（或未达到养殖生物毒害浓度）以及其他无机物。由于循环水养殖系统的成败直接取决于生物滤池的运行效果,因此确定最佳的生物滤池运行条件将尤为重要。常用的生物过滤器包括流化床生物过滤器、移动床生物过滤器、固定床生物过滤器等。

滴流式过滤器多为柱形,水自上部喷淋流经滤料,由底部排出,滤料之间不被水充满,而是被水喷淋。滤料表面形成水膜层,滤料（生物滤球、弹性填料等）处于气水交替附着状态,可以得到很好的充气,水中气态废物（N_2、CO_2、CO）在滴滤中溢出脱气。氧气可直接来自空气,有时可配置风机,以增大气流供氧。滴滤器不能反冲,不允许形成过量生物膜。在滤器之前安置微滤机或砂滤器可以显著地减少有机物的数量。滴流式过滤器取材简单,固体基物的堆积可深可浅。滴滤可以通过水的级联保持自净,不易阻塞。结构有罐式、多个塑料箱（底部有漏孔）层叠而成的滴滤池形式,其优点是经济、合理、实用。

氨硝化为亚硝酸盐并随后转为硝酸盐的过程,增大通过生物过滤器的流量会对硝化速率和系统性能的稳定性产生不利影响。为了降低投资和运营成本,使用拆分回路这种设计使过程被分隔开来。通过独立的系统调整使鱼的要求始终得到满足。确保系统中所有的组件得以完全利用,由于根据广泛经验和周密的计算,通常只将 30% 的水量导入生物过滤器里,可确保正确的滞留及细菌接触时间,从而保证高效的硝化作用和更有效的控制病原体。

（6）紫外消毒器

为了提高养殖的经济效益,养殖生物的病害预防则变得尤为重要,这也是构建系统的核心技术之一。紫外消毒装置是由大量的柱状紫外灯管并联组成的一个开放式处理单元,当养殖水体流经此装置时,将受到波长为 $230 \sim 270$ nm 紫外线的强烈辐射。该紫外线具有穿透细胞膜破坏其内部结构的能力,进而使菌体失去分裂繁殖能力并逐渐衰亡,最终达到消灭养殖水体中的病原菌的效果。紫外消毒技术凭借其成本低、对养殖生物无残留毒害的优点,在 RAS 中被广泛应用。此外,紫外线的杀菌效率随着养殖水浊度的增加而逐渐降低,同时随着时间的推移,灯管的照射强度会减弱,需要定期更换。其次,杀菌能力与照射时间和强度有关,当水流过快或照射剂量不符合要求时,紫外线杀灭的微生物通过复活机制可以自动修复,导致细菌再生,降低养殖水处理效率。

(7)增氧机

养殖池内溶解氧水平严重制约了养殖密度,为解决这一瓶颈问题,增氧机应运而生。其大幅提高了系统的复氧速度,保证了高密度环境下养殖生物的耗氧需求。目前,由于增氧机类型繁多,增氧效果也存在较大差别。高密度 RAS 通常采用液氧增氧,导致其运行成本大幅增加,因此,在 RAS 中选择一种高效稳定的增氧机尤为重要。

在固体悬浮物的处理工艺环节上,应在满足微小颗粒处理能力、避免生物堵塞和降低反冲洗水消耗前提下,尽可能提高水力负荷率,降低设备的投入和运行成本;针对不同粒径颗粒,应优化组合相关技术,采用相应的处理工艺予以区别处理。

在 RAS 中,鼓形过滤器或等效装置通常与泡沫分馏系统(蛋白分离器)相结合,通过组合多种设备来提高细悬浮固体的去除率。截至目前,如何以经济高效的方式控制和去除不同的固体组分,还没有明确的答案。在未来的循环水养殖物理过滤环节中,所开发的设备要降低成本,提高自动化与智能化水平,而且在有效去除固体颗粒物的前提下,不产生其他的副产物,增加后面处理环节的负荷。同时结合后续工艺有效去除水中的有机物、氨氮和亚硝酸盐等有害物质,从而提高水质净化效果以及整个水处理系统的效率。

6.4 渔业精准起捞装备

捕捞作业是渔业生产的重要组成部分,对渔业资源具有较强的依赖性,同时,捕捞装备的变迁也与渔业资源的变化息息相关。面对渔业资源衰退趋势的持续加重,近些年,我国严格执行现有渔业管理制度,继续发展资源养护型渔业,加强人工鱼礁和海洋牧场建设,同时,对捕捞作业方式和渔船装备进行不断改善。本节从海洋选择性捕捞装备和大规模养殖收获装备两个方面介绍我国目前渔业精准起捞装备的主要形式、技术特点和发展趋势。

6.4.1 海洋选择性捕捞装备

选择性捕捞技术是利用捕捞工艺技法、新型网具材料和信息侦测技术,结合鱼类行为学开展针对目标渔获物、目标渔获尺寸采集捕捞的成套渔具渔法技术,其中信息侦测的关键装备是利用现代水声技术、电子信息技术、卫星遥感与信号处理技术开发的声呐等相关助渔仪器,助渔仪器在海洋选择性捕捞中发挥"千里眼"的作用。

(1)海洋拖网捕捞

拖网渔业是利用拖网捕捞法捞取渔获物的一种产业,依靠渔船在拖曳过程中迫使渔具经过水域中的鱼、虾、蟹等捕捞对象进入网内又不刺缠于网目,达到捕捞的目的,因此拖网的渔获选择性差,渔获物入网即被捕获,如图 6-10 所示。拖网渔业研究的内容主要为拖网渔船、拖网渔具、拖网渔获量、捕捞品种、作业方式、渔场和渔期等。像我国的黄海、渤海水域广阔、海底平坦,适于拖网作业,捕捞对象相对较多,作业主动且时间较长。因此,拖网作业是黄海、渤海的主要作业方式,捕捞产量高于其他作业方式。

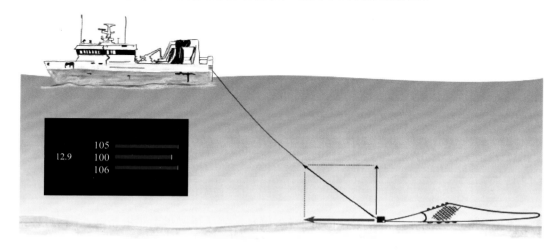

图 6-10 拖网作业示意图

拖网捕捞机械主要有拖网绞机、卷网机、辅助绞机等,其中应用最多和最早的是绞纲机,它的作用是绞收全部的曳纲;卷网机主要是收放、储存全部或部分网衣;而辅助绞机有很多,既有手纲绞机、放网绞机、声呐绞机等专用绞机,也有多功能绞机。其中,卷网机和手纲绞机、放网绞机、声呐绞机等辅助绞机都为单卷筒结构,而曳纲绞机作为拖网作业最重要的捕捞机械,一般有 2 个主滚筒并设置有辅助绞盘和自动排绳装置。曳纲绞机最常用的是串联式和分列式,串联式绞机是左右曳纲卷筒同轴布置,并通过联轴器串联在一起,其结构如图 6-11 所示;分列式绞机是左右曳纲卷筒及其驱动装置独立布置。曳纲绞机主滚筒与主轴间一般通过牙签离合器连接,主滚筒上一般设置有带式制动器,当放网时,通过离合器将滚筒脱离主轴传动成自由轮状态,放网速度通过制动器调节。

安装在渔船拖曳钢丝绳的拖网曳纲张力仪由力敏传感器挂轮、信号采集及处理控制器、数字显示器等组成,用于测量网具的拖曳力。根据曳纲受力,拖网自动化张力平衡控制技术自动调整曳纲绞机钢丝绳的放出和绞收,尤其在大型拖网渔船中,该技术能够显著降低起放网的工作强度,提高起放网的工作效率。

拖网渔具释放装置是利用鱼群在拖网中的游弋差异,在拖网网具网衣、囊网中设置用于将非目标渔获释放的装置,常见的释放装置有海龟释放装置、幼鱼释放装置、水母释放

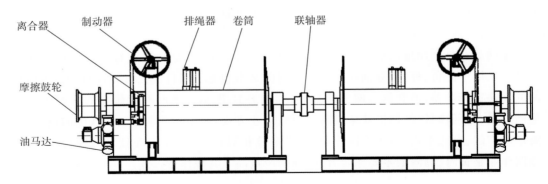

离合器　制动器　　　　排绳器　卷筒　　　　　联轴器

摩擦鼓轮

油马达

图 6-11　串联式绞机结构示意图

装置、垃圾释放装置等。释放装置多是在
上网片开设了释放口,释放口前段内侧有
一片斜置的引导网,后段布置有斜置的分
离栅,分离栅中部至上部均布纵向栅用于
非目标物释放,分离栅下部用于将目标渔
获物导入后方囊网中,释放口布置如图
6-12 所示。

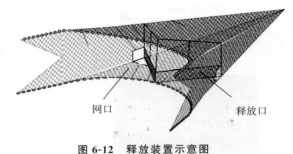

网口　　　　　　　释放口

图 6-12　释放装置示意图

(2)海洋围网捕捞

围网作业是根据捕捞对象集群的特性,利用网具迫使鱼群集中于取鱼部或网囊,采用
围捕或结合围张、围拖等方式完成鱼群围捕的一种作业方式。围网渔船具有快速性和回
转性等优势,在围捕过程中以适时速度追捕鱼群,同时要求多个机械装备协调操作,利用
有限长度和高度的网具在短时间内把运动状态下的鱼群包围。因此,提升围网捕捞的机
械化和自动化水平不仅是提高围捕效率、降低空网率和逃鱼率的必要保障,也是减轻劳动
强度、保障作业安全的重要手段。

围网捕捞机械主要有绞纲机、起网机和辅助机械三大类。绞纲机主要用于收放各类
纲绳,主要有括纲绞机、网头绳绞机、跑纲绞机等,其中收放括纲的括纲绞机,也称围网绞
机,它的应用最广,其结构和工作原理与拖网曳纲绞机类似,该类绞机主轴与滚筒间一般
会设置牙签离合器,同时滚筒配置有带式制动器和自动排绳装置;起网机主要用于起收整
理网衣,主要有悬挂式围网起网机、落地式围网起网机等,其中悬挂式围网起网机也称动
力滑车;辅助机械也有很多,如理网机、抄网机、底环解环机等。一般围网渔船作业最常用
的配置是并联式绞机(集成收放括纲、跑纲和网头绳)、动力滑车起网机(有时兼做理网
机)、三滚筒起网机(常用欧式围网)。并联式绞机一般并联 2 个滚筒,其结构如图 6-13 所
示,用于金枪鱼围网作业则并联 3 个滚筒。

在船侧围网起网作业时,一般采用三滚筒起网机,也是利用欧拉原理,并通过设置多
个滚筒,增加其网包角而增加起网拉力,三滚筒起网机安装于船侧甲板,其结构如图 6-14
所示。

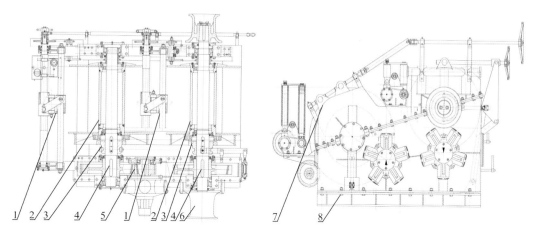

1. 自动排绳器　2. 绳索卷筒　3. 牙签离合器　4. 主轴　5. 动力驱动装置
6. 摩擦鼓轮　7. 带式制动器　8. 安装机座

图 6-13　双卷筒围网绞机结构示意图

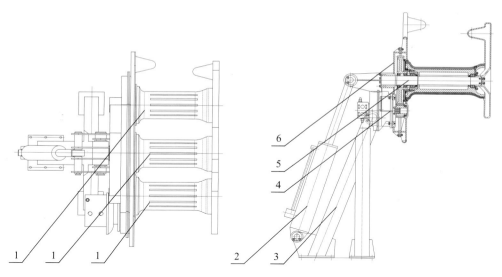

1. 起网滚轮　2. 变幅油缸　3. 支座　4. 动力驱动装置　5. 主轴　6. 齿轮箱

图 6-14　三滚筒起网机结构示意图

　　围网需要配置专用理网机,结构类似动力滑车起网机,具有变幅回转功能,如图 6-15 所示。

　　吸鱼泵是围网作业中鱼类起获和转运的关键装备。该装置以水或空气为介质抽吸渔获,确保了渔业生产的效率和鱼产品的质量,实现了渔获的机械化、自动化作业。随着水产养殖业发展,吸鱼泵的种类也变得繁多,按照工作原理大致可分为离心式吸鱼泵、真空吸鱼泵、气力式鱼泵和射流式鱼泵。

　　离心式吸鱼泵是依靠离心力吸送鱼水混合液的专用泵,结构如图 6-16 所示,主要由

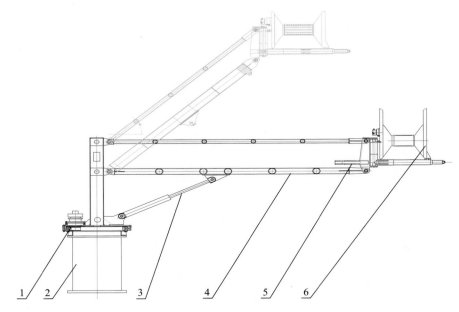

1.回转装置　2.安装底座　3.变幅油缸　4.变幅吊杆　5.理网回转油缸　6.理网机

图 6-15　围网理网机结构示意图

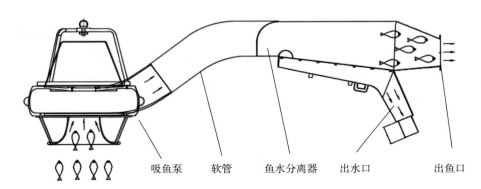

吸鱼泵　　软管　　鱼水分离器　　出水口　　出鱼口

图 6-16　离心式吸鱼泵结构示意图

叶轮、壳体和动力装置等部件组成。离心式吸鱼泵有潜水式和固定式之分,利用液压原理驱动泵的叶轮旋转来抽吸渔获物,最早用于围网渔业中,具有高效、快速等优点,但是对鱼体损伤较大,通常用于远洋渔船和网箱养殖的装卸。

　　真空吸鱼泵是利用真空泵抽真空形成的鱼罐内外压力差进行渔获起捕、转运等作业,结构如图 6-17 所示,主要由罐体、真空泵、进出口管道以及控制阀等部件组成。根据罐体数量可以分为单罐间歇式真空吸鱼泵和双罐连续式真空吸鱼泵,既可用于捕鱼量较少的淡水池塘养殖或工厂化养殖,也可用于工作时间长、捕鱼量比较大的拖网、围网及网箱活鱼的起捕等。

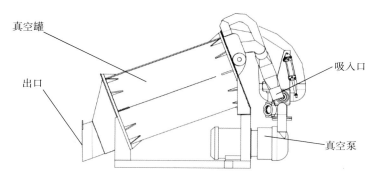

图 6-17　真空吸鱼泵结构示意图

　　射流式鱼泵是利用高能量工作水流吸送低能量鱼水混合流体的渔获输送泵,主要由吸口、吸管、主水泵、喷射腔、压出管、鱼水分离器及水泵供水系统、动力源组成。该泵要求管径大、表面光滑,以减少对鱼体的损伤,具有结构简单、重量轻、体积小、可靠性高、操作简便、自吸能力强等优势,但存在能量转换效率过低、鱼体受水冲击易损伤等问题。一般应用于大型网箱养殖中。

　　科学探鱼仪精准地控制发射能量和测量回波能量,还利用分裂波束技术精确测量目标在波束中的位置。同时,通过对换能器的指向性进行补偿,获取该目标的准确目标强度。科学探鱼仪常用工作频率为 18 k～400 kHz,不同频率适用于不同的调查对象,其中200 kHz 以上的频率一般用来探测浮游生物。

6.4.2　大规模养殖收获装备

　　大规模养殖机械化收获装备均以网具为核心,借助渔网完成养殖鱼种的聚集与起捕,利用"拦、赶、刺、张"联合集中捕鱼,主要包括侦察鱼群、设置包围圈、刺网赶鱼和收网起鱼等流程。

　　(1)池塘、大水面养殖收获技术

　　在大水面捕捞渔获中,通常会通过灯光、声音、激光、电刺激等方式将鱼吸引到指定区域,再用网具将鱼围栏起来。由于池塘面积较小,不具备规模化诱捕的条件,有些诱捕方式并不适合池塘捕鱼。目前池塘拖网集鱼非人工的方式主要有充气抬网与机械抬网。这两种集鱼方式原理基本相同,通过声光等刺激信号或投料等生理信号诱导鱼进入预设区域。当鱼进入该区域,通过机械装置(如简易吊机)或充气装置将预置好的围网提起抬出,将鱼集中到该区域进行起捕作业。这种方式的优点在于作业范围小、方便操作、起捕位置安排较为灵活,但要预先指定起捕区域和固定网具。

　　不同于上述抬网等方法,赶集鱼装置更趋向于用设备代替人工拖网的作业方式。机械拖网是将拖网机固定于岸边,定制化的网具置于水中,通过特殊机构进行连接,拖网机拖动网具工作,完成赶集鱼作业。脉冲电赶集鱼装置是利用脉冲电将鱼驱赶聚集,通过放置于池塘一端的设备不断释放脉冲电,池塘中的鱼受到刺激,逃逸躲避至空白区域。随着设备不断前进,鱼类的行动空间不断被压缩,直至将鱼驱赶集中到起捕区域,作业结束。虽然受限于作业面积,池塘养殖捕捞作业可以借鉴海洋湖泊等大水面捕捞作业中许多机械化作业方式,如灯光声呐诱捕、渔船拖网、围网等。

经分拣作业后,渔获物以不同的输送方式进行称重装车。当运送过程以塑料筐作为载体,这种"起鱼"机械装置主要有滑车提升机、旋转吊机等,通过链轮提升和输送轨道完成输送。不同于该方式,通过吸鱼泵完成起捕作业,主要包括真空式吸鱼泵和虹吸式吸鱼泵。

(2)深水抗风浪网箱收获技术

网箱养鱼是将池塘密放精养技术运用到大水面的一种高产、高度集约化的养殖方式。近年来国外的发展成就主要体现在网箱容积日趋大型化。挪威的 HDPE(高密度聚乙烯)网箱现已发展到最大容积 2 万 m^3 以上,单个网箱产量可达 250 t,大大降低了单位体积水域养殖成本。网箱装备的结构定型对产业发展具有重要意义,相关的配套设施如投饵机、网衣清洗机、换网机械、鱼类起捕装置等需要围绕网箱类型进行研发。

国外已基本形成了特有的几种网箱类型,我国推广的网箱主要是挪威的 HDPE 网箱和日本的浮绳式网箱,占深水网箱总数量的 90% 以上。依据网箱结构型式的不同,采用的集鱼和起捕方式也各不相同。目前,大型深水网箱的机械化起捕主要有吸鱼泵和起吊杆带抄网起捕两种方式。吸鱼泵是利用压力原理将鱼类随水一起通过输送管道实现鱼类的转移与输送。其进鱼口的大小只取决于被捕捞鱼类的个体大小,不需要较大的操作空间,因此,无论对何种结构的网箱,均可采用吸鱼泵起捕;而起吊杆带抄网的起捕方式则需要较大的操作空间。但无论是哪一种方式起捕,均需先将起捕鱼类聚集,并达到一定的密度,这是实现机械化活鱼起捕和提高起捕效率的关键所在。

HDPE 圆形重力式网箱,它是依靠网箱制造材料的物理性能、圆形结构受力的均一性以及特殊的锚泊固定方式来抵抗强风和大浪的袭击。该类型网箱逐渐向大型化发展,与其他结构形式的大型抗风浪网箱相比,其最大优点是操作与管理方便。由于此类网箱的上部具有较大的敞口面积和操作空间,因此,网箱鱼类的聚集与起捕就相对容易。首先采用集鱼网具在网箱中拖曳,使鱼类聚集并达到一定的密度,然后采用吸鱼泵或起吊杆带抄网的方法起捕。

为突破网箱养殖技术瓶颈,我国在引进与借鉴国外先进技术的基础上,研制适合我国海况条件的深水抗风浪网箱及配套养殖设施,研究并建立了各海区适宜养殖鱼类的深水网箱养殖技术与模式,实现海水网箱养殖业的健康可持续发展。

第7章
机器人与无人渔场

　　无人渔场是在人不进渔场的情况下,对渔场设备进行远程控制或全程自动控制,完成渔场生产、管理、维护作业的一种全天候、全过程、全空间的无人化生产养殖模式。对于作业过程中的复杂环境、繁多对象以及突发情况,无人渔场需要具备自主感知、自主决策和自主作业能力的渔业机器人。渔业机器人集成了先进的传感技术、大数据技术、智能化的"思考"能力和精准的作业软硬件系统,具有自学习、自管理和自决策的能力,通过将多种传感器获得的信息进行融合,使得渔业机器人有效地适应复杂的作业环境,无人渔场的自主作业成为可能。通过高效集成目标识别、路径规划、导航定位和运动控制 4 项关键技术,渔业机器人在无人渔场作业中实现了自主感知、自主运动、自主作业,有力地保证了无人渔场生产过程的精准化、高效化和无人化。

7.1　概述

7.1.1　无人渔场对机器人的需求

　　无人渔场是利用智能渔业装备和机器人取代传统的人工劳动力,通过物联网、大数据、人工智能、5G 等新一代的信息技术对渔场中的设备实现远程控制或自主式的控制,最终在不施加人工直接操作的条件下实现对无人渔场全自主式的养殖、收获和加工的生产模式。传统的渔业生产面临过度捕捞和渔场环境污染恶化的问题,人们需要寻找一种既能提高渔业产品产量又能合理利用资源、保护生态环境的新的生产方式。因此,在无人渔场中采用能够实现自主识别渔业产品生长健康状况、自主运动、自主收获、自主加工的渔业机器人来实现无人渔场的精准作业是十分必要的。

　　根据无人渔场的动植物生产过程任务需求,无人渔场中渔业机器人的主要作业任务包括对养殖对象实现实时监测、自主投喂、自主收获、自主加工和养殖设施的自主清理。然而,无人渔场生产环境是十分复杂的。首先,无人渔场养殖种类的多样性,使得渔业机器人进行自主识别、自主收获、自主加工具有挑战性。其次,无人渔场作业环境复杂,渔业产品随着时间、空间和气候的变化而发生较大的改变,这就要求渔业机器人既能够适应作业环境的多样性,同时又具有自主思考、自主决策的能力。另外无人渔场作业过程具有复杂性,由于养殖对象复杂的生长环境以及同种类间不同的生长大小、颜色、形状,给渔业机器人实现自主作业带来了巨大的挑战。针对以上问题,渔业机器人需要具备先进的感知系统、智能分析与决策系统。因此,渔业机器人在无人渔场复杂的环境中实现精准作业,需要高效集成目标识别、路径规划、定位与导航、运动控制4个方面的关键技术。

目标识别是渔业机器人进行自主作业的前提。目标识别是指通过图像处理技术和智能学习方法来确定获取的图像中是否存在目标对象并标出目标对象所在位置的过程,只有对目标对象进行准确的识别才能保证抓取机器人、捡拾机器人、分拣机器人的精准作业。然而渔业机器人在目标识别过程中仍然存在两方面的挑战:一方面,由于同种渔业产品之间在颜色、大小和形状存在差异,并且渔业产品随着生长阶段的不同而产生变化;另一方面,由于遮挡和光线等复杂环境的干扰,增加了对目标识别的难度。因此,要从复杂的环境中实现对目标对象的精准识别,需要渔业机器人具有智能的分析能力。目标识别主要包括图像预处理、图像分割、目标特征提取和目标分类等阶段。近年来,随着深度学习的发展,基于卷积神经网络的目标识别在渔业生产中具有较多的应用。根据图像获取方式,主要分为单目识别技术、双目识别技术、激光主动识别技术、热成像技术和光谱成像等关键技术。

路径规划是渔业机器人智能化的体现,是指渔业机器人按照距离最短、时间最短、能耗最少的要求进行规划,实现自主行走及自主作业的过程,良好的路径规划能够减少作业区域的重复与作业面积的遗漏。然而由于渔业生产环境的多样性和非结构化,渔业机器人的路径规划具有地图数据采集困难、后期更新与维护难度大的特点,因此渔业机器人的路径规划存在一定挑战。根据对渔业机器人所处环境的了解情况,渔业机器人的路径规划分为局部路径规划和全局路径规划。根据数据来源,路径规划的方法主要分为基于声呐的路径规划、基于视觉的路径规划、基于激光雷达的路径规划。

定位与导航技术是实现精准作业的保障,确保渔业机器人在自主行走、自主作业的过程中自主躲避障碍物,顺利到达设定地点。定位与导航技术对于巡检机器人、投饵机器人、捕捞机器人实现精准作业具有重要作用。渔业机器人实现自主导航主要包括导航传感器、路径规划、运动模型和自动控制技术4方面技术。以数据来源为依据,定位与导航技术主要分为视觉定位导航技术、超声波定位导航技术、红外线定位导航技术、激光定位导航技术和GPS定位导航技术。

运动控制技术是渔业机器人实现自主作业的关键。渔业机器人的控制主要包括对运动系统、机械臂和末端执行器的控制。由于无人渔场作业环境的复杂性以及作业对象的娇嫩性,渔业机器人的运动控制存在一定的难度。移动控制主要包括速度、方向、位置的控制;机械臂和末端执行器需要达到准确的目标位置并实现精准作业。渔业机器人的控制方法主要包括最优控制方法、非线性时不变控制方法和智能控制方法。

目标识别是渔业机器人的感知系统,定位导航和路径规划是渔业机器人的智能分析系统,运动控制是渔业机器人的决策系统。以上4个方面关键技术是确保渔业机器人在无人渔场中实现自主作业、提高无人渔场生产效率、确保无人渔场生产质量的关键。

7.1.2 渔业机器人概念

渔业机器人是一种新型的智能渔业装备,集传感技术、检测技术、人工智能技术、通信技术和图像识别技术于一体,具备了自主感知、自主决策和自主控制的能力。渔业机器人取代水产养殖业生产、养殖、加工等一系列工作,按照其工作方式可以分为管理类机器人和抓取类机器人。管理类机器人在渔场里通过自主路径规划、自主行走、自主定位导航技术实现自主作业,主要包括巡检机器人、投饵机器人、捕捞机器人和清洁机器人。抓取类机器人由光学系统和机械手组成,通过判断渔业产品的大小、形状和颜色进行目标识别进而实现自主抓取、自主捡拾和自主分拣等操作,主要包括抓取机器人、捡拾机器人和分拣机器人等。

渔业机器人具有先进的人工智能系统和内置分析系统。通过机器视觉进行目标识别、环境建模进行路径规划、多种导航技术进行定位导航、编程进行控制,使得渔业机器人在不同的作物种类、不同的环境条件下实现自主操作。现阶段渔业机器人还没有大规模应用到渔业生产中,大多数渔业机器人还处于样机研制和实验验证阶段。由此看来,渔业机器人在无人渔场生产管理中具有较大的发展空间,使得无人渔场达到节省劳动力、降低无人渔场管理难度的目的。

7.1.3 渔业机器人与无人渔场

为了实现渔业机器人在无人渔场中自主运行与作业,渔业机器人需要在复杂的生产环境及多样的作物种类中具备感知、决策和控制等高级的功能,从而实现巡检、投饵、捕捞、抓取和捡拾等自主作业。因此,渔业机器人的目标识别、路径规划、定位导航与运动控制技术对于无人渔场的生产过程至关重要。

数字资源 7-1
仿生金枪鱼路径
规划与水下作业

随着物联网、大数据、人工智能、云计算等技术在渔业机器人中的应用,巡检机器人、投饵机器人、捕捞机器人、抓取机器人和捡拾机器人等将进入无人渔场,进而实现其在无人渔场中的自主化作业。由于无人渔场作业对象及环境的复杂性及特殊性,要求渔业机器人能够实现智能感知、智能分析、智能决策、智能预警和智能作业等一系列工作。渔业机器人将先进的信息技术集成一体,搭载视觉系统、传感器系统、定位导航系统、控制系统以及内置智能分析系统,通过多传感器融合、智能控制等技术提高了渔业机器人的智能化水平,使得目标识别、路径规划、定位导航与运动控制等关键技术在渔业机器人中得以实现。

数字资源 7-2
仿生金枪鱼水下
作业巡检

7.2　目标识别技术与无人渔场

目标识别是渔业机器人在复杂的作业环境中实现精准作业的前提,作业机器人以目标识别为技术手段,在抓取、捕捞、捡拾、分拣等作业任务中对作业对象进行准确的识别与定位,能够准确高效地完成作业任务。然而由于在渔业作业环境中光照、遮挡以及作物生长过程不确定性等问题,使得渔业机器人目标识别具有挑战性。目前,渔业机器人通过不同的目标识别方法与识别技术来确保目标识别的准确性。本节主要介绍无人渔场渔业机器人目标识别过程中单目识别技术、双目识别技术、激光主动识别技术等关键技术及原理。

7.2.1　无人渔场目标识别的概念

目标识别技术是利用渔业机器人视觉系统对农产品图像进行采集,通过图像处理算法对图像中目标的颜色、纹理和形状进行分析,确定图像中是否存在感兴趣目标并准确计算出感兴趣目标的空间位置,最后通过机械手实现对目标对象的抓取、捕捞、捡拾、分拣等作业。目标识别是实现渔业机器人在无人渔场智能作业的关键,目标识别精度的高低直接影响渔业机器人的作业质量与效率。

无人渔场中的目标识别是利用摄像机实现对渔业作业对象的图像捕捉,并通过计算机实现水产品分类的过程,该过程包括水产品检测和识别2个过程。目标识别主要包括图像预处理、图像分割、目标特征提取、目标分类4个步骤。目前,目标识别方法主要有2种:一种是基于传统图像处理和机器学习算法的目标识别方法,另一种是基于深度学习的目标识别方法,两者的区别在于基于深度学习的目标识别方法能自动提取特征,而无须人为进行操作。由于数据量大以及自动化程度需求高,基于深度学习的目标识别方法能够在复杂的渔业生产环境中提高识别准确性与识别效率。同时,根据农产品图像获取方式的不同,常用的关键技术主要有单目视觉技术、双目视觉技术、激光主动识别技术等。

7.2.2　关键技术及原理

1.单目识别技术

单目识别技术是由一个摄像头及其附属装置组成的视觉系统。在渔业生产中经常用到的摄像机是CCD和CMOS两种类型的光学摄像机。渔业机器人通过搭载单个摄像头从农产品的多个视角拍摄不同的图像,实现以农产品为中心的全景视角的拍摄。然后利用智能的图像处理方法实现对目标对象的识别与定位。早期单目识别技术采用B/W相机,基于几何特征的方法对农产品进行识别,后来为了增强对农产品形状和颜色的对比,将B/W相机升级为彩色相机,大多数的研究人员逐渐采用彩色相机对农产品颜色和纹理进行识别。另外研究人员发现高频光可以减少照明对图像获取的影响,同时使用多个单目相机可以提高识别精度。在无人渔场农产品的识别与定位中,与其他类型的目标识别技术相比,单目识别技术成熟度更高,且成本低。

在无人渔场水产品的养殖过程中,利用单目多视角立体视觉装置对珍珠进行自动分级可以降低对珍珠的损伤。通过 1 个单目摄像机和 4 个平面镜构成的单目多视角立体视觉装置可以获取 5 个方向拍摄的珍珠表面图像,实现了以珍珠为中心的全方位的立体视觉装置。其主要是在摄像机前面放置 4 面平面镜组成的对称斗型腔,光线通过不同的镜面进行反射后投影到摄像机平面的不同位置,在摄像机平面投影多个映像,从而获得单目多视角立体图像,单目多视角立体视觉装置原理如图 7-1 所示。

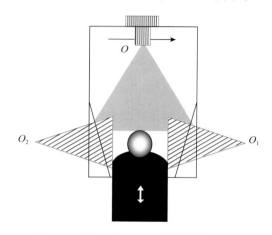

图 7-1　单目多视角立体视觉装置原理图

2.双目识别技术

双目识别技术是通过处理水产品的两幅立体图像来获取水产品的三维信息,从而进一步求得深度图像,然后通过一定的处理和计算来得到实物场景的三维点云信息,以三维点云图像来表现最后的结果,最终实现二维图像的三维重建,然后利用农产品几何形状、颜色特征和空间位置实现对农作物的识别与定位,渔业作业机器人双目识别技术原理如图 7-2 所示。双目立体视觉系统获取深度信息的方式为被动方式,实用性强于其他主动成像方式,这是双目识别技术的一个主要优势。另外,双目视觉已经用来解决在强光和遮挡条件下农产品的识别任务。

抓取机器人在无人渔场中实现抓取作业时,首先需要通过双目视觉系统获取水产品的图像,基于阈值对两幅图像进行分割,将得到的区域进行分组,得到每个区域的平均位置,然后对两个图像之间所有可能的片段进行计算获取三维位置。然后利用水产品的位置、颜色、大小等信息实现对操作对象的识别与定位,从而指导抓取机器人完成抓取作业。海参抓取机器人自身搭载双目视觉系统,利用 2 个微型摄像机来识别海参,实现抓取作业,同时能够为机器人进行视觉导航。此外,双目视觉系统可以实现对图像深度信息的获得。因此,双目视觉技术经常被用来实现目标水产品 3D 模型重构。另外,此系统不仅能实现对光照强度较低的环境下遮挡目标海参的识别,还能获得目标海参的空间位置信息。

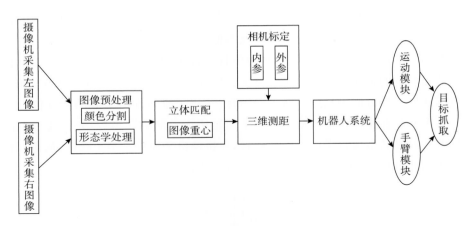

图 7-2　渔业机器人双目识别系统

3. 激光成像技术

激光成像技术,是利用激光脉冲照射水产品表面并收集反射辐射线,通过扫描激光束测量水产品的三维信息,根据不同的光谱反射将水产品与其他障碍物区分开来,激光主动成像过程如图 7-3 所示。机器人视觉系统在无人渔场中易受到温度、湿度、可见光等因素的干扰,影响抓取机器人的识别准确性。而激光成像技术能够避免受到这些因素的影响,以较高的频率提供大量可靠的信息,如水产品的位置、形状、大小,从而使得渔业机器人实现精准的抓取作业。同时,由于扫描激光束能够测量目标物体的三维形状,因此,在非结构化的无人渔场环境中能够实现水产品的目标识别,为机械手的精准抓取、捡拾、分拣作业奠定基础。同时激光成像技术能够解决水下成像技术中成像距离与分辨率之间的矛盾,因此激光成像技术更适合完成无人渔场中水下目标的识别、监测等任务。

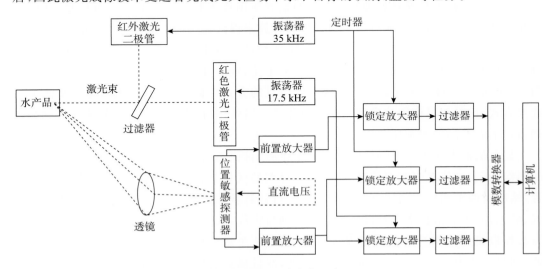

图 7-3　激光主动成像示意图

由于在自然条件下进行图像采集时不可避免受到障碍物的遮挡,激光成像技术能够根据不同的光谱反射将水产品与其他障碍物区分开来,因此激光成像设备能够实现对遮挡条件下目标水产品三维形态的识别。基于海水的透光性原理,可以使用蓝绿激光器实现无人渔场水下动物的测距、成像和识别,可以与声呐探测互相补充,以获得不同距离、不同水深、不同环境条件下的全方位信息。

7.3 路径规划技术与无人渔场

路径规划是无人渔场中渔业机器人实现自主作业的前提之一。为了保证自主作业机器人在无人渔场中运行的安全性,避免与障碍物发生碰撞,同时缩短运行时间和运行距离,需要对渔业机器人行驶路径进行系统性的规划。渔业机器人路径规划的合理性与科学性对渔业机器人实现自主巡检、自动投饵、自动捕捞等具有至关重要的影响。本节主要介绍无人渔场渔业机器人路径规划中涉及的基于声呐的路径规划技术、基于视觉的路径规划技术、基于激光雷达的路径规划技术。

7.3.1 无人渔场路径规划的概念

路径规划是渔业机器人导航中最重要的技术之一。渔业机器人能够在无人渔场中实现自主作业的基础是能够顺利地运动到作业地点,在复杂的渔业生产环境中自主行走并自主躲避障碍物。在对渔业机器人进行路径规划时,需要对给定的任务进行分析,制定出一条从起点到终点的全局路径,渔业机器人根据此路径运行,在运行过程中根据环境信息和自身状态不断实现局部路径规划,为渔业机器人在当前状态规划出一条较短的可行路径。有效的路径规划能够实现无人渔场作业区域的全覆盖,解决重复作业和遗漏作业的问题,达到运行时间最短、路径最短、能耗最小的效果,同时实现渔业机器人的自主作业。因此,智能的路径规划技术对于渔业机器人精准、高效作业是十分重要的。渔业机器人路径规划原理如图 7-4 所示。

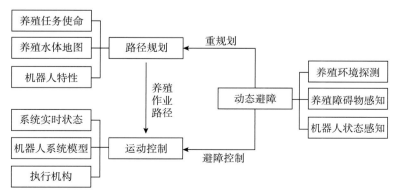

图 7-4　渔业机器人路径规划原理

根据路径规划过程中障碍物的状态又可以分为静态路径规划和动态路径规划。如果障碍物是静止的,称为静态路径规划,如果障碍物是运动的,则称为动态路径规划。由于水下养殖动物的游动性以及位置不确定性,在无人渔场水下环境中,动态路径规划相对来说更有意义。根据无人渔场环境先验信息的多少,渔业机器人可以分为全局路径规划和局部路径规划。全局路径规划是无人渔场环境信息对于渔业机器人来说全部是已知的,而局部路径规划需要渔业机器人通过传感器不断从无人渔场环境中获取信息,具有实时避障的能力。渔业机器人路径规划关键技术主要有基于几何模型搜索的方法、基于概率抽样的方法、人工势场方法和人工智能方法。

7.3.2 关键技术及原理

1.基于几何模型搜索的方法

基于几何模型搜索方法是经典的路径规划算法,属于离散最优规划的范畴。这部分算法比较传统,实现过程相对简单,技术相对成熟,模型的建立非常严格,与最终规划路径的实施结果密切相关。几种基于几何模型搜索方法的关系如图7-5所示。

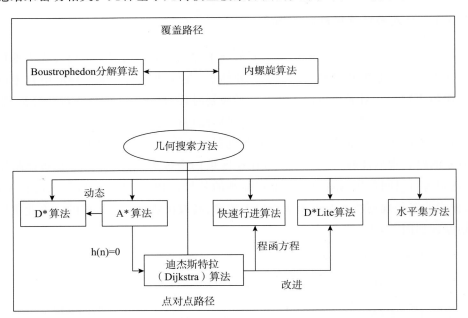

图7-5 基于几何模型搜索方法的关系

(1)迪杰斯特拉(Dijkstra)算法

采用贪婪策略,以广度优先搜索来解决加权有向图或无向图的单源最短路径问题。它声明了一个数组,以保持从原点到每个顶点的最短距离并保存,同时查找最短路径的顶点集,该算法最终获得最短路径树。但是当应用于大规模复杂路径拓扑网络时,遍历节点时效率低是致命的缺点。

（2）A*算法

A*算法基于 Dijkstra 算法将目标点的估计成本添加到当前节点,原理如图 7-6 所示。Dijkstra 算法等同于 A*算法的估值部分为零的情况。A*算法是静态道路网络中最短路径的最有效直接搜索解决方案,并且是许多其他问题的常见启发式方法。该算法可以进一步理解公式 $f(n)=g(n)+h(n)$,其中左侧 $f(n)$ 表示对象从初始状态到状态 n 目标状态的成本估计,等式右侧的 $g(n)$ 是状态空间中从初始状态到状态 n 的实际成本, $h(n)$ 是从状态 n 到目标状态的最佳路径的估计成本。A*算法中评价函数 $f(n)$ 的选择极为重要,评价函数的选择与机器人的最短和最佳路径的规划有关。使用 A*算法获得启发式路径的一个优点是成本低且在规划过程中可以及时中断和恢复。

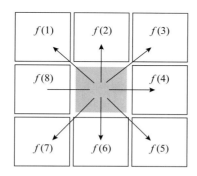

图 7-6　A*算法原理图

（3）D*算法

D*算法在动态环境中搜索路径非常有效。D*算法是一种利用原始规划信息的动态 A*算法和不完全重新规划算法。D*算法在最优性和实时性相结合的情况下,完成了全局规划和局部规划的结合、离线规划和在线规划的结合。

（4）D*Lite 算法

D*Lite 算法基于 Dijkstra 算法,面向最优路径搜索问题的算法,起点随时间变化,目标点固定。

（5）FM(fast marching)算法

快速行进 FM 算法类似于 Dijkstra 算法,不同之处在于 Dijkstra 算法使用两个节点之间的欧几里得距离进行更新,而 FM 方法使用由非线性 Eikonal 方程简化的近似偏微分方程进行更新。FM 方法是一种基于水平集理论的界面演化跟踪算法。

（6）LSM(level set method)算法

LSM 算法采用回溯等距轮廓来获得最佳路径。当应用于路径搜索时,LSM 算法的最大优势在于它可以有效地模拟动态过程。

（7）BDA(boustrophedon decomposition algorithm)算法

通常采用 Boustrophedon 分解算法;它是一种简单的覆盖路径搜索方法。该算法需要将整个环境划分为多个子区域,然后通过简单的"梳状"往复覆盖它们。

（8）ISA（internal spiral algorithm）算法

类似于 Boustrophedon 分解算法的原理，ISA 使机器人能够沿着覆盖区域的边界移动。机器人沿着障碍物边缘移动或采取避障策略，它会"螺旋"移动并到达环境中心。与"梳"字路径相比，"螺旋"路径由于缺乏明显的转折点而存在一个难题。机器人需要一个标志来指示何时进入下一个内圈。

2. 基于概率抽样的方法

基于概率抽样的算法，如概率路线图法（PRM）和快速探索随机树（RRT），在理论性质（概率完整性或渐近最优性方面）上显示出优越性，这使得它们成为机器人路径搜索的成功方法之一。但是完成采样算法的前提是获得操作区域的相应环境信息。这种方法通常将环境作为一组节点或其他形式进行采样，然后映射环境或随机搜索以找到路径。虽然搜索速度很快，但搜索路径通常是次优的，在狭窄的通道中找到路径很困难。

（1）PRM（probabilistic roadmap method）算法

概率路线图方法（PRM）通过在位置姿态空间中采样并使用 A∗ 算法或类似的 A∗ 算法查询路线图上的路径来建立路线图。这种方法的核心是采样和构建路线图。PRM 方法可以在姿态空间准确建模的同时有效避开障碍物。

（2）RRT（rapidly exploring random tree）算法

快速探索随机树 RRT 算法具有强大的空间搜索能力，它使用一种特殊的增量方法来构建其搜索，这种方法可以快速缩短随机状态点与树之间的预期距离。在学习阶段，RRT 不需要对配置空间进行采样和构建路线图，并且在概率上证明是完整的。对于单条路径搜索问题，与 PRM 相比，RRT 更快。

3. 人工势场方法

人工势场算法和 BUG 算法广泛使用于在线避障，原理如图 7-7 所示。他们要求较低的复杂性动态环境，计算量小，路径搜索的速度非常快，但它通常不会获得最优路径。若复杂环境中出现大型障碍，往往会路径规划失败。

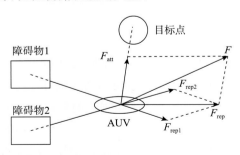

图 7-7　人工势场算法

（1）APF（artificial potential field）算法

APF 算法由 Khatib 提出。该算法最初应用于操作空间中机械臂的路径搜索问题，并已被机器人路径规划广泛使用。该算法的基本前提是构造一个势函数，其中障碍物产生排斥力,目标点产生吸引力,合力的大小和方向指导机器人运动的速度和方向。静态环境下基于人工势场的路径搜索已经成熟,而动态环境由于目标点和障碍物运动轨迹复杂多变,通常需要对势物函数进行改进,才能获得较好的路径规则。

（2）BUG 算法

BUG 算法是一种完全强制的算法,在这类算法中,移动机器人沿着连接目标点和起点的最短直线前进,它使用边缘跟踪方法在遇到障碍物时绕过障碍物,然后沿着直线前进。

4.人工智能方法

人工智能算法对于解决该类算法动态环境下的路径搜索问题具有重要而有效的作用,人工智能算法分类如图 7-8 所示。该算法适用于渔业机器人的路径搜索。但是智能算法是新兴的,并且存在普遍的问题,例如处理速度慢,稳定性和实时性差,并且很容易陷入局部最优。

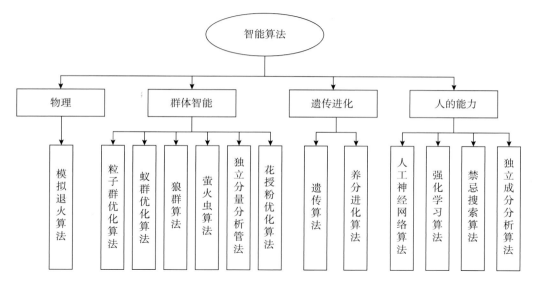

图 7-8　智能算法分类

（1）粒子群优化（PSO）算法

粒子群优化（PSO）是一种基于鸟类种群捕食和返回的启发式算法。寻找最佳路径的基本思想涉及通过群体中的个体合作机制在鸟类运动过程中的迭代方法。

（2）蚁群优化（ACO）算法

蚁群优化算法（ACO）是一种受蚂蚁启发,在搜索食物时获得最优路径的概率算法。该算法具有分布式计算、正信息反馈和启发式搜索等特点。ACO 是进化算法中的启发式全局优化算法。与其他算法相比,ACO 算法对初始行的选择要求较低,具有较强的鲁棒性。ACO 算法的优点是可应用于水下三维路径搜索问题,其参数相对较小,不需要人工调整。

（3）狼群（WPA）算法

狼群算法（WPA）模拟了狼群的掠食行为及其猎物分布模式,抽象出 3 类智能行为：

行走、呼唤与围攻,以及与"胜者为王"的狼代规则与"强者生存"的狼群更新机制实现在复杂搜索空间中的优化。

(4)萤火虫(FA)算法

萤火虫算法流程如图7-9所示,源于萤火虫群体行为的简化和模拟,通过萤火虫个体之间的相互吸引而达到寻优目的。相比其他智能算法,萤火虫算法具有较高寻优精度和收敛速度,参数较少更易实现,在寻找全局最优解上有较好效果。

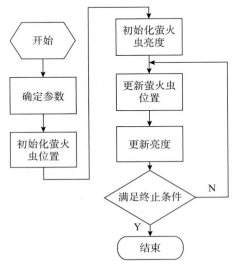

图 7-9　萤火虫算法流程

(5)模拟退火（SA）算法

模拟退火算法（SA）是一种模拟固体物质的退火过程。通过设置初始温度、初始状态和冷却速率以确保温度不断降低,使用解空间的邻域结构,使用概率跳跃特征执行随机搜索。

(6)遗传（GA）算法

遗传（GA）算法是一种模拟达尔文在生物进化过程中的遗传选择和自然消除的计算模型,原理如图7-10所示。遗传算法的思想源于生物遗传学和适者生存的自然规律,是一种根据遗传学原理实现的迭代过程搜索算法。与 PSO 算法类似,GA 通过随机解迭代找到最优解,并通过适应性评估解的质量。尽管 PSO 具有"交叉"和"更改",并且算法规则很简单,但 GA 具有记忆功能。与 PSO 相比,GA 的优势在于它可以在搜索过程中根据当前搜索的最优值找到全局最优值。

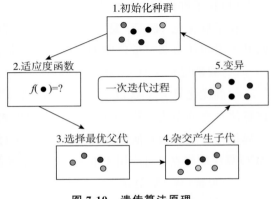

图 7-10　遗传算法原理

（7）差分进化（DE）算法

差分进化算法的原理与遗传算法非常相似,但是在变异操作中,个体扰动是使用群体中个体之间的差异向量来实现个体变异。差分进化算法的鲁棒性优于遗传算法。

（8）人工神经网络（ANN）算法

人工神经网络（ANN）是一种模拟人脑思维能力,利用大量模拟神经元实现非线性算法功能的网络。该算法泛化性能差,处理速度慢。但是由于其强大的学习、自适应能力和强大的鲁棒性,在机器人路径搜索中存在许多用于避免碰撞的应用。

（9）强化学习（RL）算法

强化学习是一种无监督的机器学习方法,把学习看作试探评价的过程,原理如图 7-11 所示。为强化学习过程,环境会根据机器人所选动作产生强化信号,机器人再根据强化信号和

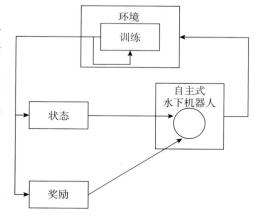

图 7-11 强化学习原理

当前状态选择下一动作,目的是使累计强化信号达到最高。由于强化学习通过与环境交互进行学习,不需要有标签的样本训练数据,能方便在线实现,因此适用于解决未知环境模型的路径规划问题。

（10）深度强化学习（DRL）算法

强化学习侧重于学习问题的解决策略,而深度学习网络可以对大规模数据提取抽象特征,针对目前机器学习问题面临越来越复杂的任务环境,谷歌 Deepmind 团队提出结合强化学习和深度学习,即深度强化学习（DRL）。作为人工智能领域内新的研究热点,深度强化学习不仅在棋牌游戏、机器视觉等领域广泛应用,也应用于解决机器人局部路径规划问题,基于 DRL 的避障算法结构如图 7-12 所示。

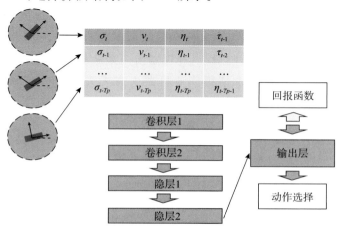

图 7-12 基于 DRL 的避障算法结构

7.4　定位导航技术与无人渔场

导航与定位技术是渔业机器人在无人渔场中实现自主作业的关键。然而渔业机器人在无人渔场中自主行走、自主作业的过程中不可避免地会遇见突然出现在作业区域内的动物、树枝、栅栏、柱子等障碍物。因此,渔业机器人需要通过导航信息对作业环境进行实时感知,明确渔业机器人本体在作业环境中的位置,最终实现自主行走和自主作业。渔业机器人自主导航技术已经遍及无人渔场生产的各个领域,如在无人渔场中,自主水下机器人进行环境及生物的巡检、作业,无人投饵机器人水面投饵、清洁机器人清理鱼池等过程。本节主要介绍渔业机器人定位导航中主要用到的视觉定位导航技术、超声波定位导航技术、红外线定位导航技术、激光定位导航技术和 GPS 定位导航技术。

7.4.1　无人渔场定位导航的概念

定位导航技术作为渔业机器人自主作业的核心技术之一,其可以理解为渔业机器人在哪里、要到哪里去、怎么去的问题。渔业机器人的定位导航具体实现过程是通过作业机器人自身携带的传感器实时感知无人渔场作业环境信息,对各项环境信息进行分析建模,以此得到渔业机器人在无人渔场中的方位信息、道路信息和遇到的障碍物等信息,最后综合获取的各项信息利用智能算法使渔业机器人在无人渔场中准确地躲避障碍物,实现自主定位和导航,最终确保渔业机器人在无人渔场中自主行走和自主作业。

渔业机器人在无人渔场中实现自主定位导航需要 3 个要素,分别是环境建模、定位和路径规划。为了在无人渔场中实现准确的定位与导航,渔业机器人需要通过传感器采集行走道路或工作区域的环境信息,例如树木、路口、杂草、动物、栅栏等。通过采集的环境信息对渔业机器人作业环境综合分析并建模,判断障碍物的位置信息以及渔业机器人是否可以到达指定作业地点。为了使渔业机器人按照导航设定的路线及方向行走,渔业机器人需要有定位的功能,以便确定机器人在无人渔场中的位置与方向。另外通过环境建模信息分析无人渔场中的不确定因素和路径跟踪中出现的误差,使得无人渔场中的环境信息对渔业机器人定位导航的影响最小,并规划出一条从起始位置开始到作业区域的运动路径。最终通过自主导航技术使得渔业机器人在无人渔场中实现自主行走与自主作业。

7.4.2　关键技术及原理

1. 视觉定位导航技术

视觉定位导航技术,是通过渔业机器人视觉系统获取无人渔场环境的图像信息,利用计算机图像处理程序监测机器人本体相对于导航线的偏离信息,同时可以获得无人渔场道路区域、地形特征、障碍物等相关信息,不断对渔业机器人本体位置进行调整,最终实现精准的自主作业与行走。无人渔场渔业机器人视觉定位导航技术主要包括可见光成像方式和红外成像方式。可见光成像方式可以用于光线条件较好的情况下,如无人渔场水面和路上工作环境下的渔业机器人定位与导航。红外成像技术可以在夜间或者光照条件较差的环境中有较好的应用,以及对环境中的动物、植物等的热目标进行预警。

2.超声波定位导航技术

超声波定位导航技术,是基于超声波测距原理,利用超声波的反射式测量进行定位,在渔业机器人本体安装超声波收发模块,当发射波在传播中遇到障碍物等反射物体,接收器接收到发射回波,处理回波信号。使用三边测距定位算法得出渔业机器人本体的位置,同时通过超声波测距获得作业环境中障碍物或目标物的定位信息,通过路径规划技术获得适合渔业机器人进行自主行走与自主作业的最优路径,最终确保渔业机器人在无人渔场中完成作业任务。基于超声波的定位导航技术无论从柔性和测量精度方面,还是从对外界环境抗干扰性与成本方面,相比于其他测距技术,其具有较好的应用价值。

在无人渔场渔业机器人自主作业过程中,通过超声波传感器获取无人渔场中的环境信息,并对其进行分析和综合,从而准确地获得障碍物所在的位置。在无人渔场中通过超声波定位导航系统实现了渔业机器人定位标准偏差在 7 cm 之内,实现了在 GPS 信号不准的环境下目标的定位。同时,通过超声波、视觉传感器融合技术实现了对障碍物的检测。针对超声波在近距离无法测量障碍物的缺点,将红外传感器与超声波相结合,通过多传感器融合技术对障碍物进行定位,从而实现了渔业机器人的自主定位和导航。另外,由于超声波在水下具有远距离传播的特性。因此,在无人渔场自主水下机器人巡检、捕捞、水产养殖生物的监测等作业中具有重要应用。

3.激光定位导航技术

激光定位导航技术,是在渔业机器人本体上安装激光扫描仪,向其所在无人渔场环境中发射激光信号,当激光碰到物体时发生反射,然后激光扫描仪接收到从物体上返回来的激光,得到物体距渔业机器人的距离,再进一步得到物体的位置信息。之后渔业机器人进行路径规划,获得从起始位置到目标位置的最优路径,进而实现渔业机器人在无人渔场中自主定位与导航。

在无人渔场中,投饵机器人使用激光扫描仪采集到养殖池中各种设备的位置信息,通过采集到的数据规划出导航路径,投饵机器人按照设定路径行驶,实现无人渔场的自动投喂。通过基于激光定位导航技术可以为渔业机器人实现自主清扫、分拣、监测等作业提供技术支持。通过激光雷达和视觉融合的导航定位技术将对未来渔业机器人作业中实现精准导航具有重要的意义。

4.GPS 定位导航技术

GPS 定位导航技术,是空间卫星向地面发射信号,用户设备接收并测量各个卫星信号,对获取的数据进行处理得到渔业机器人的位置信息,从而实现渔业机器人的自主定位导航。基于 GPS 定位导航信息在长时间工作后不会积累误差,能够连续长时间为渔业机器人提供实时定位。但是在导航定位的过程中容易受到干扰、信噪比低,使得测量误差变大,同时 GPS 在动态环境中可靠性较差。因此,其不适用于遮挡及高速运动的作业环境。

GPS 定位导航技术在无人渔场中有较多的应用。渔业机器人在无人渔场中采用机器视觉和 GPS 组合导航系统,通过 GPS 获得渔业机器人的航向、角度和速度,通过视觉系统获取导航基准线,并获取特征点,同时通过 GPS 技术实现对障碍物定位。此项技术在无人渔场巡检、投饵、捕捞和清洁中具有广泛的应用。

5. SLAM 技术

SLAM(simultaneous localization and mapping)全称即时定位与建图,实现的功能是:机器人从未知环境的未知地点出发,在运动过程中通过重复观测到的地图特征(墙角、柱子、栅栏等)定位自身位置和姿态,再根据自身位置增量式地构建地图,从而达到同时定位导航和地图构建的目的。

SLAM 通常包括传感器数据、视觉里程计、后端、建图及闭环检测五个模块,它们之间的关系如图 7-13 所示。传感器数据主要用于采集实际环境中的各类型原始数据,包括激光扫描数据、视频图像数据、点云数据等。视觉里程计主要用于不同时刻间移动目标相对位置的估算,包括特征匹配、直接配准等算法的应用。后端主要用于优化视觉里程计带来的累计误差,包括滤波器、图优化等算法应用。建图用于三维地图构建。闭环检测主要用于空间累积误差消除。传感器读取数据后,视觉里程计估计两个时刻的相对运动,后端处理视觉里程计估计结果的累积误差,建图则根据前端与后端得到的运动轨迹来建立地图,闭环检测考虑了同一场景不同时刻的图像,提供了空间上的约束来消除累积误差。

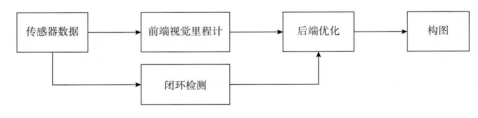

图 7-13　SLAM 结构

目前根据用在 SLAM 上的传感器主要分为两类:一类是基于激光雷达的激光 SLAM,另一类是基于视觉的 VSLAM。

激光 SLAM 采用 2D 或 3D 激光雷达(也叫单线或多线激光雷达),2D 激光雷达一般用于室内机器人(如扫地机器人),而 3D 激光雷达一般用于无人驾驶领域。激光雷达的出现和普及使得测量更快更准,信息更丰富。激光雷达采集到的物体信息呈现出一系列分散的、具有准确角度和距离信息的点,被称为点云。通常,激光 SLAM 系统通过对不同时刻两片点云的匹配与比对,计算激光雷达相对运动的距离和姿态的改变,也就完成了对机器人自身的定位。

激光雷达测距比较准确,误差模型简单,在强光直射以外的环境中运行稳定,点云的处理也比较容易。同时,点云信息本身包含直接的几何关系,使得机器人的路径规划和导航变得直观。激光 SLAM 理论研究也相对成熟,落地产品更丰富。无人渔场中循环水养殖车间内的自主巡检机器人和鱼池清洁机器人基于激光 SLAM 技术感知周围的环境,确定自身位置并建立循环水养殖车间地图,实现了即时定位与导航。

眼睛是人类获取外界信息的主要器官。视觉 SLAM 也具有类似特点,它可以从环境中获取海量的、富于冗余的纹理信息,拥有超强的场景辨识能力。早期的视觉 SLAM 基于滤波理论,其非线性的误差模型和巨大的计算量成为它实用落地的障碍。近年来,随着具有稀疏性的非线性优化理论(bundle adjustment)以及相机技术、计算性能的进步,实时运行的视觉 SLAM 已经不再是梦想。

视觉 SLAM 的优点是它所利用的丰富纹理信息。例如两条大小一致、纹理不相同的石斑鱼,基于点云的激光 SLAM 算法无法区别它们,而视觉则可以轻易分辨。这带来了重定位、场景分类上无可比拟的巨大优势。同时,视觉信息可以较为容易地被用来跟踪和预测场景中的动态目标,如行人、车辆等,对于在复杂动态场景中的应用这是至关重要的。

7.5 运动控制技术与无人渔场

运动控制技术是渔业机器人在无人渔场中实现自主作业的核心,对渔业机器人实现高精度、高稳定性作业具有重要作用。由于无人渔场作业环境的复杂性、作业对象的多样性以及脆嫩易损性,要求渔业机器人对本体、机械臂、末端执行器的控制具有精确稳定的控制,使得渔业机器人在作业过程中实现自主行走、机械臂准确达到目标点、末端执行器自主动作的三者有机协调,最终达到高精度、自主式作业的目的。本节主要介绍 3 种主流的运动控制方法,即最优控制方法、非线性时不变控制方法和智能控制方法。

7.5.1 无人渔场运动控制的概念

无人渔场作业机器人按其作业方式主要分为抓取类机器人和管理类机器人。抓取类机器人需要通过对机械臂和机械手控制实现对作业对象的操作,如海参抓取机器人、贝类捡拾机器人、分拣机器人等。而管理类机器人是无须搭载机械手和机械臂进行作业的机器人,如巡检机器人、投饵机器人、捕捞机器人和清洁机器人。然而,不同种类的机器人需要不同的相关技术对其进行控制。管理类机器人对行走机构进行控制,需要对转向、运行速度、平稳性等参数进行调整,确保管理类机器人的精准定位,实现精准投饵、精准捕捞、精准清洁等操作。抓取类机器人在实现对其移动方式进行控制的同时还需要实现对机械臂及末端执行器的控制,主要控制参数为机械臂作业位置、末端执行器作业力度,使用合适的控制参数实现精准抓取、精准捡拾、精准分拣,提高作业机器人的作业精度及速度,降低对养殖产品的破坏以及对动物的刺激。

为了实现在无人渔场中对渔业机器人的精确控制,首先需要具有精确的数据来源,以确保控制系统的精准输入,通过控制系统进行分析和设计,最终输出合理的控制数据。然而由于渔业环境的复杂性,获取精准的数据是十分困难的。目前控制系统数据根据控制器输入数据的来源主要分为基于视觉的控制、基于传感器的控制、基于 SLAM 的控制。而渔业机器人的控制方法则涉及先进的、智能的控制方法,如深度学习方法、模型预测控制等方法。基于以上技术的集成,使得渔业机器人在无人渔场中能够迅速到达目标位置,机械臂及机械手调整合适的姿态,自主实现准确监测、管理、加工等作业。渔业机器人控制系统原理如图 7-14 所示。

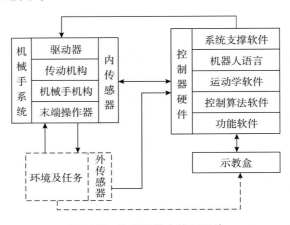

图 7-14　渔业机器人控制系统

7.5.2　关键技术及原理

1.最优控制方法

线性二次调节器(LQR)。LQR 是为线性或线性化系统设计最优全状态反馈控制器的一种非常有效的方法。LQR 的校正和设计需要根据响应曲线找到合适的状态变量和控制量加权矩阵,而无须根据要求的性能确定闭环极点位置。

(1)状态相关的 Riccati 方程(SDRE)控制

SDRE 控制通过构造线性结构来解决非线性系统的最优控制问题,具有很大的灵活性,并通过选择状态相关系数矩阵权重系数来保证大范围的渐进稳定。

(2)模型预测控制(MPC)

MPC 通过使用实时状态测量作为初始条件来递归解决开环最优控制问题。它系统地合并了系统状态并控制了输入约束。由于在表达各种控制问题时具有很高的灵活性,因此它允许 MPC 在没有任何近似的情况下消除系统模型的任何非线性问题。

2.非线性时不变控制方法

(1)滑模控制(SMC)

SMC 的一个显著特点是对时变参数和外部环境干扰的鲁棒性。此外,终端滑模控制(TSMC)在收敛速度、干扰抑制能力和不确定性问题上具有更好的效果。

（2）反演控制

反演控制是一种非线性控制方法，使用虚拟控制量，可以处理具有不确定性的机器人系统。它把一个非线性模型分解为不超过系统阶次的子系统。中间设计的虚拟控制量和李雅普诺夫函数为每个子系统使用向后递归方法遍历。

（3）自适应控制

自适应控制的核心概念是使用已知系统条件在线估计未知参数。它抑制了外部干扰、环境变化的影响以及系统与自身耦合的影响。自适应控制还可以减少建模错误及其影响。

（4）鲁棒控制

鲁棒控制描述了一个具有参数不确定性并限制未建模动力学的系统。与自适应控制不同，鲁棒控制需要在已知的控制结构下保持一定的性能指标。

3. 智能控制方法

（1）模糊控制

模糊控制器基于操作员的手动控制策略或基于设计人员知道的有关过程的模糊信息。

（2）神经网络控制

神经网络控制是具有可调连接权重的神经元或节点的集合，具有处理数据、学习非线性系统和提供近似值的能力。

（3）强化学习

当前深度强化学习领域的发展使神经网络成为可行的价值和策略函数逼近器。通过开发许多策略函数和参与者——批评者算法，该方法得到了扩展，这些算法允许 RL 代理为控制动作选择连续值，以解决复杂的连续控制任务。在强化学习控制方案中，输入参数可以是由机载传感器直接测量的数据，设计控制器的输出设置为矢量推进器的动作。

第8章

无人渔场系统集成

8.1 概述

无人渔场是在劳动力不进入的情况下,利用互联网技术、物联网技术、人工智能技术、大数据、云计算和5G通信等信息控制技术与水产养殖有关装备相互集成,完成所有生产作业的一种全新生产模式。由于无人渔场具有业务繁杂、系统复杂和设备庞杂等特点,因此无人渔场的建设不仅仅是简单实现各部分的功能,而是利用系统集成技术将每个原本分离的系统组成一个有效的整体,使其各部分之间能彼此有机和协调地工作。

所谓无人渔场系统集成,就是在横向不断整合各分离系统的基础上纵向持续深化的过程,既要满足技术标准匹配、技术接口完整、技术装备合理及工程造价经济的需求,又要使系统整体性能达到最优,在技术上具有先进性,在实现上具有可行性,在使用上具有灵活性,在发展上具有可扩展性。无人渔场系统集成包括基础设施、作业装备、测控装备和管控云平台系统集成,关键在于解决各系统之间的互联和互操作问题。然而,考虑到养殖环境的复杂性和相关行业标准的不完整性,无人渔场的系统集成具有一定困难,这就需要全面解决各类设备、系统间的接口、协议和配合等一切面向集成的问题。在系统集成的过程中应着重考虑设备的兼容性、系统的稳定性和信息的可靠性,将无人渔场每一部分有效地联系起来,实现全天候、全过程、全空间的无人化作业。

8.2 无人渔场系统集成的原则和步骤

8.2.1 无人渔场系统集成原则

无人渔场系统集成是一项综合性的系统工程,将基础设施系统、作业装备系统、测控装备系统和管控云平台系统有机地联系在一起,实现高效的无人化作业。无人渔场系统整体的运行效率取决于系统集成的水平,因此在系统集成的过程中遵循一定的原则显得尤为重要。

(1)实用性和经济性原则

实用性和经济性是无人渔场系统集成过程中首要考虑的问题。实用性是指无人渔场系统能够最大限度地满足实际生产过程中的需求,所涉及的设备都能在各个生产环节物尽其用。在实用性的基础上,要充分考虑农产品附加值相对较低和养殖户对信息化支付能力较差的现实状况,选取性价比较高的设备以减少硬件投资。

(2)先进性和成熟性原则

由于各种技术更新换代迅速,因此无人渔场系统集成要重点考虑先进性原则。在系统集成过程中要优先采用国内外先进的设备,保证在数年内不落后并能适应相关软件技术的发展。同时,要考虑先进设备和技术实际应用的可能性,选用相对成熟的技术,符合国际标准化的设备,确保设备的兼容性。

(3)安全性和可靠性原则

农业从业人员普遍缺乏数据安全意识,且农业相关数据传输方式简单,容易被非法获取。因此,无人渔场系统集成要重视网络系统和应用软件的安全性,防止非法用户越权使用系统资源。渔场内环境因素复杂多变,应利用先进成熟的技术使系统能够长期稳定地运行,即使出现故障也应具备及时、准确的自诊断能力,并保证相关数据不会因系统故障而丢失。

(4)开放性和可扩展性原则

无人渔场中的设备和软件产品的选择应遵循开放性原则,即涉及的设备和软件都应该具有良好的互联性、互通性和互操作性,保持良好的配合和一致性。此外,无人渔场系统应预留更多的接口,在保证系统正常运行的情况下可以根据实际的需求扩展更多的设备。

(5)标准性原则

无人渔场的系统集成应采用科学和标准化的指导和制约,使开发集成工作更加规范化、系统化和工程化,这有利于提高系统集成的质量。在系统集成过程中,应明确各个阶段的任务、实施步骤、实施要求、测试及验收标准、完成标志和交付文档,使其真正成为一个可以控制和管理的过程。

8.2.2　无人渔场系统集成步骤

无人渔场系统集成是一个庞大而复杂的系统工程,中间涉及很多环节,总体来说可分为方案设计、工程实施、测试和试运行 3 个阶段,每个阶段又分为若干步骤,如图 8-1 所示。无人渔场系统集成过程中,方案设计是需要首先完成的环节,通过实地调研,针对实际的需求进行方案设计,然后寻求相关领域专家的指导来反复论证方案可行性,避免工程实施过程中因前期方案设计不合理而引起的一系列问题。随后根据方案要求分别对基础设施、作业装备、测控装备和云平台系统进行集成,待系统整体集成后,试运行一段时间并测试系统各项参数是否达标,最终交付系统说明文档。

(一)方案设计

(1)需求分析

无人渔场系统集成要从需求出发,真正解决水产养殖过程中的痛点问题。通过实地

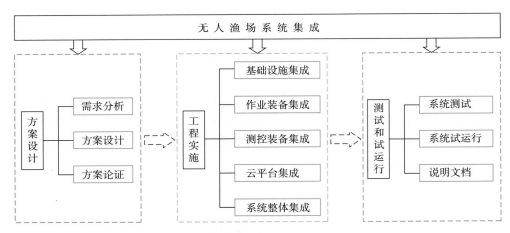

图 8-1　无人渔场系统集成步骤

调研、问卷调查和座谈会等方式深入了解养殖户的实际情况,包括养殖规模、养殖品种和投入产出比等。根据养殖户的实际情况进一步细化养殖过程中的需求,包括各养殖品种的生长环节、最优条件、智能养殖设备以及养殖中出现的各种问题等,最终将各种需求形成专业的文档。需求分析是系统设计之前的重要一步,只有迎合实际需求设计的方案才具有针对性和说服力,才能更容易被养殖户接受。

（2）方案设计

在需求分析的基础上,结合系统集成原则,确定系统设计方案,包括基础设施、作业装备、测控装备和管控云平台系统的软硬件选型和集成方法。

首先设计的应该是基础设施系统,根据养殖规模和投入情况,综合考虑地形条件、气候条件、水质条件、温度差异等问题,选择适合建设无人渔场的地址。然后利用 CAD、BIM 等软件,设计无人渔场的车间、仓库、电力、网络、管路及道路等基础设施,针对工厂化集约式养殖、池塘养殖、陆基工厂养殖和无人海洋牧场等不同养殖模式,综合考虑各种基础设施的规格、布局及成本等情况,建设性价比高的无人渔场基础设施。

根据基础设施的配置和布局情况,再结合无人渔场中的业务需求,选择相应的智能作业装备,应综合考虑智能作业装备的功能和价格,优先选用具有开放系统、性价比高的智能作业装备,确保所有的装备都可以接入到统一的平台中,并且能够满足无人渔场中的所有作业任务。

其次对测控装备系统部分进行设计,针对地区水质及其他环境因素,选择适合水产养殖水质环境的传感器,包括溶解氧、温度、pH、氨氮、亚硝酸盐及电导率等传感器,优先选择多参数集成传感器,另外还需考虑传感器的功耗和可靠性。利用水下相机、高光谱仪和遥感装备对鱼类进行监测,包括鱼的生长状态和行为等数据,综合考虑各种设备的准确性,结合设备的性价比及应用场景,选择相应功能的设备。

最后对管控云平台系统进行设计,无人渔场云平台应集成专家知识库、病害信息库、养殖信息库和商务信息库等相关数据库,还要能够对传感器采集的数据进行处理和分析,通过数据融合技术建立养殖对象生命体征与环境参数和行为之间的关系。并通过云平台连接其他系统,构成一个有机的整体,实现渔场无人化作业,保障无人渔场的智能化生产和长期稳定运行。

(3)方案论证

系统集成方案设计完成之后要请相关领域专家进行探讨,研究可行性及不足之处。

(二)工程实施

工程实施的具体内容会在应用篇中详细介绍,这里只说明各个步骤。

(1)基础设施系统集成

根据设计的方案,综合考虑各项基础设施建设性价比,结合现有条件选择最合适的位置建设无人渔场系统。

(2)作业装备集成

按照标准电压、信号传输方式和控制方式选择设备,要综合考虑成本和性能,利用物联网技术将设备集成到云平台中。

(3)测控设备集成

根据不同的检测参数,要选择标准接口和传输方式一致的传感器,或选择多参数集成、可靠性高的感知设备。

(4)云平台及网络建设

设计云平台系统界面和功能,建立无人渔场工作日志和数据库系统,并集成专家系统及人工智能算法。

(5)系统集成

利用相关技术将各个系统连接形成一个有机的整体。

(三)测试和试运行

(1)系统测试

测试各设备是否可以正常协调运行,并验证基础设施系统是否满足无人渔场的业务需求,最终测试云平台和各设备的互联性。

(2)系统试运行

系统测试完成后,让所有设备正常运行,检查各个环节是否协调运行,并验证系统稳定性和可靠性。

(3)系统说明文档

根据试运行结果,生成系统操作及运行情况等说明文档。

8.3　无人渔场系统集成方法

无人渔场系统集成不是简单的实现功能化集成,它涉及无人渔场系统的各个部分,是保障全天候、全过程、全空间无人作业的基础。根据基础设施、作业装备、测控装备和管控云平台系统的组成和功能,无人渔场系统集成以"单元集成基础上的总体集成"为原则,在完成各个系统内部集成的基础上实现总体集成目标。

8.3.1 基础设施系统集成

(一)基础设施集成需求

基础设施是无人渔场正常运行的保障。基础设施集成受无人渔场养殖规模的制约,应首先根据预期养殖规模进行基础设施集成的方案设计,确定基础设施建设情况。然后根据选址处的地理条件和无人渔场的作业需求统筹考虑基础设施建设。基础设施由自然条件和人工建设设施组成。

自然条件是指地区水质、温湿度和环境质量等与渔业生产相关的自然条件。在进行实地调研后,应根据当地近年来的天气、水质和地质条件,确定渔场的选址和适宜的养殖种类。自然条件是无人渔场选址的要素,选择最适宜养殖对象生长的位置作为选址地点,可以减少通过设备调控养殖环境的花费。

人工建设设施主要是人工建设用于渔业生产的基础设施。集成人工建设设施首先要考虑是否支撑无人渔场所有设备运行,另外要考虑经济性和可扩充性。人工建设设施主要包括以下几种。

(1)车间建设

根据无人渔场的养殖规模和种类建设数量和面积合适的养殖车间,同时车间内部建设应满足作业装备和测控装备的工作需求。

(2)仓库建设

仓库的数量、大小和位置应根据渔场的规模和养殖车间的分布情况来具体确定。另外,仓库建设还要考虑通风、散热、防火等条件。

(3)网络建设

作业和测控装备与云平台之间的信息交互依赖于有线或无线网络来传输数据,因此无人渔场内的网络建设要综合考虑网络传输速度、稳定性及最大传输能力等条件。

(4)电力建设

无人渔场内的装备大多需要电力来提供能量,且供电方式存在差异,故而在电力建设的过程中要统筹考虑所有用电设备的供电方式,并综合考虑电力总功率及线路布局等情况。

(5)传感器节点建设

无人渔场传感器需要放置在不同的位置,根据传感器的应用范围和监测对象,综合考虑测控系统监测的可靠性,布置各个传感器节点。

总之,集成基础设施需要考虑无人渔场的规模是否能够全面支撑其他智能装备运行,在满足以上条件的情况下,考虑集成基础设施建设以及日后进行改进的经济性。

(二)基础设施集成方法

无人渔场基础设施集成的主要目标是满足作业装备、测控装备和管控云平台的运行,同时还要尽量降低建设成本。因此,基础设施的集成主要涉及模拟仿真以及布局、花费优化计算等问题。目前,许多软件应用于工程的前期设计和仿真上,例如计算机辅助设计(computer aided design,CAD)和建筑信息模型(building information modeling,BIM)。这些软件为前期的工程设计提供了便利,并且可以通过模型仿真对设计进行优化,有效地提高了工作效率,还避免了施工期间因设计缺陷进行返工导致的资源和成本的浪费。其中,BIM 因其在工程实施各个阶段的普遍适用性受到了广泛的关注。在工程设计初期,BIM 打破了各专业间的壁垒,允许不同专业的设计人员通过网络同时进行科学合理的设计,并且与各种软件具有兼容性,在设计的中后期使工程设计以及管线的排布等工作更加有序合理。在实际施工前,BIM 可以模拟施工过程中可能发生的各种情况,可以提前掌握施工重点以及难点,预估可能出现的问题与风险,提前制订应对措施,从而寻求更为优质的施工技术方案,保证施工质量和安全,减少各类安全事故的发生,避免经济遭受损失。施工完成后,BIM 还可以通过分析大量的数据来实时监测各设备的运行状态。

BIM 在其他工程建设中的成功应用,为无人渔场基础设施集成提供了一种可行的思路。无人渔场基础设施的集成涉及自动化、网络、电力、建筑等行业,这就需要各个行业的专业人员同时开展设计工作,而 BIM 恰恰具备这一条件,因此选择 BIM 对无人渔场基础设施集成进行前期工程设计,并通过相关模型的计算和优化来得到最优的设计方案。在具体施工之前,通过 BIM 构建出无人渔场基础设施的三维结构,然后统筹考虑各方面的影响因素对基础设施的布局进行优化,使其可以更好地支撑作业装备和测控装备工作。在无人渔场运行阶段,可以通过 BIM 统计分析各类数据,经云平台计算后实现对各设备的最优调度。

8.3.2　作业装备系统集成

(一)作业装备集成需求

无人渔场中的作业装备起到替换人力的作用。无人渔场中有许多作业任务,如自动投喂、自动增氧、死鱼捡拾、剩饵捡拾、自动收获和质量分级等工作,这就需要不同的装备来完成各自的任务。由于无人渔场需要的作业装备多而杂,因此在集成过程中要重点考虑以下因素。

(1)功能是否齐全

养殖过程中需要人力的地方很多,如果想要在养殖的每一个阶段真正做到"机器换人",那就要求作业装备系统集成要覆盖整个渔场的业务范围,确保所有的工作都有对应的作业装备去完成。同时,还要考虑同一种作业装备是否具有执行多种作业任务的能力,例如运送饵料的车可以通过更换车厢作为垃圾车或者收获车使用,这样就会在保证功能齐全的前提下提高了作业装备的性价比,降低了作业装备系统集成的整体预算。

(2)作业是否智能

无人渔场中作业装备的智能化主要体现在自主作业和协同作业方面,这就依赖于物联网技术和智能算法。作业装备通过物联网技术联系起来,在接收到云平台发送的指令后执行相应的任务。然而,无人渔场中的工作业务往往需要多个作业装备协同完成,例如在成鱼收货时,需要吸鱼泵和分鱼机的协同工作,这就需要智能控制算法对作业装备协调控制,使它们协同完成作业任务。此外,考虑到作业装备的实际工作环境以及自身使用寿命的限制,需要智能算法对无人渔场中的作业装备进行实时的故障监测和诊断,及时预警并作出处理,避免造成经济损失。

(3)参数是否统一

无人渔场中的工作业务范围广,单个作业装备很难完成所有的作业任务,这就需要多个作业装备协同完成无人渔场中所有的作业任务。由于不同类型的作业装备出自不同的生产厂商,因此作业装备的某些参数存在差异性,容易造成设备之间不兼容和系统不稳定等问题。

综上所述,无人渔场作业装备系统集成是赋予作业装备一定的"思想"和"智慧",使其可以自主、协同地完成渔场内的生产作业任务。在作业装备集成的过程中应考虑设备体积大小、供电电压和能耗功率等问题是否能够在现有基础设施条件下正常工作,同时还要考虑设备接口、控制方式和数据传输方式的统一,避免出现因设备不兼容影响系统稳定性的问题。此外,要特别注意作业装备在水产养殖车间高湿环境内工作的可靠性,实时监测各设备的工况并做到及时预警和应急处置。

(二)作业装备集成方法

无人渔场作业装备系统集成的目标是让作业装备"开口说话",让养殖设备具有信息处理和交互的能力。物联网技术是新一代信息技术的重要组成部分,是实现物与物、人与物相连的重要技术。近年来,物联网技术在各行业都得到了广泛的应用,对各行业效率和效益的提升起到了关键的作用,尤其在促进农业现代化进程中的作用更加明显。物联网技术与我国智慧农业发展的联系愈加紧密,很多学者致力于农业物联网技术的研究。中国农业大学杜尚丰教授设计了基于物联网的智能温室调控系统,成功集成并控制了温室中加热、加湿、通风、补光和 CO_2 补给设备,实现了高可靠和低延迟的温室参数智能调控,这为无人渔场中作业装备系统的集成提供了借鉴。无人渔场作业装备系统的集成是将用于渔业生产作业的养殖设备通过物联网技术实现互联互通,在云平台的管控下进行自主和协同作业。M2M(machine to machine)是一种数据通信技术,侧重于末端设备的互联和集控管理,通过将 M2M 硬件集成到无人渔场的每台作业装备中,可以实现各个作业装备数据互联。

无人渔场作业装备系统集成的实质是实现对人工作业的替换。渔场内作业任务繁杂,通常需要不同的作业装备去完成相应的工作任务,而作业装备不可能出自同一家生产厂商,因此存在作业装备之间参数差异的问题。在进行作业装备系统集成时,在条件允许的情况下尽量考虑选择同一家生产厂商定制设备,这在一定程度上会避免设备之间参数差异的问题。同时,不同设备间由于作业任务的区别很难做到工作电压、工作电流和数据接口一致,难免会出现设备难以与系统匹配或渔业基础设施不足以支撑设备运行等情况。

故而,在前期设计无人渔场系统集成方案时,应在一定的标准下对作业装备进行选型,即使做不到各种参数都一致,但也要尽可能降低因参数差异带来的集成难度,保证各作业装备能在基础设施支撑的范围之内正常工作。此外,无人渔场中的有些工作常常需要多种作业装备协同完成,这不仅仅要求每台作业装备可以接入物联网并可靠受控,还要求云平台对多台作业装备进行系统控制。目前,在多个机器人协同控制研究中,一致性算法是核心的研究方向。一致性算法的思想是把相邻个体之间的行为差异当作反馈控制数据,进而对单体机器人的行为进行调控。李灿灿研究了适用于动态拓扑通信以及网络延时的一致性算法协同控制多机器人系统,成功应用于飞行机器人旋转编队协同飞行。无人渔场中需要作业装备协同运行完成作业,一致性算法为无人渔场中的移动设备协同控制提供了技术支撑。因此,可以考虑使用一致性算法对无人渔场中作业装备系统进行协调控制,保障各个装备之间协调工作。

另外,考虑到作业装备需要在渔场高湿的环境中自主作业,因此,为了保证作业装备长久稳定的运行,需要对作业装备进行智能诊断以判断是否出现故障。目前,基于神经网络、模糊数学和故障树的人工智能模型常用于设备故障诊断的应用中。因此,选择适用于无人渔场作业装备系统集成的模型算法有利于实时监测作业装备的工况,以便在某一设备出现故障时及时预警并作出处置,实现作业装备系统故障的智能诊断和决策。

总之,对于作业装备的集成,首先要对作业装备的技术、参数标准做到统一,其次利用物联网技术将所有的装备接入到云平台,再次通过智能算法控制作业装备运行,最后还需要加入智能诊断算法监控装备是否发生故障。这些联合在一起,才能达到作业装备集成并稳定控制的要求,实现渔场无人化作业的目标。

8.3.3 测控装备系统集成

(一)测控装备集成需求

测控装备系统是无人渔场的"感官"系统,为无人渔场状态提供关键信息支撑。测控装备系统包括数据测量系统和装备控制系统 2 个部分。其中,数据测量系统是指用于感知渔业环境的传感检测设备,装备控制系统是指接收到控制指令后对作业端快速作出响应的控制系统。测控装备系统作为无人渔场的"感官",需要全面掌握渔场内水质环境、设备工况及水产品生长状况等。测控装备集成需要注意以下问题。

(1)设备参数统一

测控装备的选型应符合无人渔场实际的应用,在数据传输接口、数据传输方式、控制方式及装备供电方式等方面尽量保持一致或便于控制更改。

(2)设备抗干扰

不同测控装备的应用环境具有差异性,但都或多或少面临环境因素的干扰,如水下环境易导致传感器腐蚀、生物附着污染问题。因此,在测控装备集成的过程中,适当地应用抗干扰技术来保证系统的稳定性。

（3）设备低功耗

由于无人渔场内的复杂环境,有些测控装备不便于通过线路供电,这就需要考虑设备的能耗问题,同时还需要考虑电力成本。测控装备尽量选取低功耗的设备并且在集成过程中利用相关低功耗技术把功耗降到最低。

因此,不同的测控装备集成需要做到各种参数相统一,优先选择低功耗设备,并适用于无人渔场的复杂环境。

（二）测控装备集成方法

无人渔场中测控装备集成的目标是接口统一、低功耗以及适用于渔业环境,实现渔场内各种参数的实时监测和控制。传感器是无人渔场中关键的测控装备,用来获取水质参数和设备工况信息。针对传感器的集成,主要涉及多参数、微型化、低功耗和智能化方面。多参数传感器是利用集成电路技术和多功能传感器阵列技术,将多种参数传感测量集成到一块电路板上,有效减小传感器的体积。渔业环境中的水质参数具有相关性,多参数传感器会通过检测部分数据然后对其他数据进行软测量。例如养殖水体的溶解氧、pH、温度、氨氮、电导率等,这些参数并不是相互独立的,pH、温度的大小可能会影响氨氮含量的检测。故而,利用嵌入式技术、总线技术、IEEE1451.2标准等研究多参数传感器实现渔业环境中水质参数的同时检测,对减小传感器体积、降低成本具有重要意义。近年来,纳米材料、集成电路和微机械加工(MEMS)等技术在水质参数传感器的研究中得到了广泛应用。已有研究人员利用纳米材料特殊的物理和化学性质,采用集成电路和MEMS技术将传感器芯片进一步微型化。无人渔场要求传感器集成度高且功耗低,因此,可以考虑使用微型传感器技术结合多参数传感器集成技术,将各类传感器芯片及电路做到微型化,各种传感器和电路集成到一个芯片上,实现多参数传感器集成和低功耗的要求。另外,考虑到渔业环境的复杂性,在微型多参数传感器设计的基础上,应用边缘计算技术实现传感器故障的自诊断,保证传感器数据的可靠性。

此外,还有基于机器视觉技术的感知技术。目前,已经有许多学者研究机器视觉对水产品行为识别以研究其生长状态。机器视觉技术通过图像增强、图像分割、图像特征提取及图像目标识别等步骤即可完成对目标对象的监测。另外,利用机器视觉技术结合机器学习算法检测目标对象的各种行为是当前的研究热点,通过一个摄像机来获取养殖对象的特定或异常行为即可了解其是否需要进食和养殖水质是否异常等情况。这种感知设备,可以大大提高无人渔场的工作效率、判断养殖对象的实时状态,在无人渔场中会有广泛的应用前景。

8.3.4　管控云平台系统集成

（一）管控云平台集成需求

管控云平台是无人渔场的"大脑",是大数据与云计算技术、人工智能技术与智能装备技术的集成系统。无人渔场管控云平台通过大数据技术完成各种信息、数据、知识的处理、存储和分析,通过人工智能技术完成数据智能识别、学习、推理和决策,最终完成各种作业指令的下达。此外,云平台系统还具备各种终端的可视化展示、用户管理和安全管理等功能,养殖户可以通过客户端对无人渔场进行远程控制。目前,云平台集成主要存在以下问题。

(1)信息孤岛问题

云平台需要将各个子系统的信息调用,实现对各个子系统的自动化与信息化监控,但是他们之间没有信息互联的纽带,无法实现信息共享和自动协调操作,这会造成信息以子系统为中心的信息孤岛问题。

(2)人为干预问题

信息孤岛造成信息不通畅,各个系统之间不能协调作业,这就需要人为操作使子系统间协调工作,进而增加了劳动量且无法实现无人渔场的无人化作业。并且还会出现反应滞后现象,如出现紧急情况还需经过人为操作后才能进行应急处理。

(3)信息闭塞问题

各个子系统之间无法协调运行,造成各个系统的数据以各自不统一的格式散落在服务器上,且子系统之间数据更新不同步,导致针对各个子系统的关联规律分析存在困难。

造成这些问题的根源就是子系统之间的信息孤岛问题,而云平台系统集成就是为了解决不同系统之间相互连接所造成的信息孤岛问题。

(二)管控云平台集成方法

无人渔场管控云平台集成的目标就是解决各系统之间存在信息孤岛的问题,将各个系统组成一个有机的整体,实现无人渔场的智能化决策与管理。目前,M2M、面向服务架构(service-oriented architecture,SOA)、企业应用集成(enterprise application integration,EAI)、云计算等技术是信息系统集成的常用工具,具有整合各个子系统的能力,以消除信息孤岛,实现各系统间的互联互通。

M2M 技术是指机器与机器、网络与机器之间通过互相通信与控制达到互相之间协同运行与最佳适配的技术。M2M 系统包括通信网络、智能管理系统、通信模块及终端,通过管理平台,可以实现大量智能机器互联,各个子系统中的数据集中、融合、协同以实现信息的有效利用。M2M 技术是物联网中重要的数据传输手段,很多研究人员通过将M2M 硬件嵌入农业装备中实现了终端设备与云平台的连接。因此,无人渔场中各子系统的设备和设施可以通过 M2M 硬件进行组网接入云平台。SOA 是一种组建模型,它可以将应用程序的不同功能单元进行拆分,并通过这些功能单元之间定义良好的接口和协议联系起来,使得构件在各种各样的系统中的服务可以以一种统一和通用的方式进行交互。SOA 技术在农业信息系统的集成中得到了广泛应用,成功应用的案例为无人渔场云平台信息系统的集成提供了借鉴。因此,基于 SOA 技术将无人渔场中的各个子系统整合到统一的云平台,通过云平台调用所有的信息,统一对所有的信息进行处理,给出正确的工作指令,保障无人渔场有效运行。EAI 是将基于不同平台和方案建立的异构系统进行集成的技术。EAI 可以建立底层结构,这种结构贯穿所有的异构系统、应用和数据源等,实现系统整体及其他重要的内部系统之间无缝地共享和交换数据。因此,无人渔场中各个子系统可以通过 EAI 实现应用集成,解决数据不共享、不交换的问题。

云计算是近些年来研究比较多的一个技术,它是分布式计算的一种,指的是通过网络"云"将巨大的数据计算处理程序分解成无数个小程序,然后,通过多部服务器组成的系统进行处理和分析,最后将这些小程序得到的结果返回给用户。云计算具有较高的灵活性、可扩展性和高性价比特点,它可以按需部署,根据用户的需求快速配备计算能力及资源,它在无人渔场信息化建设和发展中具有重要的作用。毕士鑫等借助云计算技术,通过构建业务云、公共云和支撑云的方式,针对分散在不同部门、地区的信息资源进行系统的筛选和整合,进而提高信息资源整合的工作效率和质量。云计算可以解决无人渔场信息孤岛和数据调动问题,构建公共云和支撑云的各种系统,借助云计算技术,按照需求调动各个系统的数据,快速处理数据,使云平台快速、精准地发出指令。

无人渔场云平台系统集成就是集成各个子系统,解决它们之间的信息孤岛问题。前述的相关技术都可以用于解决信息孤岛问题,为云平台集成提供了思路。云平台中还要加入人工智能算法,实现无人渔场云平台的智能运算,保证决策的准确性。此外,远程控制技术也是云平台的核心,保证云平台对作业装备系统中各个设备的精准控制。

第三篇
应　用

第 9 章

无人池塘

9.1 概述

无人池塘的发展目标是智能装备与机器人深度参与农业生产全过程,逐步替代人力,并参与决策管理。根据机器人参与深度的不同,无人池塘可以划分为远程控制、无人值守和自主作业 3 个阶段形态的无人池塘。远程控制是无人池塘的初级阶段,该阶段通过对智能装备与机器人等远程控制,实现池塘养殖的无人化作业,其特点是不需要人到现场劳作池塘,但需要人工远程操作、参与决策与控制;无人值守是无人池塘的中级阶段,该阶段无须专人 24 h 在远程监控室里对作业装备进行远程操作,其特点是作业装备可以自主巡航作业,但仍需要人参与计划,并负责指令的下达与生产的决策;自主作业是无人池塘的高级阶段,该阶段池塘通过云管控平台对池塘所有作业进行决策与管理,全程无须人的参与,由装备自主完成所有农场业务。

9.1.1 无人池塘养殖定义

无人池塘是在劳动力不进入池塘的情况下,采用物联网、大数据、人工智能、5G、机器人等新一代信息技术,通过对池塘设施、装备、机械等远程控制或智能装备与机器人的自主决策、自主作业,完成从巡检、增氧、投饵、日常管理直至收获的全部作业流程,无人池塘的本质是实现机器替换人工。无人池塘的基本原理是通过物联网技术,获取各种环境数据、装备数据,以及养殖的鱼、虾、蟹等水产数据,把这些数据通过无线传输到云平台上,在云平台上进行决策、处理,通过云计算技术进行分析后反馈给各个执行装备,然后对执行装备,比如投饵机、增氧机、巡检的机器人或者无人车进行控制,实现对人工作业的完全替代,或是自主作业。无人池塘是新一代信息技术、智能装备技术与先进种养殖工艺深度融合的产物,是对农业劳动力的彻底解放,代表着农业生产力最先进的水平。全天候、全过程、全空间的无人化作业是无人池塘的基本特征,本质就是利用现代智能装备代替劳动力的所有作业如图 9-1 所示。

无人池塘是指集数字化、智能化于一体的无人池塘养殖,主要通过多功能无人船、无人机、机器人、自动增氧机、智能投饵机等机械完成水产养殖鱼苗的孵化、育苗、幼鱼、成鱼养殖、循环水、精准饲喂、水质检测、清污、分池、防疫、分级出售的全流程。池塘无人化主

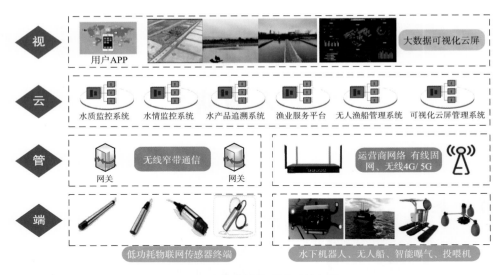

图 9-1　无人池塘物联网系统框图

要体现在以下方面:无人池塘通过自动增氧和水处理装备自主调控养殖水体环境,保证鱼、虾、蟹、贝等生长在最佳环境下;通过无人运输船和装载机器人开展库房与养殖间运输与饲料仓自主加注作业,并提供自主饲喂设备,实现鱼、虾、蟹、贝的精准自动饲喂;通过无人机、无人船、水下机器人等实现养殖现场的巡检;通过智能吸鱼泵、分鱼器、捕鱼船等装置实现鱼、虾、蟹、贝类的收获;通过水下机器人实现死鱼捡拾、网衣巡检、鱼类生长监测、网衣清洗等智能作业。如图 9-2 所示。

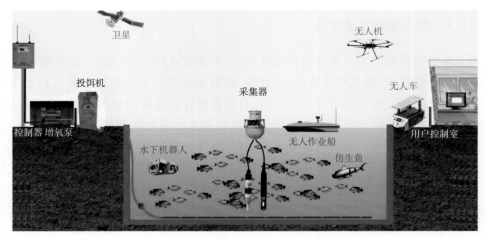

图 9-2　无人池塘运行效果图

9.1.2　无人池塘养殖的组成与特点

不同场景无人池塘的具体表现形式不同,但无人池塘基本是由基础设施系统、作业装备系统、测控系统和管控云平台系统等组成。无人池塘四大系统各司其职,又相互联系、协同运行,共同完成无人池塘智能生产和管理等任务,共同保障整个无人池塘的正常运行。无人池塘四大系统组成如图 9-3 所示。

图 9-3　无人池塘四大系统

(1)无人池塘的基础设施系统

无人池塘的基础设施系统通常包括厂房、道路、排风、水、电、仓库、车库、通信节点和传感器安装节点等基础条件,是无人池塘的基础物理构架,为池塘无人化作业提供了工作环境保障。基础设施系统为无人池塘作业装备系统、测控系统和管控云平台系统提供了基础工作条件和环境,是整个无人池塘运行的基础。无人池塘养殖的基础设施系统主要包括:工程化池塘改造(护坡加固、池底构型、集排污提升装置、防渗设施)、生态湿地(物理过滤、生物过滤)、无人车道路、电力设施和管线、通信基站、库房、管理房、沟渠管网、集中水处理设施等。

为实现无人池塘的标准化生产和仪器设备有依托,在实际的施工过程应该满足一定的要求。池塘的土方工程建造:每个池塘塘口高于路面 20 cm,并压实处理;池塘进行护坡构型,并压实处理;有条件进一步对塘底护坡末端做支护和集水区,方便集中置换下层池塘水体进池塘的集污暗井;从塘围经护坡到塘底四周铺设土工布,进一步固定土方,防止水土流失造成水体浑浊;应在每个池塘靠近沟渠一侧设置管理台,预埋电、网、照明线路,管理台后续可以放置控制箱、投喂机、增氧机以及停靠无人车;在每个池塘远离管理台一侧,做集污暗井相连。道路建造:需要在靠近池塘停靠台一侧修筑有一定承载基础的硬化轨道路面,便于无人车轨道系统铺设和无人车载重运转需要。配套水电工程建造:沿池塘管理台一侧设置线杆或线缆槽,对外隔离并输送电和网络到池塘管理台,供管理台设备供电、通信、无人车信号系统使用,同时为生产区照明和管理提供电能和通信网络。管理用房建造:构建满足仓储、机车库、处置间、通信站、电力站、参观接待室、休息管理室等功能的房间,对准池塘侧均设置为透明玻璃,方便展示和参观。景观工程建造:补水沟渠以及道路两侧进行景观整理,铺设渗水砖或定植花草,进行沟渠整体景观补充和提升;对池塘四周景观树木或花果树进行互补调整,以整体美观、不遮挡视线为主。

(2)无人池塘的测控系统

无人池塘的测控系统是指无人池塘信息的智能感知系统和装置、设备的智能控制系统,是无人池塘关键信息的数据来源,主要由"测"和"控"两部分组成。无人池塘的测控系统主要包括各种传感器、信息采集器、控制器、摄像装置、定位导航装置、无线传输模块和机器视觉分析(残饵检测、行为分析、食欲分析、疾病预警、远程诊断)等,通过对无人池塘内的环境信息进行实时监测和数据通信,从而实现装备端的精准自主作业控制。

(3)无人池塘的作业装备系统

无人池塘的作业装备系统是生产和管理过程中使用的设备和装置的统称,根据作业任务特点分为固定装备、移动作业装备和移动机器人装备。无人池塘的固定装备主要包括增氧机、投饵机、水泵、微滤机、生物过滤装备、曝气装备和杀菌消毒装备等。主要特点:使用频次高、寿命长、可以智能化控制。固定装备是进行水产养殖作业的执行系统,完成水质监测、处理、饲喂、生产等工作,有效代替人工作业。移动作业装备主要是指鱼苗自动化分级分池机、自动化疫苗注射仪,饵料自动补给机器人、清污机器人、无人运输车、无人机、无人车和无人驳船等。主要特点:使用频次低、流动性大,用于某一固定阶段。移动设备依赖于基础设施的建设,与固定设备相配合,执行云平台所下达的指令,实现对人工作业的替换。

(4)管控云平台系统

云平台系统是智能化、无人化、自动化的中枢神经系统,相当于大脑,对获取的信息进行处理,做出决策,并将重要信息储存至云端。它控制作业装备的统一调动和协同作业,对无人渔场养殖状况实时反馈,是全面替换人工管理生产的关键。客户端软件是用于手机、手持设备的软件,主要便于操作。无人池塘云平台系统能够进行无人池塘各种信息和数据的存储、学习,进行数据处理、推理、决策的云端计算,以及有效信息的挖掘和各种作业指令、命令的下达,并建立可视化模型。

无人池塘四大系统的角色、结构和功能各不相同,但进行无人池塘作业时,四大系统之间互相密切配合,形成完整的无人池塘生态系统。无人池塘四大系统协调统一,协同运行,系统工作,共同完成无人池塘生产和管理工作,实现无人池塘机器对人工作业的替换。

9.2　无人池塘养殖主要业务系统

我国在广州南沙进行了无人池塘养殖模式的初步探索与实践,其业务系统主要包括养殖对象的行为监测、智能增氧和投饵、循环水处理、渔场巡检以及智能收获等。目前,无人池塘按照特定模式已经开始初步运行。整个生产系统的现场照片如图 9-4 所示。

图 9-4　广州南沙无人池塘现场示意图

9.2.1　无人池塘行为监测系统

养殖对象的行为监测对养殖对象的健康成长和水体环境安全的实时监测至关重要。养殖对象的行为监测主要包括摄食行为、繁殖行为、攻击行为和应激行为等。一方面,在池塘型无人渔场中,通过在水下布置水质传感器和摄像头等设备,建立水下立体视觉监测系统,基于机器视觉技术对养殖对象行为动态变化进行有效监测。另一方面,仿生机器鱼自身搭载水下照明灯和水下相机,可以实时监测养殖对象摄食行为、繁殖行为及其生活习性等,并将图片和视频上传至云平台,为养殖对象的行为监测和健康评估提供数据来源。例如,通过摄像机获取养殖对象的摄食情况和饵料残渣等,并结合环境信息对养殖对象的摄食规律进行监测,然后基于机器视觉技术进行相关分析,为智能投喂模型建立提供数据基础。此外,仿生机器鱼搭载声呐等水下声学系统,实现养殖对象的实时追踪。养殖对象群体的行为监测,为其健康成长监控和异常行为预警提供了一种有效的方法。

9.2.2 无人池塘智能增氧系统

溶解氧为养殖对象提供了生存和生长所必需的氧气,是水产养殖中最关键的水质参数之一。因此,养殖水体中溶解氧的有效监测对养殖对象的健康成长具有重要的现实意义。无人渔场中的智能增氧系统主要功能是溶解氧的自动监测和联动预测控制。结合智能增氧模型,能够根据实际需求自动调节溶解氧含量,防止养殖对象缺氧,改善无人渔场养殖水质环境,减少养殖对象疾病的发生,节约用电成本,降低风险,促进增产增收等。

在池塘型无人渔场中,采用更高效的微纳米曝气系统,利于氧分子在水中长时间停留,长久保持水体氧高含量。同时设置了二级气源方式:第一级是应对一般增氧需要采用罗茨鼓风机作气源,配合微孔曝气管网,进行水体增氧;第二级是空气制氧机,可以将空气富集成 95% 以上的空气纯氧,配合微孔曝气管网进行应急增氧,加强养殖的稳定性,降低恶性减产情况出现。

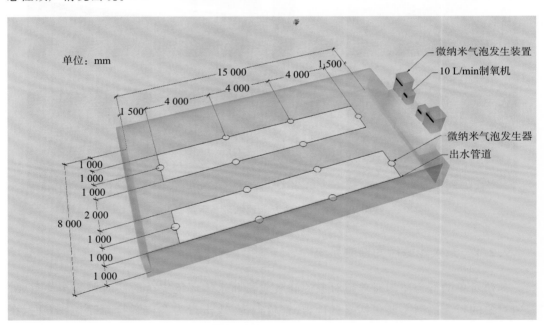

图 9-5　广州南沙无人池塘微曝气系统示意图

9.2.3 无人池塘智能投饵系统

无人池塘养殖种类多,不同的养殖对象饵料种类和摄食量不同。因此,根据养殖对象不同生长阶段的营养需求,结合不同养殖对象的大小与外界环境的关系,建立了不同养殖对象的智能投喂模型,实现科学按时、按需投喂。无人池塘中投喂系统主要包括固定式风送投饵站、移动式无人船投饵机和无人机投饵机,其中,无人车可以实现饵料的自主运输和补充。

根据养殖模式不同,针对性地设置投喂系统,如果是水体多层利用模式,采用集中喷射式投饵机进行投喂;如果是推水或跑道式养殖模式,采用统一料仓,气浮式管网投喂,投喂策略综合水质、生物量、行为、营养,进行精准投喂,不浪费饵料,减少残饵发酵造成水体恶化。同时根据作业特点,可以扩展出无人机定塘、定区域投饵,采用国产的无人机系统搭载投饵机设备定时定量到定点池塘上料,进行环池塘投喂作业,实现精准区域的投喂。无人船可以搭载自动投饵设备,与投饵无人机配合,对穴居领地水生物品类,结合智能投喂模型,共同实现池塘养殖精准化投喂,减少饲料浪费,保证养殖对象健康成长,从而实现无人化智能投喂、科学养殖。如图 9-6 所示。

（a）集中喷射式投饵机

（b）风送投饵机示意图

图 9-6　投饵机

9.2.4　无人池塘循环水处理系统

循环水处理是指利用过滤沉淀和生化反应的方法,实现养殖水体的处理和净化,养殖尾水都不排出,经过生态湿地循环处理后继续循环使用。

池塘型无人渔场建设有三级水处理系统。第一级是在养殖设施中实现上层杂物和底层养殖污废的收集和集中处理,固液分离后的固废进行蚯蚓和红虫的培养,后续用于鱼蟹等开口饵料和饲料代蛋白;处理后的液肥流入漂浮种植架种植水生蔬菜。第二级是池塘内独立进排水造流,实现大水体对流和调水,利用水藻生态互补,实现外养殖调水环境的稳定和净化。第三级是整个养殖区域汇流尾水经过生态湿地系统,主要包括 2 级初级沉淀,1 级氧化生态沟渠,形成潜流湿地,5 级生化处理池,多次过滤的养殖尾水经过多级鱼-藻-生物滤池过滤,尾水完全达到生态标准进入再生水储存池,并通过风车提水回到池塘供水系统循环利用。

9.2.5　无人池塘巡检系统

无人池塘水体环境变化快,养殖模式多,养殖密度大,渔场的外部环境和水质影响养殖对象的健康成长。因此,需要借助空天地一体化生态资源和生物监测技术等对无人渔场进行巡检,实现养殖生态环境的实时监测和水生物最优生长调控。无人渔场巡检装备包括无人机、无人船和水下机器人等。

无人机搭载可见光和多光谱相机,集中在车库备降,自主充电,按云端制定的工作策略实施定点池塘巡视或指定路线巡视,同时肩负电子围挡巡视和电子警察安防功能。利用多光谱相机进行大水面水质反演,实时监测赤潮污染或突发水质恶化情况。巡检无人机搭载强大的数据处理模块,具有自主起降、集中飞控管理功能和现场遥控飞控功能,便于线上或现场进行无人机控制,并结合机器视觉技术,实时获取池塘的环境信息,实现池塘大水面环境生态信息的全方位感知,如图 9-7 所示。

图 9-7　巡检无人机示意图

无人船可以解决大水体水面上巡视作业的困难,无人船可以携带大量的仪器设备,如传感器、声呐、摄像机等,能够全方位巡视和作业,定向释放传感器或摄像头进行探测和侦测,实现塘面无死角的无人化作业。此外,巡检无人船通过 5G 等无线通信传输技术实现池塘环境立体信息大带宽可靠传输。巡检无人船由无人驾驶机动船、环境生态监控系统和远程监控服务平台 3 部分组成,能够实现池塘的水体环境探测和生物量检测。无人机、无人船作业如图 9-8 所示。

水下机器人指的是仿生机器鱼,可实现池塘养殖水下环境的自主巡检和立体监测。仿生机器鱼可以搭载光学系统、声学系统和传感器系统进行池塘三维场分布数据、沟渠管网埋深数据、水质参数和池塘鱼群分布等信息的实时获取,此外,仿生机器鱼还能够进行死鱼的识别、循环水等设备的全天候巡视以及养殖对象图片与视频拍摄等,如图 9-9 所示。

(a)巡检无人船示意图　　　　　　　(b)无人机、无人船作业现场图

图 9-8　无人机、无人船作业

图 9-9　无人渔场中仿生机器鱼

9.2.6　无人池塘智能收获系统

生态池塘水面较大,同时养殖密度较大,采收要求也不同。对于设施型网箱,通过设施上固定缆索进行拉动,将鱼积聚在一定区域,通过预留位置,与岸基无人车牵引的吸鱼泵分级分拣设备连同,进行集中吸收和分级分拣。对于混养型池塘,通过坡堤立柱、搭载电动拉网机,按需要自动分区或分层成鱼的拉网聚集,并通过岸边的吸鱼泵、分鱼机以及无人运输车完成集中吸收和分级分拣。

具体集中吸收和分级分拣流程为:设施固定钢索或者岸堤牵引装置带动拖网收拢积聚;吸鱼泵通过吸鱼管道将鱼吸上分离口,通过传送带进入分鱼机,将不同规格、不同种类的鱼进行分类、分级后送入无人运输车中不同的鱼舱;完成收获后,设施固定钢索或者堤岸牵引装置自动恢复到初始状态,最后由无人运输车将鱼送入综合处理中心。

9.3 无人池塘养殖系统集成

农牧业信息化是现代农业发展的必然趋势,大力发展数字化渔业有利于推进我国农业信息化建设的步伐,提高我国农业生产的现代化水平。池塘养殖作为我国水产养殖业的重要组成部分,发展无人池塘养殖模式势在必行。无人池塘的基本原理是通过物联网技术,获取各种环境数据、装备数据,以及养殖的鱼、虾、蟹等动物的数据,把这些数据通过无线传输到云平台上,在云平台上进行计算,然后对执行装备,比如投饵机、增氧机、巡检的机器人或者无人车进行控制,实现对人工作业的完全替代,或是自主作业。

相对于传统的池塘养殖,无人池塘养殖系统的建设成本相对更高,因此其设计要求单产实现最大化,在降低成本的同时又需保持系统的稳定性。无人池塘的各个子系统均有多种技术工艺可供选择,所配套的组件取决于养殖密度、投饵量、养殖品种对水质要求、养殖场所地形与基础设施、管理经验等因素。

9.3.1 规划与建设

2019 年,经国务院同意,农业农村部等 10 部委印发《关于加快推进水产养殖业绿色发展的若干意见》。这是新中国成立以来第一个经国务院同意的、专门针对水产养殖业的指导性文件。其中,提高养殖设施和装备水平、推进智慧水产养殖、开展数字渔业示范等举措被重点提及。

中国水产养殖业转型升级已在弦上,工业化、集约化则是未来的大趋势,但也面临着不少的挑战,包括设施优化、水资源利用、自动化与智能化管控、尾水处理等问题,有效解决这些问题才能保证整个行业的良性发展。目前主要建设区域有长江中下游、珠三角、黄河、海河、松花江、辽河流域以及沿海地区等,应用较多的模式包括复合人工湿地尾水处理模式、"三池两坝"模式、池塘工程化循环水模式、海水多营养层级立体生态养殖模式、宁夏"稻渔空间"模式等。

据不完全统计,至今,我国 26 个省已经改造 388.93 万亩池塘,然而智能化比例不足9%,仍有大面积淡/海水养殖池塘待改造。目前池塘改造存在基础设施薄弱,生产效能滞后;环保措施不足,影响水产品品质和水域环境;区域发展不平衡,资金投入不足等问题。党中央、国务院高度重视水产养殖池塘改造工作,为贯彻落实全国人大、国务院的有关要求,未来将根据总体要求实施改造,计划 2035 年完成全部养殖池塘改造,养殖绿色化、智能化全面达标。

9.3.2 基础设施系统

池塘水质传感器节点、水产设备传感器节点等和厂房、道路、水、电、仓库、通信节点等基础物理实体构成了无人池塘的基础设施系统,为无人池塘作业装备系统、测控系统和云平台管控系统提供了基础工作条件和环境。

无人池塘基础设施还包括桩基和护坡、独立进排水管路、综合管理台、补排水闸站、尾水循环站、集中式料站、轨道道路和转盘工程、桥梁工程、车辆管理房、综合指挥中心、氧化沟工程、初级过滤池、生物过滤池、蓄水池等。池塘型无人渔场养殖系统主要由养殖对象的行为监测、智能增氧和投饵、循环水处理、渔场巡检以及智能收获等模块组成,如图9-10 所示。

图 9-10　无人池塘

9.3.3　作业装备与系统

在无人池塘养殖的前沿领域,技术与智能化解决方案的融合已成为提升操作效率和生产力的核心。为实现养殖流程各环节的最优状态,本小节将阐述如何通过高度协同的设备与系统来实现这一目标。这不仅代表着技术创新的挑战,更是对智能化集成能力的全面检验,旨在推动养殖管理向更高层次的自动化与智能化迈进。

(一)系统优化与协同工作

无人池塘养殖模式中,系统优化与协同工作至关重要。通过高度集成的智能化管理平台,实现了所有养殖数据和设备操作的无缝连接和高效协同。这一平台不仅能够实时收集和处理各种养殖数据,还能根据数据分析结果对设备操作进行智能调度和优化。比如,为应对水质变化,采用了整合的水质管理策略,该策略结合实时数据监控与智能预测模型,对水质参数进行精准调控,确保养殖环境的稳定。特别是针对溶解氧、氨氮等核心指标,系统通过智能联动机制实时优化增氧与净化流程,显著降低疾病发生率,提升养殖效益。

从水质管理到投喂控制,从环境监控到收获分拣,每一环节都通过系统的智能协同实现了高效运作和最优决策。这不仅提升了池塘管理的响应速度和决策准确性,也在保障养殖过程的稳定性、可持续性以及提升产量和品质方面发挥了关键作用。

(二)巡检与环境监控结合的新模式

在无人池塘养殖领域,为确保养殖环境的稳定与安全,巡检与环境监控成为不可或缺的一环。传统的巡检方式受限于人力和视野,难以全面、及时地获取养殖池塘的各种信息。为此引入了一体化巡检方案,旨在通过先进的技术装备,实现对养殖环境的全方位、无死角监控。

图 9-11　无人机池塘巡检

这一新模式整合了无人机、无人船及水下机器人等先进监控设备,每种设备都搭载了高精度传感器和摄像系统,以确保数据的准确性和实时性。无人机凭借其空中优势,可以轻松地飞越池塘上空,进行空中侦察,实时传输水质与生态信息。这不仅包括水体的颜色、透明度等直观指标,还能通过特殊传感器监测到溶解氧、氨氮等关键水质参数的变化。与此同时,无人船则在水面进行巡检。它们可以近距离观察水体表层的微妙变化,如浮游生物的数量、种类分布等,这些数据对于评估养殖环境的健康状况至关重要。无人船还能通过搭载的声呐设备探测水下的鱼群分布和活动情况,为养殖管理提供有力支持。而水下机器人则是这一监控体系中的"特种兵"。它们能够深入水底,探寻那些难以用肉眼观察到的隐秘信息,比如池塘底部的沉积物状况、水生植物的生长情况等。通过水下机器人传回的高清图像和详细数据,养殖人员可以更加全面地了解池塘的生态状况,及时发现潜在的问题并采取相应的措施。

这种多层次的监控布局不仅显著提升了池塘管理的响应速度,更提高了决策的准确性。养殖人员可以根据实时传回的数据和图像,迅速判断养殖环境的优劣,及时调整投喂策略、增氧措施等关键操作,确保养殖生物的健康生长。同时,这一新模式还为养殖业的可持续发展提供了有力保障,通过科学、精准的管理,有效地降低了疾病发生率、提高了养殖产量和品质。

(三)系统集成与信息化管理

在无人池塘养殖模式中,系统集成与信息化管理是核心。通过高度集成的智能化管理平台,所有养殖数据和设备操作得以无缝连接和高效协同。平台整合了水质监测、投喂管理、巡检监控和收获分拣等各个环节的数据和信息,为养殖管理提供了全面、精细化的支持。例如,在投喂系统方面,结合动态养殖模型和环境感知数据对投喂计划进行智能调整。系统中配备了多样化的投喂设备,如创新型风送投饵站和多功能无人船,并引入无人机进行精准投喂,确保饵料的均匀分布并最大限度地减少浪费。同时,自动化的饵料补给流程由无人车辆承担,保障了投喂系统的持续高效运行。在收获环节,引入了自动化收获与分拣系统。该系统能够根据养殖物种的不同规格和特性智能调整收获策略。通过智能化的控制系统,网箱和拉网机械能够自动完成聚集和收获作业,而吸鱼泵和分鱼机的协同工作则实现了高效准确的分级分拣。此外,配备的自动化运输车辆确保收获物能够及时送达处理中心,大幅度地减少了人力成本和时间耗费。

未来,随着技术的不断进步和应用需求的日益增长,我们将继续探索更高效、更智能的养殖装备与系统解决方案,以满足养殖业的持续发展和升级需求。同时也将关注行业发展趋势和市场需求变化,及时调整和优化产品策略和技术路线。

9.3.4 精准测控

随着我国科技的高速发展及相关政策的不断出台,测控仪器与技术已经在诸多领域的建设中发挥着不可替代的作用,更为改善人们生活环境、提高人们生活质量做出了巨大贡献,无人池塘稳定运行离不开测控系统的精确性和准确性。

无人池塘养殖系统主要通过测控系统完成对智能装备与机器人的智能控制,实现对养殖对象的精准生产管理。作为无人池塘的感官,养殖监控系统为测控系统提供了关键信息支撑,如溶解氧、水温等水质信息,鱼群活跃程度、鱼群密度等养殖对象喂养情况、位置信息,智能装备运行状态等数据。执行机构负责对渔场相关的参量进行调节(例如当水含氧量不足时,用于调节增氧机装置等)。负责分析的中央监控计算机通过无线网络技术与养殖监控系统的传感器相连,根据数据分析结果将指令发向执行机构,从而实现精准测控。其中传感器、可编程控制器以及其他辅助硬件器件为无人渔场的精准测控提供硬件基础。

养殖监控系统主要由水质自动化监控系统组成,包含采样系统、传感器网络、现场控制器等组成部分。水质监测系统的采样方式有单点式采样和多点式采样。单点式采样就是把传感器直接布署在水中进行水质检测,安装形式可分固定和移动 2 种方法。单点式采样系统结构简单,如果检测水样多,那么需配置的传感器也多,传感器的配置投资就高。多点式采样系统由取样泵、输水管道、过滤器、电磁阀等组成。通过现场 PLC 或 I/O 模块对阀门的控制,实现多个采样点循环测定,确保水样互不干扰。近年来,国内一些单位在水产养殖多参数实时监测仪器的研制方面做出了尝试,推出了一批单参数和多参数仪器,仪器价位适中,操作简便,但由于其传感器使用期限和可靠性等问题,影响了其在生产实践中的广泛应用。我国的传感器市场目前基本上被 YSI、HACH、WTW 等国外产品占领。

传感器收集到的数据通过无线传感器网络传递。无线传感器网络(wireless sensor

network,WSN)由数据采集节点、无线传输网络和信息处理中心组成。数据采集节点集成传感器、数据处理和通信模块,各节点间通过通信协议自组成一个分布式网络,将采集数据优化后传输给信息处理中心。以常用的基于 IEEE802.15.4 通信协议的 ZigBee 无线通信网络为例,它是一种低速率传输、低成本的双向无线通信技术,可嵌入各种设备中,满足无人渔场的使用需求。ZigBee 对等网络允许通过多跳路由的方式在网络中传输数据,具有自组织、自修复的组网能力。它特别适合于养殖水质检测、无线传感网络和智能养殖设备分布范围较广的应用。

ZigBee 网络节点由个人区域网络(personal area network,PAN)协调器、全功能设备(full functional device,FFD)和简化功能设备(reduced functional device,RFD)等组成。PAN 协调器是一个起网络控制中心作用的 FFD,扮演 ZigBee 路由器。当网络状态发生变化时,其他 FFD 也能起 ZigBee 协调器作用。ZigBee 可以构建成星状拓扑和对等网络拓扑。在星状网络中,终端设备都与唯一的 PAN 协调器通信。构建 ZigBee 对等网络时,PAN 协调器首先将自己设为簇首(cluster header,CLH),并将簇标识(cluster identifier,CID)设为 0,形成网络中的第一簇。PAN 协调器选择一个未被使用的 PAN 标识符,向其临近设备广播信标帧。如果 PAN 协调器允许请求设备加入该簇,就把该设备作为子设备加入 PAN 协调器的邻居列表中。新加入的设备也将簇首作为它的父设备加入自己的邻居列表中,并且发送周期性的信标帧,以便其他设备加入网络中来。多个邻近簇相连构成一个更大的网络。PAN 协调器可以指定一个设备成为邻近的一个新簇的簇首,新簇首同样可以指定其他设备成为其相邻簇首,构成一个多簇的对等网络。ZigBee 簇树网络拓扑如图 9-12 所示,图中设备间的连线只表示设备间的父子关系,而不是通信链路。多簇网络结构扩大了网络覆盖范围。

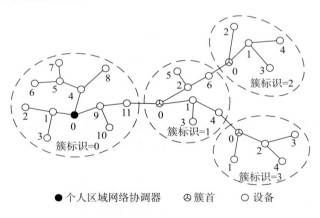

图 9-12　多簇网络结构

在养殖水质检测无线传感器网络中,由传感器和无线通信模块组成数据采集的无线节点,多个无线节点与汇聚节点决定水质检测区域的范围。终端数据通过无线网络传至边缘网关,并将数据进行初步处理,然后通过 4G 或 NB-LoT 方式传至云端服务器,形成大面积水质检测无线传输网络。

9.3.5　云平台

无人池塘具有海量的信息资源,且不同场景作业任务复杂多变,因此无人池塘需要对各类数据进行智能存储、识别、学习,并完成知识的推理以及机器的智能决策。无人池塘云平台系统能够进行各种信息和数据的存储、处理、推理、决策的云端计算,根据相应的数据建立可视化模型,完成有效信息的挖掘和各种作业指令、命令的下达,是无人池塘养殖系统的神经中枢。渔场设备一旦连接到云平台,养殖管理人员便能通过手机 App、小程序或者平板电脑的界面,对设备进行远程的权限管理、控制、问题诊断等。同时,渔场的数据一旦采集并且被存储到云平台,管理人员也能使用云平台进行大数据分析和人工智能算法建模,优化投喂策略、调整养殖环境等,提高生产效率。

以邵武市山塘生态养殖示范点为例,该养殖示范点改造了传统机械设备(投食机、氧气泵等),应用了物联网通用云控制器和云平台,为渔民实现了对渔场的远程控制。渔民可以参考渔场的历史数据,自定义水质指标,通过环境传感器和渔场机械设备的闭环运行,保持渔场的水质在良好的水平,如图 9-13 所示。例如,渔场中的溶氧传感器实时监控水质,比对农户设置的指标,一旦检测到水中溶氧量低,便会自动启动机械氧气泵为鱼塘增氧,达到农户定义的含氧量指标后,机械氧气泵自动收到指令就会关闭。除了采集到环境参数过高或过低外,养殖场用电能耗、供水池液位、输水管道压力、动力设备电流电压不稳等情况,均可触发报警机制,管理人员会以 App 消息推送、微信通知、手机短信、电话等方式查看到预警消息,提高异常情况发现的时效性。在大面积的渔场中,日常的作业如喂

图 9-13　邵武市山塘生态养殖示范点

鱼、水质保养等都能通过智慧无人渔场实现自动化,降低人力成本,所服务的渔场已实现平均增收 30%。

9.3.6　无人池塘养殖集成与运行

无人池塘养殖系统采用物联网、大数据、人工智能、5G、机器人等新一代信息技术,通过对设施、装备、机械等远程控制,全程自动控制或机器人自主控制完成所有生产作业,是一种全天候、全过程、全空间的无人化的生产作业。无人池塘养殖系统代表着最先进渔业生产力,可以极大地提高劳动生产率,提高水资源利用率和单位土地产出率,特别是饲料的利用率,将实现劳动力的彻底解放,是未来渔业的发展方向,必将引领数字农业、精准农业、智慧农业等现代农业方式的发展。当前在劳动力成本低的情况下,无人池塘养殖系统的成本昂贵,随着劳动力成本的进一步提高和无人渔场技术规模化应用,无人池塘成本会相对越来越低。在 2050 年前后,当 2020 年以后出生人口以及 2030 年以后出生人口逐渐成为主流农业劳动力时,无人值守池塘必将迎来快速推广普及。

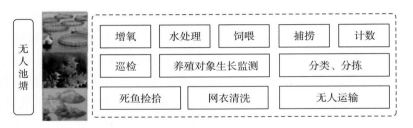

图 9-14　无人池塘系统集成与运行

无人池塘养殖系统通过对生产资源、环境、种养对象、装备等各要素的在线化、数据化,实现对养殖对象的精准化管理、生产过程的智能化决策。其中物联网、大数据与云计算、人工智能与机器人三大技术起关键性作用。物联网技术可以确保养殖对象生长在最佳的环境下,可以动态感知鱼、虾等养殖对象的生长状态,为生长调控提供关键参数;可以为装备的导航、作业的技术参数获取提供可靠保证;确保装备间的实时通信。大数据技术提供渔场多源异构数据的处理技术,进行去粗存精、去伪存真、分类等处理方法。能在众多数据中进行挖掘分析和知识发现,形成有规律性的管理知识库;能对各类数据进行有效的存储,形成历史数据,以备池塘管控进行学习与调用;能与云计算技术和边缘计算技术结合,形成高效的计算能力,确保池塘作业,特别是机具作业的迅速反应。人工智能技术一方面给装备端以识别、学习、导航和作业的能力,另一方面为池塘云管控平台提供基于大数据的搜索、学习、挖掘、推理与决策技术,复杂的计算与推理都交由云平台解决,给装备以智能的大脑。随着三大技术的不断进步、完善与成熟,机器换人不断成为可能,无人池塘未来可期。

无人池塘系统集成的本质就是优化的统筹设计,包括软件、硬件、操作系统技术、数据库技术、网络通信技术等集成。为达到系统的低成本、高效、性能匀称、可扩充性要求,传感器检测、智能控制器、实时数据库、监控网络等是集成时需同步解决的核心技术。不同养殖对象应用场景下无人池塘的具体表现形式会有所不同,但大多离不开以下四大系统的稳定运行。

(1)基础设施系统

该系统提供无人池塘基础工作条件和环境,是无人池塘的基础物理构架,为无人化作业提供工作环境保障。

(2)实时测控系统

该系统主要功能是感知环境、感知种养对象的生长状态、感知装备的工作状态,保障实时通信,进行作业端的精准变量控制。

(3)渔场管控云平台系统

该系统主要负责各种信息、数据、知识的存储、学习,负责数据处理、推理、决策的云端计算,负责各种作业指令、命令的下达,是无人池塘的神经中枢。

(4)智能装备系统

移动装备系统与固定装备系统是渔场作业的执行者,多数情况下无人渔场的作业需要移动系统与固定系统配合作业,实现对人工作业的替换。

在突发灾情疫情的情况下,无人池塘更能发挥其绝对的优势,确保在重大灾情疫情下,不影响农业生产和产品供应。从现在开始布局无人池塘技术研发、模式集成、商业机制、支撑政策,对加速推进我国现代农业发展意义重大。

第 10 章

无人陆基工厂

10.1 概述

现代水产养殖业正在向工厂化、集约化及智能化的养殖方向快速发展。随着养殖规模的不断扩大,大型设施化陆基工厂正在逐步取代中小规模养殖场。我国的中小规模养殖工厂,在养殖过程中容易受到环境和季节影响,并且存在饲料投喂不科学的问题,从而导致养殖场的水体的净化和调节能力下降,增加了养殖风险。传统的养殖方式,养殖人员投放的饵料中只有很少一部分的氮、磷被鱼吸收,其残余的饵料和代谢废物都以污染物的形式存在于水体中。另外,消毒剂和抗生素的大量使用,水体会受到沉降物的污染并滋生病害,导致水体生态平衡被破坏。一些养殖工厂通过建设保温设施来维持养殖水体温度的稳定,虽然在一定程度上提高了养殖密度和增加了养殖效益,但还是需要通过换水来解决残余的饵料和代谢废物对水体的污染问题,存在水资源浪费的问题。

我国陆基工厂化水产养殖起步较晚,20 世纪 60 年代的工厂化育苗研究开启了陆基工厂化养殖,发展至 90 年代初,陆基工厂化养殖才开始步入规模化的经营之路。近年来,随着产业转型升级,企业对新型工厂化养殖技术的需求增加,逐步推动了陆基工厂化养殖产业的快速发展。但由于经济水平和技术水平的制约,我国的陆基封闭型循环水养殖还处于初级阶段,现存的问题有养殖模式单一、系统不完善、仪器设备简陋、饵料以及病虫害等,这些问题导致了陆基工厂养殖的效益不能达到理想水平。因此,亟须依靠先进的科学技术与智能装备改变传统的陆基工厂养殖模式,实现更高效益、更高品质、更低成本的规模化养殖。

10.1.1 无人陆基工厂养殖定义

无人陆基工厂养殖就是在养殖人员不进入工厂内部的情况下,利用物联网、大数据、人工智能、5G、云计算、机器人等新一代信息技术,对工厂设施、装备、机械等进行远程控制、全程自动控制或机器人自主控制,完成陆基工厂所有生产、管理作业的一种全天候、全过程、全空间无人化生产的养殖模式。

无人陆基工厂养殖的发展要经历 3 个阶段:初级阶段、中级阶段、高级阶段。无人陆基工厂养殖初级阶段需要养殖人员在主控室内轮班值守,在不进入养殖车间的情况下,可以实现对工厂内的智能设备远程监测和控制;无人陆基工厂养殖中级阶段不需要全天候实时监测,工作人员和养殖户只需要人工参与决策、管理,整个养殖过程实现无人值守;无人陆基工厂养殖高级阶段需要云平台和智能设备协作配合,组合与应用人工智能、大数据、物联网、云计算、智能装备和机器人等多种技术,全天候、全过程、全空间地实现陆基工厂自主作业、自主决策。

智能化装备的引进和人工智能、机器人、物联网等技术的应用为无人陆基工厂养殖实现精准作业提供了装备支持和技术保障。无人陆基工厂通过养殖区域内全方位布置的摄像机和各类传感器,如温湿度传感器、光照传感器、CO_2 传感器、溶解氧传感器及各种水质参数传感器等,获取包括鱼类的生长情况、环境参数、作业情况、资源分配等养殖信息,从而为云平台控制中心的数据分析与模型优化提供数据支持。由云平台运用数据分析手段进行决策、处理,改变传统渔业经验养殖、人工操作的现状,大幅降低养殖风险,提升养殖效率;通过云计算技术进行分析后反馈给各个执行设备,进行智能化、自动化作业。各类智能装备系统,如多功能无人车、无人机、机器人、智能投饵机等,互相配合,协同作业,为水产养殖提供无人化业务。各个生产环节相互协调配合,实现陆基工厂养殖无人化运转模式。

10.1.2　无人陆基工厂养殖的组成与特点

无人陆基工厂养殖系统总体是由基础设施系统、作业装备系统、精准测控系统、云平台系统四大部分组成,所有系统的集成保证了无人陆基工厂养殖的正常运转。不同系统之间相互协调、相互影响,共同保障无人陆基工厂的高效运行。

基础设施系统是实现无人陆基工厂的基础条件,同时也为无人化生产作业提供了最根本的保障。无人循环水养殖主要包括循环水车间(鱼池、沉淀池、生物池、杀菌池、沟渠管网)、电力设施(发电机、电线桩、输配线路、充电桩等)、蒸汽管道、液氧管网、运输道路、饲料库、管理房等。基础设施的构建与设计要为无人陆基工厂稳定、有序的生产运行提供基础的服务和有力的支撑。

作业装备系统主要包括固定装备和移动装备两大部分。无人陆基工厂的固定装备主要包括增氧机、生物过滤装备、曝气装置、投饵机、水泵、微滤机、杀菌消毒装备等。固定装备具有使用频次高、寿命长、可以智能化控制的特点,是水产养殖作业的执行系统,可以有效代替工人完成水质监测、处理、饲喂、生产等作业。移动装备主要是指鱼苗自动化分级分池机、自动化疫苗注射仪,饵料自动补给机器人、清污机器人、无人运输车、无人机、无人车等。移动装备的特点主要是使用频次低和流动性大,是代替人力进行生产作业的主要部分,保证无人陆基工厂灵活性与业务系统作业弹性。

精准测控系统是指在无人陆基工厂养殖的生产作业过程中负责测量与获取生产数据的装备设施。精准测控装备主要承担着工厂内的环境信息感知、生长信息感知、装备状态感知等业务,其主要包括水质监测系统(pH、三氮、溶解氧)、机器视觉系统(残饵检测、行为分析、食欲分析、疾病预警、远程诊断)、信息采集器、控制器等,这些装备通过获取大量的数据,代替人工操控设备,实现水产养殖的自动化、精准化控制。精准测控系统除了完成测控和作业外,还要进行数据收集并将收集到的数据传输到数据中心,由云平台对数据进行分析后反馈给各个执行设备。

云平台系统是无人陆基工厂养殖系统的大脑与核心,其对获取的信息进行处理,将结果与最新的生产指令反馈至生产线上相应的硬件系统中,并将一部分重要数据储存至云端,从而形成一种无人化自动控制与管理的良性循环工作模式。云平台系统控制作业装备的统一调动和协同作业,同时将无人陆基工厂养殖状况实时反馈。

10.2 无人陆基工厂养殖主要业务系统

10.2.1 无人水质调控系统

无人水质调控系统是实时监测和调节水体氨氮、pH、溶解氧等系统。该系统用于采集水产养殖池塘的水质信息,使用球机采集养殖水域的图像信息,这些信息经过初步处理之后通过构造的局域网上传给控制决策中心的服务器;控制决策中心的大屏实时显示养殖水域信息并根据具体情况做出相应的控制决策,将控制指令发送至采集控制终端,进而控制增氧机增氧和循环水的流速,保障养殖水域的水质。当出现严重异常情况时,无人水质调控系统会报警,防止巨大的财产损失,确保养殖安全。无人水质调控系统实现了对水质的实时动态监管,大大提高了检测效率,降低了水质检测人员的工作难度。

系统总体分成 4 个部分(图 10-1):①由增氧机、水泵、球机、传感器所构成的底层感知和调节设备;②由采集控制终端、网桥、交换机等设备构成的局域网信息传播通信系统;③由控制中心服务器和软件构成的云处理决策系统;④由 PC、笔记本、手机等组成的显示和人工决策系统。

整个系统通过智能农业传感网络建设,实现自动调度养殖设备的开关闭合,实现水体参数监控,实现科学养殖和智能控制等决策支持服务。系统通过水面鱼群浮头自动识别系统建设,实现第一时间自动报警并且自动打开增氧设备,增加水体含氧量。智能渔业水质调控系统运用物联网的相关技术,将水温、溶解氧、pH、光照度等环境数据实时在线检测,通过构造的局域网上传至服务器做信息决策,以实时保障水质符合养殖产品的要求。

10.2.2 无人喂养管理系统

水产品投喂方式的智能化、精准化控制是提高水产养殖投喂效率的关键。水产自动投喂系统是一种与水产养殖场相配套的高效益技术。自动投喂的输送方式采用风机产生低压高速空气流气力传输技术,将空气流与饲料混合后一同输送分配器中,在分配器中再切换到输送各个养殖池的管道实现高精度和高效率的投饵,从而达到节约人力成本、增加饲料利用率、保护水产养殖环境和提高养殖生产效率的目的。

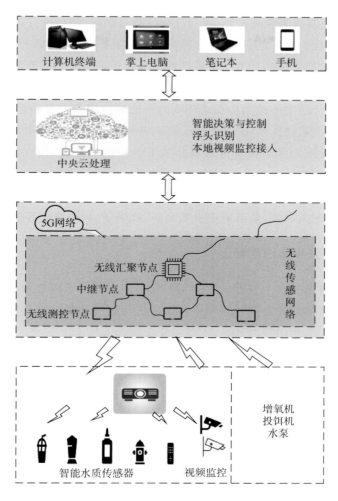

图 10-1　智能化水产养殖控制技术路线图

基于机器视觉方法的智能投喂控制系统如图 10-2 所示。首先需要摄像头采集养殖池的目标图像,然后通过局域网将图像信息传送到云平台进行运算。云平台根据运算结果对决策系统发出指令,其中指令的确定需要基于环境信息的鱼类生长摄食模型、鱼类生长对环境因子的响应模型、鱼类的生长预测模型以及基于机器视觉的智能投喂控制策略的信息融合。将得到的决策信息传送给控制器,由控制器操控执行机构驱使设备移动到目标位置进行自动投喂。

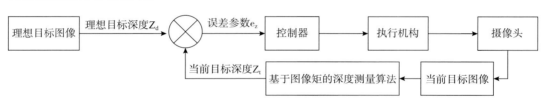

图 10-2　基于机器视觉方法的智能投喂控制系统

系统以 PLC 控制器为系统核心,并与远程计算机联网,使自动投饵系统可以以每日、每个时间点的不同投饵要求,实现远程人性化操作和系统自动启动,并对多个养殖池自动进行定时、定量精确投喂饲料行为。这种精准的自动投喂系统可降低养殖成本,有助于鱼类健康生长,还可避免投饲过多造成水体污染和饲料浪费。

系统可以根据已建立的鱼类生长对环境因子的响应模型以及鱼类的生长预测模型,预测鱼类在多环境因素协同作用下的生长速度,并根据鱼类的饥饿程度或摄食欲望进行量化,定量判断鱼类行为状态及关键环境参数下的投喂最佳值,建立最佳环境因子知识库。通过采集到的图像信息进行分段式的网络训练,不断完善模型参数。系统还可以通过现场实时信息、鱼类行为等进行自动推理和决策,获得最佳投喂量等参数,通过管控平台控制投喂系统等相关设备,精准调控投喂时间、投喂量、投喂速度等参数。

10.2.3　无人巡检与日常管理

目前,国内外普遍的水产养殖水质检测方法大多利用多个固定水质检测点或者浮标构建监测网络,或者依靠人力携带各种检测设备进行现场测量。虽然这种检测方法可以传送到云平台,但当水质出现问题时,依然需要专业的工作人员参与。而这种水产养殖的管理模式常常存在管理滞后、效率低等问题,不仅难以稳定产出高品质的水产品,而且由于无法及时调节水质可能造成大面积水污染,导致水产品生长缓慢,肉质的安全和质量无法保证,给养殖户带来重大的经济损失。

在无人渔场中,依靠机器人来完成巡检、增氧、投饵、分鱼、运输、收获等全部作业流程。机器人的信息传输来源于智能渔业监控系统,通过无线通信模块接收云平台的控制信息,然后机器人自动地对水体的温度、浊度、硝酸盐含量、氨氮含量、溶氧和 pH 等进行调节,使水产养殖的水质保持最优。

无人巡检系统是一个典型的物联网系统,它由监测系统感知层、网络层、传输层以及云平台应用层共同组成。整个无人巡检系统的水质检测与调控物联网系统工作原理如图10-3 所示。通过云平台给机器人发送指定水域的检测点坐标,机器人会根据收到的坐标点进行自动路径规划并开始无人巡航。在此期间,机器人搭载的视觉模块和多个传感器会收集各检测点的水质参数并判断鱼类的健康状态,然后将数据打包后发送到云平台,继而实时呈现在工作人员的管理界面。当机器人结束巡航时,所有的信息汇总后会在云端通过专家系统给出水质决策,并呈现在管理者的应用界面。最终管理者可以根据专家系统提供的决策和实际情况,通过云端控制增氧机、投料机以及水泵等设备的开启或关闭,以调节水质。

10.2.4　分选分级

在鱼类水产品养殖过程中,同一养殖箱的鱼,由于鱼苗本身质量和摄食能力的差异,养殖一段时间后会出现生长不均的情况,需要根据鱼的大小对鱼进行分级,使不同等级的

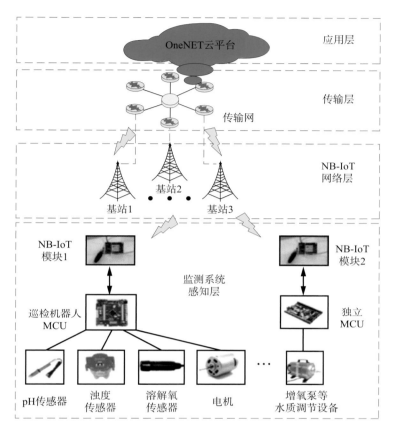

图 10-3　无人巡检系统中的水质检测与调控物联网工作原理

鱼得到充分生长。传统的分级方法是人工捕捞后筛选出不同长度的鱼放入不同的养鱼池。也有人设计了格栅分鱼箱等分鱼装置，相比传统的分级方法，效率有了很大提高，但都是在鱼、水分离的情况下对鱼进行分级，很容易对鱼体造成损害，造成经济损失。

智能化养殖分级系统主要包括多隔间养殖池、生长数据采集通道、健康状态评估通道、自动分级装置等；系统主要借助于计算机视觉对鱼类进行分级。根据鱼体重-体长的关系，做到无损地确定鱼体大小，并利用生长数据采集和健康状态评估通道分别对养殖对象的大小、规格和健康状况进行量化，并结合自动分池装置将不同大小、规格和不同健康状况的养殖对象分隔至养殖池的不同隔间内。

智能化分级的养殖池由网栅阻隔为若干隔间，生长数据采集通道用于采集通过的养殖对象的生长数据并传输至控制中心，健康状态评估通道用于采集通过的养殖对象的图像并传输至控制中心，自动分级装置由控制中心控制以驱赶养殖对象进入某一管道实现分级。

智能化循环水鱼类分级系统不仅利用养殖鱼类自发的逆流游泳习性无损地实现其生长数据的采集和健康状态的评估，还可根据获取的生长数据和健康状态实现养殖鱼类的自动无损分级。

10.2.5　捕捞收获

目前,传统的室内车间循环水养鱼池中捕鱼的过程是采用围网、刺网或者地拉网。而这种捕捞方式需要多名工作者的紧密配合。在捕捞过程中,工作者对渔网的操作决定了捕鱼的效率。当出现错误操作时,会导致渔网(如围网、刺网和地拉网等)在室内循环水养鱼池捕鱼效率低、漏鱼。因渔网的网眼大小不变,不便于捕捞不同大小的鱼,同时需要人工渔网捕捞,渔网捕捞的劳动强度大并且耗费的时间长,刺激鱼体并会造成伤害。为了捕捞所有的鱼,最终还需要重复进行打捞,浪费时间、人力和物力。

在无人化养殖中,真空活鱼起捕机可作为自动捕捞装置。这种捕捞装置采用高压水以高速经喷嘴喷出,在真空泵形成真空低压,使被输送鱼水吸入真空泵,而后进入混合室进行混合,等到静压力回升,鱼水排出,达到输送鱼水的目的。真空活鱼起捕机根据鱼类的分级,在捕捞过程中,可以自动完成鱼不离水,解决鱼群过数、规格分选等问题。并且自动起捕的操作时间短、捕捞的密度比较小,不会出现鱼体缺氧、损伤等问题。

真空活鱼起捕机安装在养殖池周边的移动轨道上,控制开关连接云平台,其借助于云平台通过系统给出捕捞决策,实现自动捕捞装置的开启。自动捕捞后,根据不同的分级,通过现有的传送通道对鱼体进行输送,可直接对鱼类进行运输和出售。

10.3　无人陆基工厂养殖系统集成

无人陆基工厂养殖系统集成主要包括提供装备自动化作业的基础设施、智能装备、测控系统、云平台等模块。以基础设施为依托,精准测控系统为基础,云平台为核心,无人陆基工厂养殖通过智能装备来实现水产养殖的无人化、智能化。具体而言,通过信息通信技术将测控系统测量信息上传到云平台进行数据处理分析,通过智能算法作出决策后,传达给智能装备,从而实现无人情况下准确自主地完成陆基工厂养殖系统中的任务。

10.3.1　规划与建设

1. 无人陆基工厂选址

工程规划需要考虑地质水文条件、进出交通情况、运输条件、电力、地形地貌等,对所有因素进行全盘考虑,优先规划,既要满足当前生产需要,又要考虑长远规划。无人陆基工厂的选址问题很多可以参考普通渔场选址(渔场附近环境、电力水利能源是否方便、附近有无化学类工厂会对水环境造成影响)。

2. 无人陆基工厂布局

无人陆基工厂的布局分为3个区域,首先是养殖区,是鱼、虾、蟹、贝等水产动物的生产场所,也是生产装备作业现场,为生产装备提供作业环境;其次是生态处理区,集中进行尾水的多次过滤和净化,使生态养殖方式对环境影响最小;最后是管理区,主要包括暂养和吊水区域、无人车和机器人等装备库房、饵料仓库、粗加工处置车间、冷藏车间、综合管理中心等。

3.无人陆基工厂建设

无人陆基工厂建设要科学、经济、实用。科学性是工程建设的前提,经济性是工程建设的保证,实用性是工程建设的价值体现。合理化的设计和布局可使水系通畅、运营稳定、生产高效。

10.3.2 基础设施系统

基础设施系统提供了无人陆基工厂的工作条件和环境,是支撑作业装备系统、测控装备系统和云平台系统运行的基础保障。基础设施系统通常包括厂房、道路、水、电、仓库等基础条件,以及无线通信节点和传感器等装备布置设施,是无人陆基工厂的基础物理构架,为工厂无人化作业提供工作环境保障。基础设施系统为机器换人提供可实现的条件,是无人陆基工厂必不可少的一部分,是整个无人陆基工厂正常运行的保障。

1.基础设施组成和功能

无人陆基工厂基础设施主要由养殖设施、水处理设施、道路设施、沟渠管网设施、电力设施、信息化设施、仓储设施、综合中心等组成。养殖设施、水处理设施和道路设施为陆基工厂提供畅通的运输通道,带来便捷高效的无人作业;仓储设施分为饵料仓储间、药物仓储间和设备仓储间,系统化的物资存放方便陆基工厂内的机器人存取;沟渠管网设施是陆基工厂的血脉;电力设施是动力源泉;信息化设施是最好的感官;综合中心是整个渔场的心脏,对整个工厂进行集中的分发和控制。

2.基础设施建设

(1)养殖设施

养殖设施是养殖发生的直接场所,主要有养殖池、养殖缸等形式,要有稳定、整洁的设施基础,池壁坚固和耐用,池底要有工程化的锥体构型,有集排污设施,进出水渠(水管)流量要够。

(2)水处理设施

陆基工厂循环水养殖中,主要依靠集中的水处理区进行养殖循环水的处理,需要经过微滤机或弧形筛进行物理过滤,然后通过流化床、生化池等进行生化过滤,再经过消毒杀菌环节的处置,进入调节池,经过曝气增氧,完成集中的养殖水处理。

(3)道路设施建设

道路设施使无人陆基工厂有路可走。工厂内的道路建设要科学合理,轨道要适合无人运输作业的运输车,轨道的合理性和实用性能使饵料、药物运输更安全可靠。道路的建设要考虑陆基工厂的无人管理作业化要求,以及载重作业的要求,设计出最佳的道路设施,使整个工厂在无人管理的情况下能够四通八达和通畅无比。

（4）沟渠管网设施

沟渠管网是陆基工厂养殖的动脉,是重要的基础设施。主要实现补水、回水、排水等功能,必须保证有独立的系统,避免循环用水被污染或破坏。也要保证各个养殖单元间的并行和互联,需要保证合适的管径和高差,有充足的流量,并且要经久耐用,能够及时完成补水、回水、排水。

（5）电力设施

电力设施为陆基工厂提供能源供给,需要考虑能源类型、负荷类型、电压等级、电网分布等,并且进行统一的电力接入和分配。为保证用电的安全性和稳定性,可以设置双线接入或备用电源,保证增氧等安全性要求较高设备的用电需求;对于循环水养殖车间,可以获取稳定的市电,经过负荷均衡,可以保证稳定的供电质量,并且通过工厂保护线槽统一配电。同时,要解决无人车和机器人的能量补给,设有无人充电桩、无人加油站,给无人智能装备提供源源不断的能量。

（6）信息化设施

无人陆基工厂的信息化设施主要包括无线基站（5G基站）、光纤网络、轨道信号等,提供全区域的无线通信网覆盖、无人作业系统的信号导引和状态显示。基站要选取最佳位置,保证区域内无线传输网络信号的完整覆盖和传输稳定;光纤网络一般按照线槽集中辐射,进行大通道视频数据传输和无线干网传输;信号系统是陆基工厂内各种无人车和机器人的识别和调度系统,可以避免无人装备之间的作业碰撞,从而保障有序的工作和高效的协作。

（7）仓库设施

陆基工厂的仓库主要用来存放饲料、药物、海鲜产品、机车设备等。利用无人仓库方式进行物资存放和调取,实现井然有序的取送和作业。对海鲜产品进行冷库存储,便于集中销售和运输。仓库同时担负无人机和机器人的检修维护工作和对机械进行防腐等功能的维护和检修。

（8）综合中心

综合中心是担负着集中管控和调度无人陆基工厂所有数据和智能装备的中心场所。按功能划分需要设置机房（数据存储分析）、通信站、运维调度室（大屏、办公席等）、示范展览（沙盘、多媒体展厅、接待会客室）、生活（值班、科研人员住宿和餐食）设施、办公场所（工区、办公设备）等。

10.3.3 作业装备系统

1. 循环水处理装备

循环水处理是指运用生化反应和物理过滤方法,实现水质净化和增氧杀菌等,为养殖对象制造适宜的生长环境。循环水处理系统主要包括固形物和水溶性废物的处理。生化处理和物理过滤的结合,能够有效分解剩余的饵料、养殖对象的排泄物,过滤悬浮物与固体颗粒,去除水体中的有机物、氨氮和亚硝酸盐等。陆基工厂循环水处理装备分为物理过滤设备、生物过滤设备、增氧设备和紫外线杀菌消毒等其他设备。工厂循环水处理系统通过物理过滤、生物过滤、增氧、杀菌等设备实现养殖废水的净化和循环利用,各环节间协同控制,有助于实现水资源高效循环利用,保持水体溶氧的均衡,其他辅助设施去除养殖水体中的总氮和总磷,来保证养殖水体的氨氮和亚盐处于合适的水平。

2. 自动投饵装备

自动投饵装备是指无人陆基工厂中智能投饵机和自动投饵机器人设备等。自动投饵装备通过对水质参数的准确检测建立养殖对象的生长与投喂率、投喂量之间关系模型,根据养殖对象不同变量调控投喂量、投喂速度、投喂机抛洒半径等参数,实现科学按时、按需投喂,从而有效控制饵料的浪费,节约成本。自动投饵机器人具有自主导航、自动变量投饵、自动检测饵料抛洒流量及剩余量等功能,能够可靠、均匀、准确地将饵料抛洒到养殖对象的觅食区域,从而实现养殖对象的精准变量饲喂。此外,自动投饵装备可搭载陆基工厂的无人船,实现养殖对象的数字化喂养。工厂化循环水养殖的自动投饲系统在养殖池上方悬挂多个小型投饲机,通过操作控制面板和中央控制计算机来实现对其的饲料储存、计量和投饵的自动控制,用户也可通过手机或电脑等实现远程控制。

3. 智能增氧装备

智能增氧装备是指无人陆基工厂养殖水体中溶解氧的自动测量和智能控制设备。智能增氧机能够对水体溶解氧含量进行连续测量和智能预测,并具有增氧机自动控制功能。智能增氧装备能够自动调节溶氧含量,防止养殖对象缺氧,改善陆基工厂养殖水质环境,从而减少养殖对象病害发生,节约用电成本,降低风险,促进增产增收。在陆基工厂型无人渔场中,循环水养殖鱼体密度高,传统的曝气增氧法效率不能满足养殖需求,在实际循环水养殖生产中多使用液氧增氧的方式对水体进行增氧操作,以保证养殖密度与水体质量。在工厂养殖过程中,溶解氧含量易受各种因素的影响,自动增氧设备会将测得的溶氧值与设定的范围值进行对比。当溶氧高于设定的上限时自动停止,低于设定的下限时自动启动,且会在特定的时刻进行自动补氧。

4. 自动捕捞装备

自动捕捞装备是指无人陆基工厂中养殖对象智能捕捞设备的统称,主要包括拖网捕捞和自动捕捞机器人。拖网捕捞是捕捞产量最高的方式,无人陆基工厂的拖网捕捞利用声呐、水下摄像头和网位仪等智能设备实现先进精准捕捞,极大地提高了工厂养殖的生产效率,实现高效、节能和降低渔民劳动强度的目标;自动捕捞机器人装备是集 GPS 导航、计算机视觉、机械伺服控制技术于一体的水下机器人系统,主要包括机器人运动导航系统、机器视觉系统和执行系统,实现精准瞄准捕捞,降低了成本,提高了捕捞效率。自动捕捞装备可适用于无人陆基工厂。

10.3.4　精准测控系统

无人陆基工厂测控系统一般由环境信息监测站、养殖设备工况监测、智能增氧和投饵控制站、无人陆基工厂云平台等子系统组成。

水产养殖水体关键指标一般包括溶解氧、pH、盐度、水温、氨氮、亚硝酸盐氮、光照等。溶解氧是指溶解于水中的空气中的分子态氧。从能量学和生物学的观点来看,动物摄食是为了将存储在食物中的能量转化为其自身生命活动所必需的、能够直接利用的能量,而呼吸摄入的氧气正是从分子水平上通过生化反应为最终实现这种转化提供了保证。溶解氧对于鱼类等水生生物的生存是至关重要的,许多鱼类在溶解氧低于 4 mg/L 时难以生存。pH 描述的是溶液的酸碱性强弱程度,养殖水体 pH 过高或过低,都会直接危害水生动植物,导致生理功能紊乱,影响其生长或引起其他疾病的发生,甚至死亡。盐度作为水产养殖环境的一个重要理化因子,与养殖动物的渗透压、生长、发育关系密切。水温是水产养殖最重要的环境因子,水温高低不但直接影响水产养殖对象的新陈代谢活动,同时,水温通过改变水环境其他要素而间接影响养殖对象的生长。氨氮和亚硝酸盐氮中毒后,血液的携带氧的能力减弱,虾类中毒的外表症状有黑鳃、黄鳃、肠道充血发炎、肝和胰脏空泡甚至糜烂。此外,水产动物的摄食、生长、发育以及存活等都直接或间接受到光的影响。光照被认为是引起鱼类代谢系统以适当方式反应的指导因子。因此,应用传感器技术实时监测无人陆基工厂的水质信息,探索环境参数对不同动物、不同发育阶段的影响机制,就可有目的地精准调控养殖动物的生长发育,更好地为工厂生产服务。

目前,对鱼群行为的监视主要集中在 4 个方面,即繁殖行为、摄食行为、攻击行为与患病行为。养殖生产中如果了解了鱼类的繁殖行为规律和原理,便可对其繁殖行为进行人为的控制。使鱼类的成熟期适当提前,可降低养殖成本,延长生长时间,从而提高养殖效率。研究鱼的摄食行为可以为养殖过程中的投饵、人工饵料的驯食、人工饵料研制和养殖环境条件控制提供指导信息,以提高饵料利用率,降低养殖过程中的饵料成本,减少水环境的污染。鱼群的攻击行为会引起鱼的皮肤和鳍受伤,使鱼易感染疾病甚至死亡,攻击行为还消耗用于生长的能量,导致养殖生产量的损失、降低食物转化率和生长缓慢。不同的鱼体大小、个体间差异、不同的生长阶段饵料的充足和适口性、养殖密度、温度、光照、底质等对鱼互相残食行为的强度都有影响。鱼体患病首先表现在其游泳姿势的呆滞、皮肤颜色纹理以及形体轮廓的差异,通过机器视觉技术可对其进行快速标记与疾病诊断,对于鱼病的早期防控、病鱼的治疗等具有重要的意义。

无人陆基工厂中的养殖设备主要涉及投饵作业、增氧控制、工厂化循环水处理等应用。这些设备一旦工作异常,势必对养殖生产造成巨大的损失,为了降低养殖风险,通常通过加装特定传感器的方法来监视其工作状态,从而实现养殖设备的远程故障诊断和预警。水体环境与养殖现场气象环境的变化间接影响养殖动物的摄食量和需氧量,养殖对象、养殖密度与养殖对象生长阶段同样影响着投饵量和需氧量。安装在无人陆基工厂的智能投饵机和增氧机,在云平台对陆基工厂环境信息的综合分析的基础上,通过接收远程决策指令实现按需投喂与精量增氧工作。

云平台具有强大的云存储和云计算能力,主要实现对无人陆基工厂环境大数据和鱼群行为大数据的分析决策、各种养殖设备的实时精准控制、养殖关键数据的实时展示及消息的推送等云服务。典型的无人陆基工厂测控系统集成方案如图 10-4 所示。

视频采集器　硬盘录像机　工业无线路由器　工业无线路由器　管控中心大屏

网络　网络

溶解氧传感器　氨氮、亚硝酸盐氮监测仪　后台服务器　个人PC

pH传感器　4G/5G/NB-IoT　网络　网络　网络　移动终端

工业物联智能网关

4~20mA　RS485　RS485

PLC测传控系统　RS232

工控触摸屏+组态软件

警报装置　增氧机　投饵机

图 10-4　无人陆基工厂测控系统集成方案

10.3.5　云平台系统

云平台是无人陆基工厂的核心,它的主要作用是对工厂进行生产调控。云平台系统是各个系统的枢纽站,是生产调控的指挥,是养殖人员观察渔场生产的重要平台。

首先,云平台是各个系统的枢纽站,它连接着测控系统和作业装备系统,同时又监控基础设施系统。物联网技术是云平台连接各个系统的重要手段,基础设施的状态、作业装备系统设备的状态及测控系统中设备状态和测量参数等利用物联网技术统一显示在各自系统中,云平台对各个系统的数据进行调度、处理及反馈。①基于 SOA 技术,实现云平台对基础设施系统的参数监测包括电力、水力、仓库、道路等基础设施进行状态检测,确保基础设施满足支撑其他系统运转。②云平台与作业装备系统连接,主要任务是监测作业装备系统各个设备的运转状态,利用故障诊断算法实时对数据进行分析,保证第一时间发现故障和快速解决;智能调控各个设备,云平台下发相关操作指令给作业装备系统,作业装备系统按照指令完成相应工作。③云平台与测控系统连接,是调用测控系统中的数据信息,对数据进行预处理、存储、汇总、分析与管理。

其次,云平台是无人陆基工厂生产调控的指挥中心。云平台中集成了相关的专家知识库、水产病害知识库及养殖信息等相关数据,利用 SOA 技术,云平台实现对各个数据的调用,确保所产生决策指令具有针对性和准确性。云平台作为指挥中心的核心,集成了各种人工智能算法,如基于深度学习和大数据的数据处理算法,基于人工神经网络的智能诊断算法。云平台通过调用测控系统的数据,结合相关知识库,利用人工智能算法对数据分析、处理,并做出相关决策。

最后,云平台与无人陆基工厂客户端相连,农场主通过无人渔场客户端观察渔场生产场景、远程控制渔场生产。无人陆基工厂客户端显示无人陆基工厂中各个设备的状态、鱼的生长状态、工厂环境信息及云平台产生决策的日志等信息。养殖人员可通过客户端实现远程控制无人陆基工厂,包括设定生产规模、调整生产决策以及控制所有设备运行。

10.3.6 无人陆基工厂养殖测试与运行

1. 硬件测试

硬件测试是指测试无人陆基工厂中的智能装备和硬件设施,目的是确保渔场的基础设施和设备能够正常运转。主要测试内容如下。

(1)基础设施测试

包括电力、水力、仓库、道路等设施,通过设备试运行与模拟结合,测试各种设施是否符合渔场的生产要求以及是否支撑其他系统(主要是作业装备系统)的正常运行。还应测试各类基础设施的抗压能力、可靠性等数据。

(2)工厂设备测试

包括作业装备和测控装备,先单独将各类设备投入到实际的场景中,给定相关指令,检测设备的灵敏性和准确性;再将各类设备统一运行,检测基础设施的支撑性能和各类设备之间协调运行的能力。其中,传感器设备还要检查其场景应用的可靠性,各种设施要严格设定相应测试次数,减小测试的偶然性,提高测试的准确性。

2. 软件测试

无人陆基工厂系统中的软件测试内容主要包括通信系统测试、作业装备系统测试、测控系统测试和云平台系统测试。

(1)通信系统测试

主要测试网络通信是否能够在设备和云平台之间进行正常的作业通信以及网络系统的传输速率、带宽和延时等情况。

（2）作业装备系统测试

作业装备系统主要测试系统是否能够实现对作业装备的控制和状态监测，查看系统是否显示各设备的参数，以及给定一个协同任务（如控制局部增氧），系统是否可以完成局部控制。

（3）测控系统测试

查看测控系统是否显示相关数据，包括溶解氧、pH、氨氮、亚硝氮、温度、盐度等水质参数和鱼的大小、摄食、疾病等生长状态参数。

（4）云平台系统测试

主要包括数据的处理能力、信息的调用能力和客户端的显示情况。首先，测试云平台系统是否可以任意调用其他系统的数据和相关知识库的数据；其次，测试云平台各种算法，如使用各种数据分析计算出相应的生产决策，要考虑计算的快速性和准确性；最后，测试云平台在客户端的显示情况，包括数据显示和远程控制等。

（5）各类软件和系统测试还应注意数据传输的安全性和系统的稳定性。

第 11 章
无人网箱养殖与海洋牧场

11.1 概述

11.1.1 网箱养殖起源

网箱养鱼是一项很古老的技术,据宋代周密所著的《癸辛杂识别集》(1243 年)记载,当时我国渔民已经用竹和布做成小孔网箱,将从河里捕获的鱼苗放在网箱内临时养殖 15~30 d,然后出售。这种技术距今已有 800 年历史了,而近代网箱养殖却在是欧美兴起。网箱养殖起源于 19 世纪末柬埔寨等东南亚国家,后传往世界各地。1948 年,苏联在大型湖泊中开展网箱养鲤取得成功,之后这项技术便得到迅速推广。20 世纪 60 年代,该项技术传入欧美,使网箱养殖逐渐成为世界性渔业的生产模式。外国用我们古老的技术去革新,我们也不能落后! 20 世纪 70 年代,我国开始了网箱养殖。1973 年,我国淡水网箱养殖也获得了成功并在各地推广。同时,海水网箱养殖也慢慢兴起。1980 年,广东省惠阳、珠海开启了我国海水网箱养殖产业,早期主要以 3 m×3 m×2 m 的传统网箱养殖并迅速推广到沿海各地。1998 年,海南省率先从挪威引进一批 HDPE(高密度聚乙烯)型抗风浪深水网箱。2000 年,深水网箱研制列入国家"十五"科技攻关计划,对引进的国外抗风浪深海网箱进行试验,并逐步研发出具有自主知识产权的圆形双浮管升降式抗风浪网箱投入批量生产。到 2004 年,我国内陆天然湖泊中设有网箱养殖的面积达到 5 310.2 hm²,产量达 59.23 万 t。

网箱养鱼是在暂养基础上逐渐发展起来的一种科学养鱼方法。网箱养殖具有投资少、产量高、可机动、见效快等特点,因此,在短短的几十年间,全国各地的湖泊及水库蓬勃发展。优越的湖泊渔业环境与高产的网箱养殖技术相结合,改变了传统的单纯捕捞作业模式,生产出优质的水产品,形成了高效的市场竞争力,促使湖泊网箱养殖迅速发展。网箱养殖有很多种方式,选择浮筒搭建的浮动平台,水底部分用渔网圈养,形成一个天然的渔场是现在大多数人的选择。目前,我国海水鱼网箱养殖主要使用的是浮筏式框架网箱,又称浮排式网箱,也就是我们俗称的渔排。浮筏式框架网箱,是将箱体挂在浮架上,借助浮架的浮力使得网箱浮于海水上层的一种网箱,也是目前世界上被广泛采用的网箱。深水大网箱养殖是近年刚刚发展起来的,该模式养殖水体空间较大,能够为鱼提供较大的生长空间,让大鱼得到更为充分的运动。深水抗风浪网箱养殖系统正好契合了现代渔业绿色发展的新要求,成为"转型升级水产养殖业,推进生态健康养殖"的重要推广模式。近年来,我国深水养殖网箱的研发步伐日趋加快,技术性能不断提升,新材料、防腐蚀、防污损、抗紫外线等新性能相继得到应用。网箱容积日趋大型化,高密度聚乙烯、轻型高强度铝合金和特制不锈钢等新材料极大地改善了网箱的整体强度,特别是网箱的抗风浪性能得到大幅度提升,使用寿命成倍延长,这也使得中国的网箱养殖产业由近海内湾走向外海,甚至迈向深远海,海水养殖空间得到进一步拓展,形成真正的"蓝色粮仓"。网箱自动化配套装备和物联网控制等现代技术的发展,使网箱养殖管理更加智能化,大大降低了人工成本。可以说,新型的网箱养殖系统将诸多现代科技付诸于应用。

与传统的海水网箱养殖相比,海洋牧场主要分布在近海 6~20 m 水深的海域,向陆地发展,承接海岸带,其更加重视生态环境保护,充分利用自然生产力。在科学布局的基础上,海洋牧场的发展理念和模式的综合价值依次体现在科学价值、生态价值、社会价值和经济价值。海洋牧场平台属于海上移动平台,可以在满足设计条件的不同海域移动,重复安装使用。海洋牧场建立立体生态养殖模式,上层发展网箱和筏式养殖,中层利用生态鱼礁进行鱼、虾增殖;底层进行人工藻场的构建及刺参底播养殖。在海底进行藻场构建,吸收海水中的无机盐、氮磷钾,可以预防赤潮,同时释放氧气,改善生态环境,也可做鱼、虾、蟹等的天然饵料。日本于 1971 年在海洋开发审议会上第一次提出海洋牧场(marine ranching)的构想,并于 1977—1987 年开始实施"海洋牧场"计划,并建成了世界上第一个海洋牧场——日本黑潮牧场。韩国于 1998 年开始实施"海洋牧场"计划,在庆尚南道统营市首先建设了核心区面积约 20 km² 的海洋牧场(2007 年 6 月竣工),取得了初步成功。2003 年,韩国开始逐步建立大型海洋牧场示范基地,并针对性地制订了研究计划。美国的人工渔礁建设始于 1930 年,主要通过投入石块、废旧轮胎、船只等材料形成海底渔礁,以此聚集鱼群,发展休闲钓鱼。后来,在 1968 年提出建设海洋牧场计划,1972 年付诸实施。1974 年,在加利福尼亚海域利用自然苗床培育巨藻,取得效益。

我国海洋牧场建设起步较晚。我国海洋牧场的理念始于 20 世纪 40 年代,前辈们将江、河、湖、海都比作鱼类等其他水生生物生存繁衍的牧场。为了进一步推进我国水产业的发展,老一辈科学家于 1965 年又提出了海洋农牧化的概念,分为农化和牧化 2 个板块,农化就是指藻类、贝类等不移动或者移动甚微的这类物种的增养殖。牧化就是指鱼类、虾蟹等运动能力比较大、范围比较广的动物增养殖。把农化和牧化加在一起就叫海洋农牧化,这就是我国最早的有文献记载的海洋牧场的理念。我国海洋牧场的发展还处于起步阶段,截至 2016 年,全国投入海洋牧场建设资金超 55.8 亿元,建成海洋牧场 200 多个,海洋牧场示范区数量达 42 个,人工渔礁投放量达 6000 万 m³。在鱼、虾、贝、藻等多种经济养殖品种中,初步建立了以"基础研究-良种选育-工厂化养殖-精深加工"为体系的产业链,初步实现了水产品产量和质量的双丰收。在装备研发实践方面,我国成功自主研发了深远海渔业养殖平台"海洋渔场 1 号",极大地推动了海洋牧场自动化、智能化建设。在雷达探测、海洋遥感、深海通信与定位技术等方面均取得重大突破,在北海海区构建了区域性海洋灾害预测预警系统并进行示范应用,在东海海域构建了面向需求、业务化运行的海洋环境立体实时监测网,在南海深水区构建了内波观测试验网。

11.1.2 无人网箱养殖概述

无人网箱养殖中应用新材料、防腐蚀、防污损、抗紫外线等新技术,网箱的基础设施主要包括网箱框架、网衣、过道。在无人网箱养殖中,网箱使用高密度聚乙烯、轻型高强度铝合金和特制不锈钢等新材料,具有容积大、强度大和使用寿命长的特点。网箱主要分为HDPE 圆形网箱、普利司通网箱和方形金属框架网箱,如图 11-1 所示。

（a）HDPE圆形网箱

（b）普利司通网箱

（c）方形金属框架网箱

图 11-1　无人网箱

HDPE 圆形网箱采用高密度聚乙烯管材做网箱框架,并提供浮力支撑,配以高强度尼龙网衣和锚泊系统。框架周长 80～160 m(管材直径 400～600 mm),网深 20 m 左右,网箱容积最大达 40 000 m³,单个网箱养鱼产量可达 1 000 t。但是这种网箱所用网衣为圆柱形,抗流较差,在水流速达 0.3 m/s 时需停止投饵,防污期为 6～10 个月。方形金属框架网箱主要由主桥道、浮阀、悬臂支架及连接结构组成。主桥道采用高强度的不锈钢构件,其下连接泡沫塑料浮筒提供浮力支撑。框架采用镀锌钢架,耐腐蚀寿命 10～12 年。由于刚性框架缺少柔性,因此抗风浪能力较弱,适用于海洋波浪较小的养殖环境。框架之间的过道采用销轴联结,使得各框架能随波浪起伏。该类型网箱有框架构成的过道平台,一般无人车可以在通道上行驶,管理方便。网箱边长为 25 m 或 30 m,网深 20 m 左右,最大体积为 22 000 m³,一般抗流小于 0.5 m/s。单个网箱养鱼产量达 550 t,相比 HDPE 圆形网箱较为方便,但造价高。普利司通网箱由一定强度的橡胶管(汽车轮胎材料)和钢制连接结构组成。网箱以八边形居多,每个浮管自成独立浮室,每段浮管采用定制的连接构件,通常为金属框架加浮筒结构,橡胶管外敷设塑料层,待污损生物附着到一定程度时将塑料层取下,换上新的塑料层。网箱整体具有很好的柔性,在八边形的连接角系泊,具有较好的抗风浪能力以及较好的外形保持性。网箱抗流小于 0.5 m/s,抗浪 5 m。网箱周长 120 m,网衣深 21 m。单个网箱可放苗 8 万~10 万尾,产量达 400 t。此类框架维护频率较高,比 HDPE 圆形网箱造价高。

11.2 无人网箱养殖功能系统

无人网箱养殖主要包括智能监控摄像系统、渔网自动清洗装置、水下照明装置、精准饲喂系统、水质监测系统和自动收捕系统等。智能监控摄像系统可在养殖场单独作业时对不速之客、掠食者、饲料撒播或简易安全装置进行全面监控。水下照明系统具有先进和可靠的光周期控制功能,可帮助养殖户显著提高经济效益,在冷水养殖业中,正确使用水下照明系统可缩减鱼类成熟周期,加快发育生长并提高饲料利用率。照明系统主要适用于小型鱼池中的幼鲑或鱼类幼体,以及较大养殖场中要求光照控制的发育中的鲑鱼、鳕鱼类和其他快速发育型鱼类。

11.2.1 水质监测系统

养殖水质环境的好坏直接影响水生动物的生长状况及其产品品质,因此,水质监测与预警是养殖管理中最重要的部分。鱼类生长状况与水温、水中pH、溶解氧浓度、氨氮含量和亚硝酸盐含量等水质参数有着密切关系。虽然网箱养殖中网箱所处位置一般位于水位较深、水域条件非常充足、水质条件好的地方,但是气候、养殖密度、投饵量等也会引起养殖水质变化。温度、溶氧和流速等在内的各种环境数据是影

数字资源 11-1
新疆天蕴三文鱼
养殖场

响鱼类网箱养殖的重要因素,环境传感器的实时监测可快速掌握网箱养殖水质状况。

无人网箱内布置了大量的传感器、执行器,可以做到快速有效调控。养殖环境信息智能监控终端包括智能水质传感器、数据采集终端、智能控制终端,主要实现对溶解氧浓度、pH、电导率、温度、三氮浓度、叶绿素等水质参数的实时采集、处理以及增氧机、循环泵等设备智能在线控制。以溶解氧为例,系统预测到溶解氧含量有下降趋势或者检测到低于水生生物最适宜的浓度时,将及时启动无线增氧机增加溶解氧浓度,增氧设备主要以叶轮式增氧机为主,云平台一方面可以经过测控系统实时获取养殖水质环境信息,及时获取异常报警信息及水质预警信息;另一方面通过采用水质信息智能感知、可靠传输、智能信息处理、智能控制等物联网技术,实现对水质全过程的自动监控与精细管理。无人网箱养殖中装备有水质环境应急处理系统,在网箱中的鱼类生存环境或装备突发异常时,应急系统会自动启动,确保网箱鱼类安全生长环境不发生大的变化,避免各种风险发生。

11.2.2 精准饲喂系统

网箱养鱼有 2 种方法:一种是养殖过程中不投喂饲料,养殖鱼完全依靠摄食水中的浮游生物和附着在网箱中的藻类,主要养殖罗非、白鲢等鱼类,每亩网箱鱼产量可为 5~10 t,这种养殖方法称为管养;另一种是投喂各种饲料,主要养殖鲤鱼、罗非鱼等,亩产 20~40 t,被称为精养。精准饲喂系统融入了生物学、工学、电学、计算机等技术,将复杂的养殖过程控制变得异常简单和准确。饲喂系统由风机、风力调节器、下料器、投饵分配器和喷料器组成。投饵系统由电脑控制,电脑的投饵决策由温度、潮流、溶氧、饲料传感器(水中饲料余量)、摄像机系统(鱼类行为)和喷料状态等信息经养殖管理软件综合分析决定并发出各项指令,养殖管理软件是投饵系统的决策中心。饲喂系统每次都可按最佳比率按时按量喂饲,从而最大限度优化整个喂饲过程。

饲料传感器中配有内置摄像系统,能够实现残余饲料的精确检测,可根据残饵检测结果(反映鱼类食欲)自动增减喂饲频率。通过喂饲摄像系统观测喂饲过程中水面正上方情况,查看是否留有残余饲料。投饵采用管道低压输送方式,一台风机经投饵分配器可实现多达 60 路远程输送,通常是 8~24 路,每路供给一个网箱鱼粮。投饵输送风机功率:7.5~45 kW;输送距离:300~1 400 m;最大喂料量:648~5 220 kg/h。饲喂系统有了很大的改进,使投饵更合理更有益于营养的保存。从风机出来的热风,达到 60~90 ℃,高温容易使饲料在管道的运行中受热营养遭到破坏。新的系统对从风机到下料器的风管进行了散热处理,使风恢复到常温状态,最大限度保持了饲料的原有品质。同时,为了控制风速以及让颗粒料在管道内有规则运动,在下料器前安装了风力控制器,让颗粒在适合的风速下运动,防止风力过低时造成颗粒在管道堆积或风力过大使颗粒与管道摩擦造成粉碎。旋转下料器也做了大的改进,由原来的的 4~8 户增加到 8~60 户,为了保持 S 形管旋转的动力平衡,S 形管在与网箱口对接上增加了板靴及安装滚轮,使运转更加平稳。整套投饵设备在工艺上也有较大的提高,主要表现在部件标准化、紧凑和防锈处理上,如图 11-2 所示。

养殖管理系统是养殖过程管理的专家,有效实现软、硬、智能一体化的管家。其关键技术在于:实现一体化的软件和硬件设备有效地集成,鱼类养殖控制与饲料系统及多环境参数相结合,形成强大的数据分析报告,经过统计优化,减少了人为工作的错误。同时,饲料系统和所有环境传感器数据都将被自动记录。有 450 多个养殖分析变量,以适应个人需要和养殖记录溯源。

无人网箱养殖场都有各自的养殖管理软件,其养殖管理软件针对性较强,系统要根据不同的养殖品种和饲料营养,以及养殖环境等进行特定编程。监控系统是精准投喂的灵魂,通过一系列传感器包括多普勒残饵量传感器、喂料摄像机和环境(温度、溶氧、潮流和波浪)传感器实时观察网箱内鱼类的生活情况,以及对残饵、死鱼的监测,达到精确控制投饵量。摄像头可以上下、左右移动,以观察鱼类摄食情况,最深可移动到网箱底部观察到死鱼的情况。

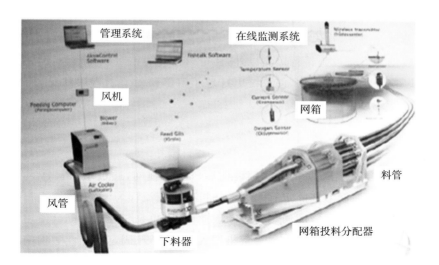

图 11-2　自动投饵控制系统

11.2.3　巡检系统(水质、网衣污染与破损)

巡检系统主要实现 24 h 不间断地对网箱的重要装备、设施、养殖对象、水体等进行巡检,及时发现并处理生产现场出现的设备设施故障或养殖对象的异常行为。系统业务将应用于所有养殖对象,保证无人网箱养殖生产目标的健康发展和生产作业的顺利进行,有效地提高网箱养殖的经济效益。根据使用场景不同,无人巡检系统可以划分为轨道式机器人、水下机器人、无人机、无人船等。系统的主要业务包括:病鱼发现、死鱼捡拾业务、关键设备设施状态检测、网箱和网衣污染破损检测、养殖对象行为监测及养殖水体水质的监测。

养殖过程中难免出现鱼类的死亡,如果不及时处理任由其腐烂,将造成局部水质的严重污染,甚至造成大面积鱼类死亡的后果,因此,病鱼的发现与死鱼捡拾业务十分必要。无人巡检系统集成的机器人以深度学习技术、计算机视觉、定位技术为基础,检测出病鱼、死鱼的位置并完成捡拾。无人网箱养殖和海洋牧场中主要使用无人机配合水下机器人共同完成。该项业务的完成将保证无人网箱养殖的健康发展,有效降低渔场的经济损失。海洋污损生物易在日照充足和水温较高的环境中大肆虐生,因此导致通过网箱的水流不畅以及水体含氧量的锐减。而附着的有害藻类和贝类的快速生长使得网箱、渔网重量增加,由此造成净负荷上升,在严重的情况下甚至可能损坏网箱、渔网结构。无人巡检系统将对生产系统起保障作用的重要设备设施进行巡检,主要检测内容包括循环水系统管道、网箱、网衣、养殖池、增氧及投饵设备等关键设备设施,它们是养殖活动正常进行的基础保障,一旦出现故障和损坏将造成巨大的经济损失。水下机器人在完成上述任务的同时还有另外一项重要业务——网衣破损的检测与定位,它利用计算机视觉技术对围网进行全天候、全方位巡检,当检测到围网出现破损时,可以立即将破损处的视频图像信息、位置信息上传至云平台,以便及时对破损处进行修补,从而降低经济损失;无人机巡检主要应用在无人网箱养殖及海洋牧场中的水上部分监测,它除了辅助水下机器人完成病鱼、死鱼的定位及路径规划和设备设施运行监测以外,还可以监测养殖对象的行为,例如:摄食行为、繁育行为、缺氧应激等异常行为,使系统更好地了解养殖对象的健康状况,从而更好地对其进行养殖和管理。

11.2.4 自动收捕系统

无人网箱养殖可根据渔场的形状铺设柱形(桶形)拖网,通过水下机器人将拖网固定在铺设好的锚桩上,拖网上部固定有大型卷扬机。收获流程为:水下机器人将固定在锚桩上的拖网释放,卷扬机带动拖网向水面运动。此时,吸鱼泵与分鱼机配合使用即可完成分级收获任务。收捕完成后,拖网将由水下机器人再次铺设、固定。在此过程中吸鱼泵主要用于无人网箱养殖中的鱼类收捕,其中离心吸鱼泵内部结构独特,能保证吸入泵体的鱼存活。其关键技术在于:独特的叶轮结构。其叶轮采用两片式,形成 2 个通道。当叶轮旋转时,离心力的作用使鱼通过被吸入泵体,然后从叶轮的通道被抛至泵的出口,整个过程鱼体没有任何损伤。

无人收捕系统是无人网箱养殖完成养殖周期的最后一个系统,经过这个系统,渔场中的养殖对象将通过有水或无水保活运输进入市场。该系统的完成主要依靠网具自动牵引装置、卷扬机、滑轨、吸鱼泵、分鱼机等。

11.3 无人网箱养殖系统集成

无人网箱养殖系统包括水质监测系统、鱼类行为监测系统、智能装备控制系统、网箱控制系统和养殖管理系统等。无人网箱养殖是海洋渔业发展的趋势,具有效率高、体积大的优点。无人网箱养殖系统集成涉及规划与建设、基础设施系统、作业装备与系统、精准测控、云平台和系统集成与运行。

11.3.1 规划与建设

无人网箱规划与建设是实现网箱养殖可持续发展和提高经济效益的首要工作。网箱选址是满足动物最优生长条件、提高经济效益和绿色可持续发展的前提。

(1)网箱应选择集约化程度高、抗风浪、抗腐蚀的结构材料。深水网箱养殖与传统网箱相比,前者集约化程度较高、养殖密度较小、养殖鱼类的饵料来源相对丰富。深水网箱内环境平稳、水体较大,网箱直径足够满足鱼类生长活动,更接近于鱼类原生状态。

(2)网箱养殖海域范围选择水深要求一般是 15~40 m,个别大型网箱养殖区域也可设立在 40~100 m 水深的海域。深水网箱养殖具有较强的抗风浪性,支持在半开放海域内完成养殖作业,远离近岸高污染区,极具优良的养殖环境,是获得高品质养殖水产品的基础保障。

（3）深水网箱养殖需具有规范化管理,需集成自动化的养殖技术与养殖设备。网箱建设主要采用一系列自动化设施,包括投饵、分级收鱼、鱼苗计数和死鱼收集等,较传统网箱养殖自动化水平高,在很大程度上降低了因深水网箱养殖容量大、离岸距离远而带来的劳动力消耗。

（4）养殖区水流速度大,能更好地将鱼类的排泄物和残余饵料及时带走,减少疾病灾害,为鱼类健康生长提供优良环境。

11.3.2 基础设施系统

基础设施系统是实现抗风浪网箱养殖的前提。网箱养殖基础设施是由网箱框架、浮体、网箱网袋和系泊设施 4 部分组成。

海水网箱框架分为浮式网箱、浮沉式网箱。浮式网箱又称软体式网箱,是依靠浮子装置实现网箱上部浮于水面。浮沉式网箱通过调整浮力实现网箱深度的下沉,采用太阳能能源、移动通信技术、控制传感器和充气泵组成的一体化控制装置,实现了网箱的平衡升降和远距离自动化控制。

网箱浮体是网箱养殖设施专用浮体,是通过将一定数量的浮子悬挂在网箱网袋的方式实现网箱浮于水面。浮子的大小、数量、安装方式根据框架、网袋等浮力的重量进行选择。浮子的材料选择镀锌钢管,具有耐腐蚀、抗风流性能强的优点。

网箱网袋选择具有抗风流、通透性、耐腐蚀的材料,减少寄生虫附着和更换频率。铜合金的金属网在耐腐蚀、防污等方面具有较好的性能,适宜河豚、斑石鲷等鱼类。

系泊设施是使浮体约束于海上某位置的装置,单点系泊装置包括:内转塔式单点系泊装置、外转塔式单点系泊装置、悬链式浮筒单点系泊装置、单锚腿浮筒单点系泊装置、塔架式刚臂单点系泊装置。

11.3.3 作业装备与系统

（1）智能投喂系统

智能投喂系统通过集成机器视觉、声学技术和传感器等现代科技手段,结合环境因素和水质参数,实时分析鱼类的生长需求。这一系统能够精准确定投喂时间和投饵量,实现智能化的饲料投放,从而提高饲料利用率,减少残余饵料对水体的污染,进而降低养殖成本,提升鱼类的整体质量。由于养殖区域离海岸较远,敞开式网箱养殖增加了养殖难度。该自动投喂控制系统可用于远离海岸的网箱投喂,促进开阔海域网箱养殖的发展。在大型网箱养殖中,采用自动投喂设备优化投喂方式,解决人工投喂劳动强度大、效率低、成本高、精度低、可靠性低等问题。

（2）网箱清洗

网箱清洗是无人网箱养殖设备的重要组成部分。网箱清洗是指使用装备或机械对网上附件进行清网,避免网上沉积物过多,增加网的重量。水下网清洗设备按工作原理可分为高压水流清洗装置和旋转洗涤装置。此外,还有一种高压水流与刷子相结合的净清洗装置。利用机器视觉、声学、机器人技术实现对网衣污染程度的检测和自动清洗。

(3)自动收捕

自动捕鱼机的关键技术和设备是无人网箱养殖的重要组成部分。主要解决了如何在不刺激、不损伤生产对象的前提下提高生产对象的收获效率,将生产物品从网箱运输到岸上的高可靠和低成本问题。由于网箱养殖容量大,单靠人工渔网捕捞不仅会影响捕捞进度,而且容易刺激和破坏生产对象,降低养殖户的收益。这种高度自动化的捕鱼机可以克服人工捕鱼效率低的问题,提高经济效益。此外,机械化和自动化的捕鱼机器可以大大提高鱼的成活率,减少作业过程中对鱼的人工伤害。

11.3.4　精准测控

海洋网箱养殖环境的自动监测、养殖作业的自动控制、网箱养殖的智能化管理已经变得至关重要。传统的网箱自动化程度低,配备的设施无法实现网箱的自动化运行和管理。需要一套完整的智能设备为网箱养殖提供支持。本节介绍无人网箱养殖智能化监测所涉及的关键技术。

(1)水质监测系统

水环境监测主要是指利用现代监测手段(在线远程监测设备、浮标、水下机器人、无人机等),对网箱所在区域的水文、水质信息进行监测。实时监测溶解氧、亚硝酸盐、氨氮、叶绿素等水质参数的变化,实时分析获得的数据来解决传统的水质监测方法不能动态反映水质变化的问题,实现无人值守的目标运行在网箱养殖区域,使渔民可以随时获取远海网箱养殖区的水文和水质参数,解决了人工水质监测风险高、成本高、难以满足实时性检测要求的问题。实时在线监测水质参数可以提高检测效率,降低养殖风险。海洋浮标作为一种新型的现代海洋监测技术,逐渐受到各国海洋渔业局的重视和利用。

综合农业环境空间信息处理技术具有自动化、智能化和实时性。网箱的水质传感器和水下摄像设备在线测量水质和环境信息。水下机器人可以全方位自动监测水质。一个浮标提供水质和水文数据的在线监测,一架无人机配备一个高光谱照相机和其他设备用于远程监测。这些方面结合起来,实现了对网箱养殖水环境和水质的全方位立体、智能化监测,为网箱养殖环境监测、预警等方面提供技术支持。

传统的水质监测设备只能实现水质的定点监测,不能反映养殖水质参数的空间分布,而且这些设备可靠性不高,维护困难。针对这些问题,我们可以利用信息技术,通过新型传感器、集成无线监测网络、浮标、水下机器人等监测手段,提高监测设备的可靠性,降低设备维护成本,获取多尺度实时动态变化水质参数,实现远海网箱养殖水质全面、多点立体监测的目标。

(2)行为监测系统

鱼类行为监测技术主要是指利用机器视觉或声学技术获取鱼类的行为(速度、鱼类种群波动、运动周期、摄食行为、应激反应等），并将得到的鱼类行为反馈给自动投喂控制系统。系统对智能投料系统的决策过程进行优化，实现精准有效的投料，实现效益最大化。鱼类行为的变化反映了环境干扰或压力对鱼类的累积影响。由于鱼类对环境参数的变化更为敏感，鱼类行为已被广泛应用于环境研究的生物监测系统中。机器视觉和声学技术被用于监测鱼类的行为，为水质监测和预警提供信息，为实现动态精准测控提供决策依据。

（3）网箱控制系统

网箱养殖是集多种养殖设施设备于一体的综合性养殖系统。为了实现各设备的正常、协调和安全运行，需要一个完整的网箱控制系统。网箱控制系统可以统一控制环境监测系统、智能喂料系统、抗风浪设备、能源供应系统和网箱智能设备之间的协调，实现网箱在开阔海域的经济效益最大化。

网箱养殖管理是网箱养殖中不可缺少的环节。由于自然灾害、海水腐蚀等对网箱的破坏，网箱养殖管理水平会随着时间的变化而变化。手工管理已无法满足这种动态需求，因此，有必要采用网箱养殖智能管理系统。

11.3.5 云平台

云平台是将终端设备采集的数据信息进行接收汇总，并通过数据分析向执行设备发送指令，对养殖动物的生长进行实时监测和合理调控的智能管控平台。

（1）基础设施系统

云平台主要具备信息接收和设备控制功能。网箱养殖通过物联网、移动通信技术实现云平台对基础设施系统的参数监测包括电力、浮台、仓库、轨道等基础设施状态检测，确保基础设施满足支撑其他系统运转。云平台通过通信设备接收环境数据信息（水温、潮流、氨氮浓度等）、生产资料信息（饵料消耗、电量耗损等）、自动化设备工作状态信息（饲喂设备、网衣清洗装备、分级技术装备等的运行状态信息）。

（2）作业装备系统

云平台对接收到的信息进行整理分析后，对自动作业装备进行控制。云平台根据网箱内摄像头以及其他传感器监测到的数据，实时分析鱼群状态并发出相应的反馈指令。挪威的大型网箱已经形成了集自动投料控制系统、自动鱼苗计数、水下监测系统、自动收集死鱼等为一体的智能管理系统。

（3）测控系统

云平台与测控系统连接是调用测控系统中的数据信息，包括环境信息以及养殖对象生长状态信息，对数据预处理、存储、汇总、分析与管理。网箱养殖管理系统是将各种信息存储在云端，云数据管理中心将有效解决大量数据的存储和计算问题。本地服务器和云平台之间通过有线互联网连接。信息传输系统主要将采集到的数据信息传送到云平台以及将云平台发出的控制信息传送到作业装备。

11.3.6 无人网箱养殖系统集成与运行

随着信息技术、养殖装备技术的快速发展,海水养殖逐渐从浅海走向深海,网箱养殖环境自动监测、投喂等养殖作业的自动控制、网箱养殖智能管理已变得至关重要。由于深水网箱远离海岸,单依靠人工管理生产过程,风险大、强度高,难以满足实际生产需求,在深水网箱养殖过程中需要现代化的网箱养殖智能装备的支撑。

(1)硬件系统集成与运行

深水网箱养殖从投放鱼苗到捕捞成品鱼的过程中,主要包括网衣清洗、精准投喂、水下检测、死鱼回收、分级计数、捕捞收获等装备。网衣清洗设备负责清洗网衣上的附着物,改善水体交换,给养殖鱼类提供良好的生存空间;精准投喂装备根据监测设备提供的数据及网箱内鱼类生理及行为信息实现深水网箱的精准投饵;经过鱼类分级计数装备后,网箱内鱼类大小等级清晰,便于养殖期间的管理;捕捞收获装备可以大大减少人工劳力,减轻捕获养殖鱼类期间对鱼体的损伤。

(2)软件系统集成与运行

软件测试主要针对云平台和互联网的测试。首先是云平台的通信测试,包括了有线和无线通信设备信号传输性能测试、信号安全性测试以及抗干扰能力测试等。其次是云平台数据处理测试,包括数据接收准确性检测;数据处理能力检测,如数据处理量大小、处理后的判断结果是否正确、是否符合需求等;控制指令传导能力检测,如控制指令能否使得执行器正常工作。此外,软件系统的安全性和可靠性也需要进行模拟测试。

第 12 章

养鱼工船系统与智能装备

在专业化的大型养鱼工船方面,国外渔业发达国家同样起步较早,目前已有较为成熟的发展理念,形成了浮体养殖、船载养殖以及半潜式网箱工船等多种技术方案,并正在进入实际应用阶段。同时,随着海洋养殖不断向深远海拓展,大型深远海养殖平台也已进入构想建设阶段,未来将进一步走向装备工程化。我国的专业化大型养鱼工船和综合海洋养殖平台也正在逐步发展,目前的发展方向主要以船舶改建为主:以大型老旧船舶为母船,将货舱改造为养殖水舱,同时配合养殖系统装备,组建大型深远海养鱼工船及综合养殖平台。

12.1 概述

12.1.1 养鱼工船特点

养鱼工船是一种可走向更远更深海域的新型养殖设施。我国目前的深远海养殖工程装备发展理念尚未成熟,缺乏相关技术储备,海上养殖设施工程化水平与渔业发达国家存在明显差距。现有的养殖工程装备以深水网箱为主,研发水平不高;另外,对于专业化大型养鱼工船和综合养殖平台的研究还处于概念设计阶段,鲜有已投入实际应用的方案。研发具有自主知识产权,适应我国领土海域环境特点的养鱼工船和养殖平台等新型养殖工程装备与技术,是我国海洋渔业未来增长的迫切需要和实现海洋渔业可持续发展的关键。国内最早由中国水产科学研究院渔业机械仪器研究所提出,现在市场上的几种方案提出方均与中国水产科学研究院渔业机械仪器研究所有过一定的合作,主要有以下特点。

①工船具有船式外形,自带动力,自行游弋,原则上可至全球任何海域。在遭遇台风或赤潮时,可机动躲避,避免造成对舱内养殖鱼类的影响。

②工船内部水体与外界交换。工船游弋的性能,原则上可满足所有海洋鱼类的养殖;借助深层取水装置获取适宜温度和盐度的海水进行养殖,保证养殖鱼类一直保持在最佳生长状态下,缩短养殖周期。

③工船集成了多样功能,对岸基配套的依赖程度相对较低。配置繁育加工等系统,可实现养殖鱼苗的自我供给和渔获物的初级加工;可搭载海洋科学考察仪器,在工船游弋过

程中收集海上气象、环境、水文和地貌等数据;对周边作业渔船进行油、水、食品等的补给,并对其捕捞而来的鱼货进行收鲜,无须渔船经常性往返作业海域与码头之间,拓展渔船作业范围。

④工船因其机动性能适用于更深更远的海域,更适合平缓而漫长大陆架地形的我国的渔业走向深蓝。

⑤工船游弋在大洋深海,进行水流交换,对养殖水域环境影响较小;在必要的时候还可加装养殖水处理装置,净化养殖排放水,符合环境友好型的标准。

⑥因养殖水体和环境的可控性,养殖鱼类面临的疾病、寄生虫等灾害的风险相对较小。

⑦平台造价相对较高,产量及产值也相对较高,技术难度也相对较高,同时风险也相对较高。

12.1.2 养鱼工船功能

养鱼工船具有十大功能,具体如下。

(1)舱养功能

利用深远海优越的气候和水质条件,以该平台为载体,在养殖水舱内开展经济性海水鱼类生产养殖。

(2)繁育功能

以野生(或养殖)的海水鱼为亲本,采用人工催产获得受精卵,开展繁育功能研究。

(3)加工功能

通过布置在平台主甲板上的加工车间,开展作业渔船经济性鱼类及该平台舱养鱼类的初加工,并进行速冻冷藏。

(4)收储、物流补给功能

为延长附近渔船的作业时间,节省燃油消耗,该平台具有对远洋捕捞渔船渔获物收储功能和燃油、淡水及生活物资的补给功能。

(5)休闲旅游功能

设置高级客房,配备垂钓船等配套设施,提供海上休闲旅游功能。

(6)渔业科考功能

开展养殖相关科学研究、海洋环境与资源调查作为其移动观测站,学生教学、实验实践活动基地。

(7)数字管理功能

具有基于环境信息、生长模型的智能化投喂控制程序的自动投喂系统;基于仓储平台的机械化远程管道定量投送装备;基于养殖对象摄食行为的数字化监控系统等。

(8)信息采集功能

搭载海洋观测系统,提供远海数据获取的新模式,对大洋信息与目标进行探测,形成海上数据。同时,配置集成塔台指挥中心(通信导航设施)、油料供给中心等。

（9）信息通信服务

建设海洋信息感知与通信平台，搭载卫星通信转 4G/5G 通信基站，实现船载平台本体与搭载设备的运行状态监测管理、安全管控及自动控制，并具备很强的计算存储能力、预处理能力和外部通信能力，对船体资源进行优化管理及海上通信覆盖。

（10）应急救援功能

船上可设医疗为远海渔民服务，设直升机平台为远海渔民救援服务，也可以为我国海上维权执法公务船提供相关服务，建立渔业维权海上移动工作站。

在上述功能的基础上，阶段分级养殖是提高循环水大西洋鲑鱼养殖经济性的有效手段，理论上年产量较传统单舱养殖可提高 30% 以上。阶段分级养殖是根据大西洋鲑鱼生长特性曲线，将不同养殖阶段在对应的不同养殖舱内实现，本质上是充分利用水体的容积。图 12-1 展示了大西洋鲑鱼船上分级养殖流程。

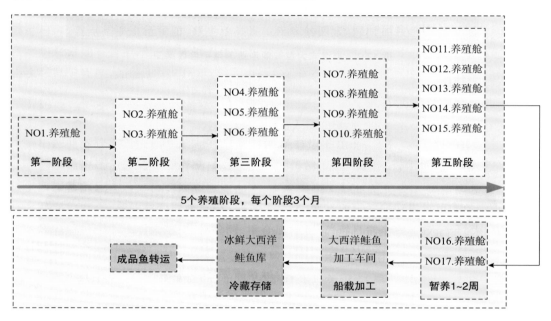

图 12-1　大西洋鲑鱼船上分级养殖流程

12.1.3　国内外发展状况

（1）国外养鱼工船发展历程

早在 20 世纪 80～90 年代，发达国家就提出了发展大型养鱼工船的理念，包括浮体平台、船载养殖车间、船舱养殖以及半潜式网箱工船等多种形式，进行了积极的探索，为产业化发展储备了相当的技术基础。图 12-2 为半潜式大型智能渔业养殖平台效果图。

2005 年，西班牙设计了一种半潜式金枪鱼养殖船（TOU），效果如图 12-3 所示。该船船长 190 m、宽 56 m，船体为双体船，内部鱼池由网箱围成。

该养鱼工船吃水深度为 37 m，通过在船池内部署渔网，迫使鱼在网中向上游动，捕获指定数量的鱼。当限制的鱼类数量足够时,渔网闸门关闭,机组卸压,减少吃水,从而增加鱼类密度,该过程如图 12-4 所示。

图 12-2　半潜式大型智能渔业养殖平台效果图

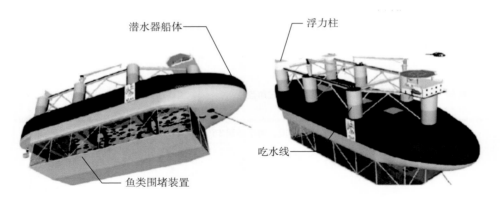

图 12-3　西班牙 Tuna Offshore Unit 效果图

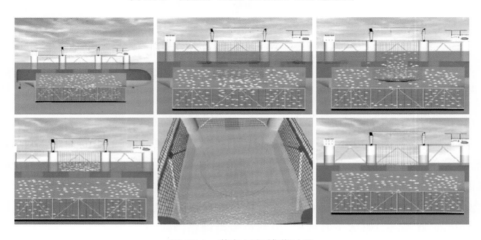

图 12-4　养鱼工船捕获过程

美国 Seasteading 研究所提出的移动式养殖平台,采用电力推进,生产功能齐全。

法国在布雷斯特北部的布列塔尼海岸与挪威合作改建了一艘长 270 m、总排水量 1×10^5 t 的养鱼工船,计划年产鲑鱼 3 000 t。

挪威研制了长 430 m、宽 54 m 的巨型"船",可容纳 10 000 m³ 水体,相当于 200 万条鲑鱼(图 12-5)。此外,法国、日本等国家也先后提出了大型的养鱼工船方案。

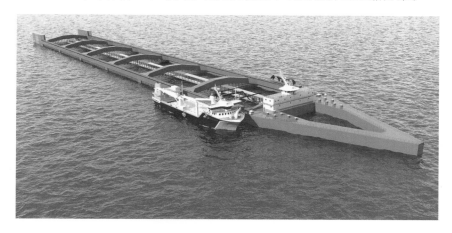

图 12-5 挪威深海养鱼工船

大型养鱼工船在欧美等发达国家虽有诸多实践,但一直以来未见形成主体产业,生产规模有限,究其原因,主要是产业发展条件还不具备。首先是养殖鱼产品需求有限,在良好的管理措施下,欧美发达国家海洋捕捞资源较为丰富,养殖产业规模较为稳定,缺乏大规模发展水产养殖的基本动力。其次是沿岸近海水域环境良好,养殖设施布局合理,并没有深受污染与病害的侵扰,许多沿海地区并无台风等自然灾害的侵袭,北欧独特的峡湾地貌适合开展大型网箱养殖。最为根本的是发展水产养殖的综合条件与第三世界国家相比,难以形成竞争力。这些因素可能导致了发达国家深远海养殖平台与大型养鱼工船产业发展滞缓。

(2)国内养鱼工船发展状况

我国深远海养殖装备研发尚处在起步阶段。20 世纪,雷霁霖院士绘制了"未来海洋农牧场"建设蓝图,展示了在我国建造养鱼工船的初步设想。丁永良长期跟踪国外养鱼工船研发进程,梳理总结技术特点,提出深远海养殖平台构建全过程"完全养殖",自成体系"独立生产",机械化、自动化、信息化"养殖三化",以及"结合旅游""绿色食品""全年生产""后勤保障"等技术方向。"十二五"期间,徐皓等开展了大型养鱼工船系统研究,形成了自主知识产权,并与有关企业联合启动了产业化项目,设计方案建立在 10 万 t 级船体平台上,养殖水体 75 000 m³,可以形成年产 4 000 t 以上石斑鱼养殖能力,及 50~100 艘渔船渔获物初加工与物资补给能力;提出了以大型养鱼工船为核心平台的"养-捕-加"一体化深远海"深蓝渔业"发展模式。通过启动上海市科学技术委员会的"大型海上渔业综合服务平台总体技术研究"项目(15DZ1202100),重点围绕"平台总体研究与系统功能构建"和

"平台能源管理系统研发与新能源综合利用"两大关键问题开展研究。

　　由中国水产科学研究院渔业机械仪器研究所和中国海洋大学联合研发设计,开展3 000 t级船舶改造为冷水团养殖工船,改造工作已完成,并交付船东使用,现已经投入示范生产,如图12-6所示。

图 12-6　鲁岚渔 61699 养鱼工船

　　2014 年,我国启动了首个深远海大型养殖平台建设,该平台由 10 万 t 级阿芙拉型油船改装而成,型长 243.8 m、型宽 42 m、型深 21.4 m、吃水 14.8 m,能够提供养殖水体近 8×10^4 m^3。该养殖平台主要包括整船平台、养殖系统、物流加工系统和管理控制系统,能满足 3 000 m 水深以内的海上养殖,并具备在 12 级台风下安全生产、移动躲避超强台风等优越功能。首个深远海大型养殖平台是以海洋工程装备、工业化养殖、海洋生物资源开发与加工应用技术为基础,通过系统集成与模式创新,形成集海上规模化养殖、名优苗种规模化繁育、渔获物转载与物资补给、水产品分类贮藏等于一体的大型渔业生产综合平台。该养殖系统由 14 个养殖舱构成,设有变水层测温取水装置、饵料集中投喂系统。同时,物流加工系统具备远海捕获渔船的物流补给、渔获物海上收鲜与初加工功能。管理系统可实现对养殖系统的机械化、自动化控制,以及物流、捕获等整个生产系统的信息化管理。

　　2019 年以来,江苏省国信集团有限公司发起并联合中国船舶集团、中国水产科学研究院、海洋国家实验室等,率先投资建设全球首艘 10 万 t 级全封闭游弋式大型养鱼工船"国信 1 号"。该船共 15 个养殖舱,养殖水体达 8 万 m^3,开展大黄鱼等高端经济鱼类的养殖生产,可年产高品质大黄鱼 3 200 t。2022 年 1 月 25 日,"国信 1 号"在中国船舶集团青岛北海船厂顺利实现出坞下水,如图12-7所示。

图 12-7　中国首艘 10 万 t 级养鱼工船

12.2　水质调控系统与装备

依托水质调控系统与装备,养鱼工船在养殖时能提高养殖密度,保证养殖对象的安全和快速成长,并提高品质;同时在船舶快速躲避台风赤潮等恶劣气候下,兼顾养殖对象的安全。

12.2.1　常流水交换系统

养殖过程中需要定时或实时开展与外界海水的水体交换,为养殖舱带入新鲜海水并带出水中污物。排水管路需尽可能地光顺,避免凸起、凹陷和阻碍引起的污物堆积;管路和阀附件的材质及涂层需为耐海水型且不影响养殖水产品的生长发育。

系统设计将结合养殖水产品种类来考虑节能运行,每个养殖舱设有应急排水和扫舱系统。养鱼工船开式排放口的位置、含油污、毒素标准等还应考虑到养殖的需求。生活污水的排放应单独设置,并且不应直接排放至养殖区。

如养殖水产品对水体温度有要求而无法依靠外界环境满足,养殖舱应设置保温措施,源水应有加热/降温措施。

常流水型式是舱内养殖水不经过任何处理,直接与外界海水开展水体交换,有自然水体交换和强制水体交换两种。

（1）自然水体交换

通海型养鱼工船舷侧开孔,养鱼工船根据海流围绕船首的单点系泊系统旋转,外部海水通过舷侧孔与舱内海水进行交换,如图 12-8 所示。开孔数量及大小根据养殖舱内的养殖设计量确定,但运行过程中的水体交换量由海域水流确定,无法人为控制,舱内的流态也无法调节。

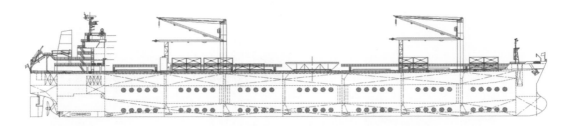

图 12-8　养鱼工船开孔位置示意图

（2）强制水体交换

封闭式养殖舱通过泵组从舷侧吸水向养殖舱内注水，自然排水；或从养殖舱内吸水向舷侧排水，自然进水。一是封闭式全流水养鱼工船，采用封闭式养殖舱结构，使用舱内水泵不断从一定深度抽取海水注入养殖舱内，并通过舷外排孔排出，使得养殖舱内水体具有适合养殖的流场和水体环境。该种方案养殖水体交换量大，一定程度上也受到养殖海域水温水质条件的影响。二是封闭式循环水养鱼工船，采用封闭式养殖舱结构，采用循环水养殖系统去除养殖水体中的杂质并增氧，保证最适宜的养殖水体水质；配置变水层取水系统，根据需求抽取适宜温度的海水并注入养殖舱，维持养殖需要的水体温度。该方案系统复杂，且耗能较大，但能够营造最适宜的养殖水体环境，所需注入的外界海水量相对小，养殖产量高，可适用广泛的海域，可养殖当地不适合养殖的高附加值鱼种（如大西洋鲑鱼）。

养鱼工船布置分布式供水系统通过水泵系统向各个鱼舱供水，供水量按养殖舱大小和养殖密度确定，取水管口处安装滤网，拦截海上漂浮物和水生动植物，如图 12-9 所示。正常工作状况条件下，每个养殖舱通过内外液位差采用自流方式将海水排到舷外。10 万 t级养鱼工船标准舱设计的最大排水流量为 3 800 m³／h；艉舱为 2 400 m³／h。此外，在每次投喂后 1～1.5 h 会通过强排泵强制排出舱内部分水体。

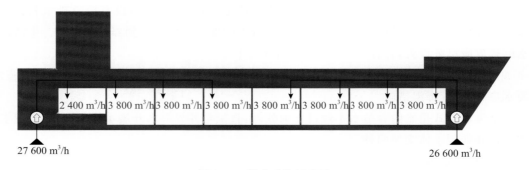

图 12-9　供水系统示意图

12.2.2　循环水处理系统与装备

（1）循环水处理系统

循环水养殖系统即通过一系列水处理单元将养殖池中产生的废水处理后再循环回

用,以去除养殖水体中的残饵粪便、氨氮、亚硝酸盐氮等有害污染物、净化养殖环境为目的,利用物理过滤、生物过滤、去除 CO_2、消毒、增氧、调温等处理,净化后的水体重新输入养殖池的过程。在有限的船体空间内构建经济高效的循环水养殖系统是养鱼工船开发需要考虑的关键问题。

不同的养殖工艺构建的循环水养殖系统有较大的差异,同时,系统的构建也受到船体结构型式的约束。养鱼工船设置多个养殖水舱,每个养殖水舱与其配套的循环水处理设备等组成一个循环水养殖单元,即一套循环水养殖系统。该系统包含了水、气的循环与平衡,系统设备多,管路复杂。典型的循环水养殖系统包括养殖池、物理过滤、生物过滤、杀菌消毒、增氧、温控系统、监控系统等,图 12-10 为循环水养殖系统工艺流程。

图 12-10　循环水养殖系统工艺流程

(2)循环水养殖系统主要设备

①养殖舱:分级养殖舱是现有养鱼工船常用的养殖舱储设备,阶段分级养殖是根据所养水产品生长特性曲线,将不同养殖阶段对应在不同养殖舱内实现,分级养殖舱本质上是充分利用水体的容积。

②微滤机:微滤机的主要功能是利用微孔筛网的机械过滤作用,拦截、去除固液分离器无法除去的小颗粒物质,从而进一步减小后续处理单元流动床生物滤池的有机负荷。如图 12-11 所示为微滤机装置组成。微滤滤除固体悬浮物是通过微滤机转鼓上的滤网将固体悬浮物连续分离出来。滤网是微滤机的主要工作部件,其网目数(孔径)直接影响微滤机的 TSS 去除效率、反冲洗频率、耗水耗电等。滤网的目数越大,孔径越小,截流的固体物越多,反冲洗频率就越高。

③泡沫分离器:又称蛋白分离器,其通过射流器将空气(或臭氧)射入水体底部,使处理单

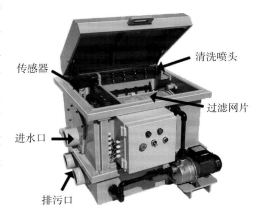

图 12-11　微滤机装置组成

元底部产生大量微细小气泡,微细小气泡在上浮过程中依靠其强大的表面张力以及表面能,吸附聚集水中的生物絮体、纤维素、蛋白质等溶解态物质(或小颗粒态有机杂质),随着气泡的上升,污染物等杂质被带到水面,产生大量泡沫,最后通过泡沫分离器顶端排污装置将其去除。由于泡沫分离技术在去除微细小有机颗粒物等方面的优势尤为突出,因此

泡沫分离器被广泛应用,如图 12-12 所示。

④生物过滤器:生物过滤器作为整个系统的核心处理单元,一般分为固定床(固定式毛刷填料)和流动床(多孔悬浮填料)两级处理,如图 12-13 所示。其原理主要是通过填料吸附截留作用、微生物代谢作用以及反应池内沿水流方向食物链分级捕食作用去除系统内污染物的过程。生物滤池将养殖废水中对养殖生物有害的绝大部分污染物(TAN、NO_2-N、有机物等)转化为无毒害作用的硝酸盐(或未达到养殖生物毒害浓度)以及其他无机物。

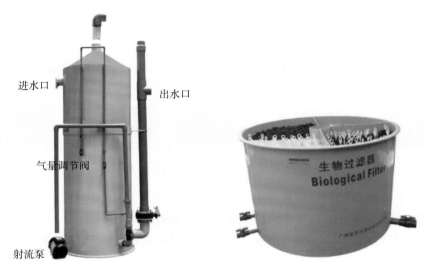

图 12-12　泡沫分离器　　　　　图 12-13　生物过滤器

⑤紫外消毒器:紫外消毒器是由大量的柱状紫外灯管并联组成的一个开放式处理单元,当养殖水体流经此装置时,养殖水体将受到波长为 230～270 nm 紫外线的强烈辐射,如图 12-14 所示。该紫外线具有穿透细胞膜破坏其内部结构的能力,进而使菌体失去分裂繁殖能力逐渐衰亡,最终达到消灭养殖水体中的病原菌的效果。紫外消毒技术凭借其成本低、对养殖生物无残留毒害的优点,在水产养殖中被广泛应用。

图 12-14　紫外消毒器

12.3 生境营造系统与装备

12.3.1 养殖舱形式

养鱼工船的养殖舱为水舱,既要满足船舶的结构强度和安全要求,同时也要满足鱼类生长要求。此外,现有的船舶养殖舱内部的自由液面较大,也有采取特殊的设计以减小养殖舱的自由液面,但是会导致空间上的利用率降低,船舶往往需要额外的空间来存放起捕网具、饲料、吸鱼泵等辅助养殖生产设备。优化的船舶养殖舱结构一方面要兼顾船舶的结构强度和安全要求,避免加强筋对鱼类生长的影响及沟槽对堆积粪便和残饵的影响;另一方面要对养殖舱上部结构进行优化设计,减小自由液面的同时,创设存放辅助养殖生产设备的空间。

现有的养鱼工船的养殖舱形式主要有 2 种,如图 12-15 所示。(a)图为全球首艘 10 万 t 级智慧渔业大型养鱼工船项目,是青岛国信集团联合中国船舶集团有限公司、海洋科学与技术国家实验室、中国水产科学研究院、台州大陈岛养殖股份有限公司、青岛蓝色粮仓海洋渔业发展有限公司等单位联合研发建造,其养殖舱为封闭式。(b)图为智利造船厂建造的养鱼工船,为开放式铜制自清洁养鱼舱。

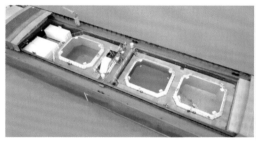

(a)封闭式   (b)开放式

图 12-15 养殖舱结构形式

12.3.2 深层取水系统

海洋取水是直接从海洋中取水,主要包含动力式泵和容积式泵,其工作原理是:利用泵体中叶轮在动力机的带动下高速旋转,由于水的内聚力和叶片与水之间的摩擦力不足以形成维持水流旋转运动的向心力,使泵内的水不断地被叶轮甩向水泵出口处,而在水泵进口处造成负压,海洋中的海水在气压的作用下经过底阀、进水管流向水泵进口。

深层取水系统工作时,用吊机将取水装置缓慢放入海水中,由取水装置底端的温度传感器测得符合养殖水产品的温度时发出信号,将取水装置固定在该水深处,启动循环水泵对养殖水舱供水;循环水泵亦可以根据养殖舱内的液位传感器自动启停。取水管放下之前需先打开声呐探测系统,对水下障碍物持续进行探测,保证取水装置及船舶的安全。当船舶由于波浪的作用颠簸或者取水装置在洋流的作用下产生摇摆时,吊机上的补偿装置可以随着船颠簸和取水装置的摇摆进行补偿,从而消除对船舶稳定性产生的影响。

12.3.3　颗粒饲料输送装备

工船养殖是一种深远海工业化养殖新模式,工船养殖过程主要采用自动投饲系统进行投饲,投饲机性能直接影响饲料利用效率和养殖效益。在颗粒饲料自动投饲系统中,采用管道气力输送颗粒饲料。传统气力输送技术的应用以及气固两相流理论已经相当完备,但对于深远海养殖饲料气力输送系统来说,饲料颗粒气力输送系统中,由于输送参数的不合理设计会使管道输送效率低或发生颗粒流堵塞现象,致使耗气量与能耗增大,因此需要深入研究饲料输送参数与输送效果之间的关系。

投饲机的设计基于正压气力输送原理,投饲机由风机、冷却器、下料装置、加速器、分配器、投饲称重系统等组成。在气力作用下,饲料通过输送管被输送到位于输送管末端的抛料口,将饲料均匀抛撒到不同养殖鱼舱中心进行投喂,满足多个养殖舱的投喂需求。

12.3.4　起捕聚拢系统

起捕聚鱼配合吸鱼泵共同组成船载起捕方式。在起网舱室四周布串联式绞机,牵引网底整体上移,实现将鱼群快速汇聚的目的;使用吸鱼泵将鱼吸入指定的区域。

图 12-16 为养鱼工船上放下的网囊,在正常养鱼时,养鱼工船上的网囊沉入养殖舱底部。网囊上沿串接一排浮子,网囊底周连接一定数量的沉子,网囊周边镶有数根网纲。在水中,网囊呈浅斗状。网囊网纲底部与起吊绳连接,起吊绳一端与多绞盘串联绞机连接,穿过固定绳环,连接底部网纲,通过另一侧固定绳环后与绞盘固结。因此,起网时,四周多个绞盘顺着某方向转动,网囊底部逐渐被抬起增加鱼水比,利于吸捕鱼群。反向转动时,网囊底部整体放下,利于布网养鱼。

图 12-16　起捕聚拢网囊

12.3.5　真空式吸鱼泵

真空式吸鱼泵是深远海养殖平台理想的活鱼输送设备。具有自动化程度高、工作效率高、劳动强度低、操作人员少等优点,是深远海养殖平台必备的先进起捕作业装备,起捕过程中对鱼类的无损伤率及存活率要求较高。

图 12-17 是真空式吸鱼泵示意图及现场工作图。真空式吸鱼泵由真空集鱼筒、水环真空泵、控制箱、阀门、仪表以及管道等组成。水环真空泵将真空集鱼筒内部分空气抽出,从而形成负压,鱼和水在真空集鱼筒内外压差的作用下从真空集鱼筒上部进鱼口处吸入,达到设定液位后,水环真空泵停止从真空集鱼筒内部抽气,真空集鱼筒上部通气口与大气(或水环真空泵出气口)接通,在重力(或气压)的作用下,鱼和水从真空集鱼筒下部排鱼口排出,从而完成一次吸、排鱼过程。

 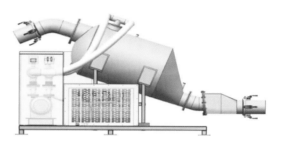

(a)真空式吸鱼泵现场工作图　　　　　(b)真空式吸鱼泵示意图

图 12-17　真空式吸鱼泵

12.4　船载智能作业系统装备

12.4.1　精准投喂自动化控制

饲料是水产养殖中最主要的成本,如何保证饲料的精准投喂,实现养鱼工船智能化管理是重要的研究内容。精准投喂自动控制模型根据养殖环境主要参数,结合鱼类生长需要形成合理的投喂量和最佳的投喂时间,实现养鱼工船养殖智能化管理。控制系统构建了生长模型管理、环境监测与报警、自动投饲策划、自动投饲系统的集中控制等功能模块。精准投喂自动控制系统构建如图 12-18 所示。

精准投喂决策主要用来完成当日投饵量辅助决策的功能。如图 12-19 所示,当日投喂量决策因子包含"鱼种规格""摄食率"和"本箱尾数"等,单体喂重决策公式见界面 F 相关公式所述。"鱼种规格"信息是根据鱼类的生长公式结合饲养日龄信息自动计算出来的,鱼种的生长公式见界面 W_t 等相关信息所述。在投饵决策界面中,首先点击"网箱编号"选择框,选择所要决策的网箱,然后核对"历史年"等上次决策时间信息、核对上次决策日的鱼种"历史规格""本箱尾数"等信息,核对无误后点击【当日决策】,在界面右边的决策结果中应显示"决策规格""单体喂重""整体喂重"等信息,核对该信息无误后可点击【决断载入】,将上述决策结果自动载入投饵作业页面的数据中,再进行投饵作业操作。决策模型中的生长率 s 和摄食率 k 为可调整参数,实际应用时可根据实际情况进行重新输入和调整。

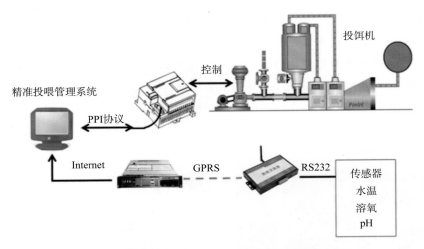

图 12-18 精准投喂自动控制系统构建

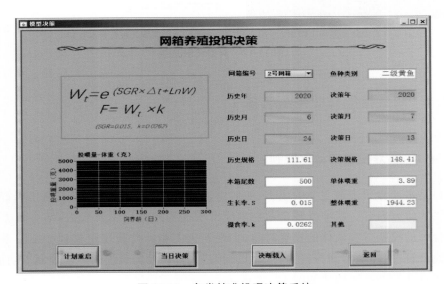

图 12-19 鱼类精准投喂决策系统

养殖自动投饵系统基于气力输送原理,结合 PLC 和触摸屏进行控制,系统可以实现多路饲料配送、自动投饵控制等,投饵过程可以进行远程控制或手动操作,方便进行投饵量、投饵速度、投饵时间的设置。投喂决策系统通过协议与自动投饵系统的控制器 PLC直接进行通信。将投饵时间、优化后的投饵量传输给投饵机的控制系统,控制执行机构做自动投饵动作,实现平台养殖精准投喂。

12.4.2　智能化饱食判定研究

精准投喂是建立在外界环境和鱼类生长特性上的,而养殖对象自身在当下阶段的状态也需要时刻关注,在必要的时候调整投饲时长、间隔时长、投饲量等,实现对饲料的精细化管理,降低水产养殖中最大的运营成本。智能化饱食判定主要包含以下步骤。

1. 数据获取

在养殖舱内配备适量摄像头,时刻观测舱内养殖对象的状态。水面摄像头主要观测鱼类摄食情况和水面污物和死鱼等,水下摄像头主要观测排污口和水下鱼类运动状态,如图 12-20 所示。

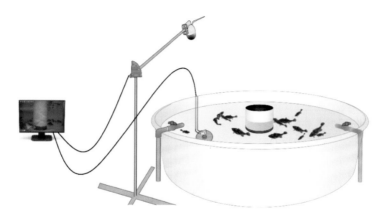

图 12-20　摄像头布置示意图

2. 构建模型

利用图像识别技术,从海量视频图像中获取鱼类特征值;运用神经网络模型,比较这些特征值,探索出一种根据鱼类画面判定鱼类状态的方法,让机器自我学习获得鱼类摄食状态的初步判断,辅助养殖人员决策。

人工神经网络是依照大脑神经网络工作原理而建立的一种简单的数学模型,由输入层、隐藏层、输出层组成,如图 12-21 所示。其中,输入层输入的为鱼类特征值,输出层输出的为鱼类状态,隐藏层的作用是处理输入层数据,从而达到对输出层数据准确估算的目的。在系统初始阶段,程序需要一定量的数据积累和标注数据进行模型训练,经训练数据获得的权重来实时预测饱食状态。

3. 摄食状态异常处理

如发现养殖对象摄食状态异常,结合人工判断,通过以下流程进行处理,如图 12-22 所示。

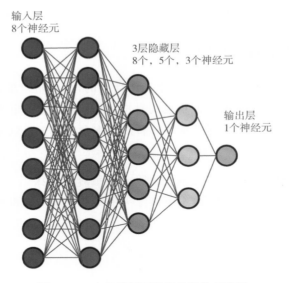

图 12-21　人工神经网络拓扑结构示意图

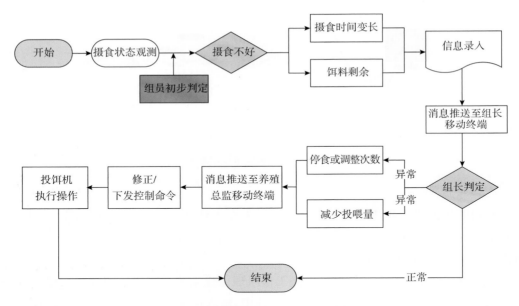

图 12-22　摄食状态异常处理流程

12.4.3　水质智能调控

水质调控系统基于船外海水水质优良,舱内养殖水因种种原因造成水质恶化,不适合养殖对象生长而设计。调控主要包括以下几个系统。

1.水体交换系统

水体交换系统由养殖海水泵和遥控阀组成。正常状态下,一个养殖海水泵给对应的养殖水舱供水,紧急时可通过阀门的切换给其他养殖舱供水。如养殖舱内海水泵发生故障时,系统启动以下流程开展自动调节。水量水体异常自动调节流程如图 12-23 所示。

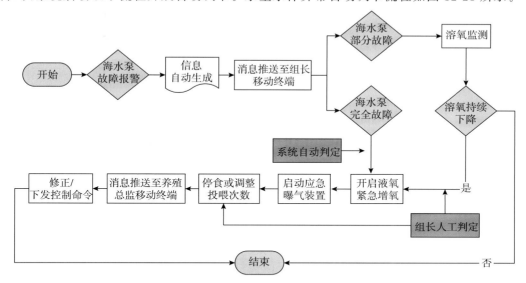

图 12-23　水量水体异常自动调节流程

2. 增氧系统

水产养殖智能增氧系统是通过传感器对养鱼工船养殖舱中溶解氧的含量进行实时监测,并将获取的数据通过网络传递给智能控制系统,由智能控制系统根据用户设置溶解氧含量的下限和上限主动控制增氧机工作的新技术。当养殖舱中的氧含量低于用户设定值时,系统能够将信息反馈到用户并且启动增氧机工作,当养殖舱中的氧含量超出设定值时,增氧机停止工作。智能增氧系统能够提高水样安全系数,改善水质,提高养鱼工船产量。系统氧气由制氧机或液氧罐提供,经养锥溶入水体后进入养殖舱内。当水质监测系统发现水体中溶解氧到低位时,就触发以下流程开展自动调控,如图 12-24 所示。

3. 氨氮调控系统

养殖规模的扩大、养殖密度的提高会导致水质恶化,水体中的氨氮、亚硝酸盐、硫化氢等有害物质大量产生,致使养殖水生动物中毒死亡。水体中的氨氮含量关系水中鱼体生存。当水质中监测到氨氮超标时,可通过减少投喂量或加大换水量来调整,系统将按照以下程序进行调控,如图 12-25 所示。

4. 定期清理系统

在深水养殖鱼类水产时,时间久后,养殖舱内舱壁上会有鱼排泄物、饲料残渣和海洋生物附着,容易对养殖舱内水质造成破坏,导致水产质量下降,影响养殖,需要定时清洗。清洗程序设定如图 12-26 所示。

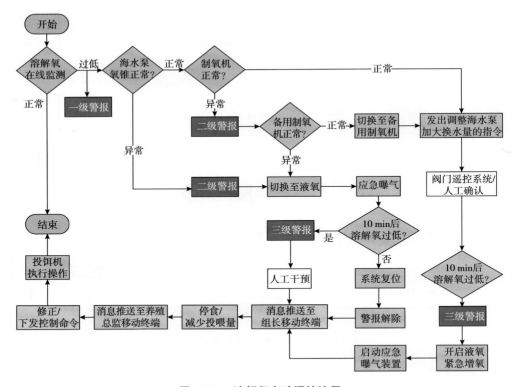

图 12-24 溶解氧自动调控流程

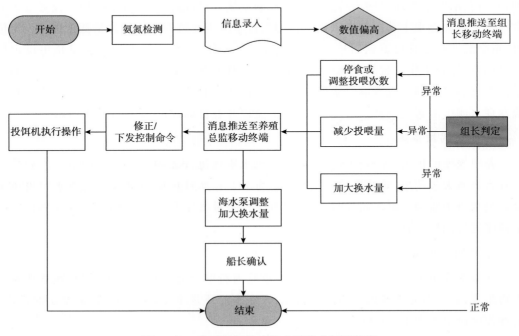

图 12-25 应对氨氮偏高的水质综合调控流程

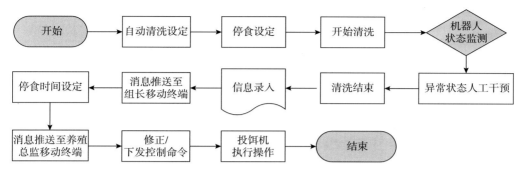

图 12-26　定期舱壁清洗流程

5.鱼病防治系统

养殖鱼的疾病在初期没有明显症状,后期情况将会变得一发不可收拾,因此在鱼类养殖过程中,重点是要进行预防,减少鱼类发生疾病的因素,同时加强鱼类自身抵抗力,确保鱼类疾病得到有效控制。当通过人工或视频发现鱼体有病害,需要进行人工干预时,系统将执行以下程序,如图 12-27 所示。

12.4.4　生产业务管理系统

生产业务管理系统如图 12-28 所示,该系统有以下功能。

①精准记录每天的养殖情况,包括规格、投饵情况、摄食情况、死鱼等,为大数据分析提供数据基础。

②提供安全、高效的数据服务,数据永久存储,为其他科学研究提供可靠的数据支持。

③养殖过程中水质监测、药物检测、重金属检测、消毒日常全程有效记录,为食品安全提供数据保障。

④提供养殖最优投喂模型和投喂策略建议。

⑤丰富的报表系统,全面掌握养殖现状。

生产业务管理系统中的通信和数据采集模块有以下功能。

①水质、设备、生产数据的分类获取,分组处理和集中存储。

②搭建数据集中平台,应用消息队列、Redis 内存数据库、缓存等技术确保数据采集及应用服务稳定运行。

③搭载内网数据推送平台,实现移动终端 App 的消息推送。

④提供数据访问接口,接入船岸通信系统,实现数据定时发回岸基中心。

生产业务管理系统中还对主要养殖设备运行状态进行监视:提取设备的数据信息,利用数字化处理和分析技术,展示设备的运行曲线;查看获取设备当前和历史信息,自动统计和分析设备状态;丰富灵活的可视化组件、多维多场景的实时数据;为设备管理维护决策提供科学的数据依据,提高运维效率(图 12-29)。

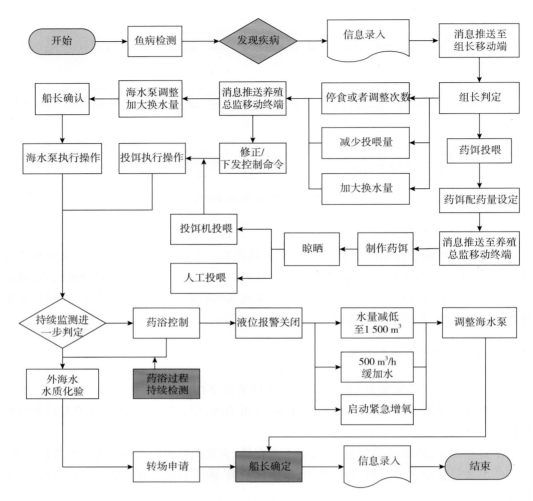

图 12-27　鱼病防治综合调控流程

图 12-28　生产业务管理系统主界面

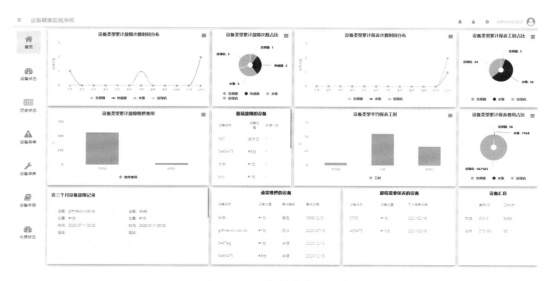

图 12-29　设备健康监视系统

12.5　智能管控平台

12.5.1　水质监测系统

　　系统用于对养殖水温、pH、溶解氧、盐度等水质情况进行实时在线监测、显示、报警和记录等,主要包括传感器、传感器变送器、传感器专用电缆、数据采集模块及配套配件等。进水口布置多参数水质传感器,每个养殖舱均匀布置多参数水质传感器和单溶解氧传感器来对养殖水质实时监测,水质数据实时发送至养殖集控室控制台和网络云平台。通过水质监测使操作人员能及时掌握和控制养殖水质状况,预警预报养殖水质事故,提供最佳养殖水质环境。

12.5.2　视频监控系统

　　养殖视频监控系统可对养殖水舱水面、水下养殖对象、中央设备通道关键设备和泵舱内关键设备工作情况进行实时图像监控。可实时发送图像数据至养殖集控室显示器,可在视频显示单元上锁定时间任意回放以前的录像资料,可通过网络进行控制查看。

12.5.3　养殖集控系统

　　养殖集控系统针对养殖工艺流程,对养殖舱进行集中控制和监测、生产管理,满足养殖人员日常生产管理的要求,实现从入舱开始,覆盖日常投喂、监测、记录分析、起捞出鱼、加工销售的完整养殖周期的自动化管理。需要实现以下自动控制功能:水质调控、增氧控制、自动投饵遥控、成鱼起捕、死鱼回收、舱底污物收集遥控、养殖光照遥控等。

养殖集控系统可监测养殖核心设备的相关信息,主要包括:

①养殖关键设备的运行信息、进程信息(如可监测)及报警信息等。

②外海水及养殖舱水质相关信息,包含但不限于温度、pH、溶解氧、盐度等。

③外部环境水文气象信息。

④冷藏箱状态信息。

⑤需要监测和报警处理的其他设备。

养殖集控系统可遥控养殖子设备,主要包括但不限于:

①水质调控。

②增氧设备遥控。

③养殖光照设备遥控。

④投饵设备遥控。

⑤成鱼起捕、死鱼回收、舱底污物收集遥控。

养殖集控系统的软件应紧密贴合海上养殖流程的要求,设计思想先进,架构合理,数据关联性强,能完整反映养殖周期内各个养殖阶段的生产情况,实现历史数据保存和检索,能够为养殖人员提供辅助养殖策略建议,进而优化养殖工艺和养殖流程。

养殖集控系统的电气装置应当能在潮湿空气、盐雾、油雾和霉菌作业环境下正常工作。

12.5.4　船岸一体化系统

船岸一体化系统:利用高速发展的网络、卫星通信技术以及日趋成熟的管理信息技术,以船舶设备数据为核心,对船舶内部的人员、设备、证书、物料、体系文件、安全等项进行详尽的管理,满足 CCS 关于"PMS 检验项目表"和检验程序及内容要求,符合船舶实际管理需求。提供对船舶专用设备进行采集、筛选、船岸互传等功能,建立船岸一体的数据库系统和及时可靠的数据交换,实现船舶信息高效自动化管理(图 12-30)。

数据采集与处理系统:要实现船岸一体化监控系统管理船舶,首先要保证船基数据采集与处理系统稳定性、安全性与及时性。工船上可依靠养殖集控系统和机舱集控系统采集所需数据,通过船岸通信设备传送到船舶运营公司的岸基应用系统,便于监控船舶运营状况和使用情况。此外,也可以通过全船网络信息系统将这些数据实时传送至船长、轮机长和值班船员的网络客户端,便于船员在房间内对船舶重要监测点实现实时监控。

船岸通信系统:长期以来,航运企业船岸之间数据共享与交换是一个很大的技术难题。早期人们采用邮寄磁盘的方式传递相关的数据信息,没有任何时效性可言。随着现有信息网络和通信资源技术的发展,人们也不断寻求可靠的船岸通信技术,用以实现信息传递的快捷、安全、可靠和准确性。船岸通信系统根据不同的使用环境和使用需求采用不同的通信设备,大家熟知的船岸通信设备有海事卫星 Inmarsat-F 站、Inmarsat-C 站,微波,电信网络等。

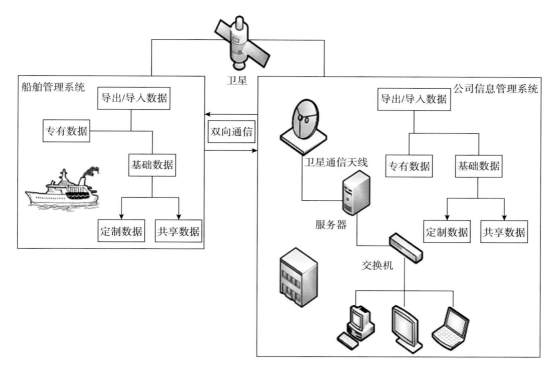

图 12-30　船岸一体化系统

岸基应用管理系统:航运企业信息处理和决策支持的核心。船舶数据经船岸通信系统进入岸基网络信息平台之后,首先由数据服务器进行数据校验和智能拆分,然后将数据写入相关数据库。船舶数据和其他所有相关的数据最后都将汇集在岸基网络信息平台,由不同的客户端调用数据,将船舶运行数据及时、准确地传递给岸基管理人员,岸基管理人员也可以通过该系统把最新的信息和公司指令下达到各个运行中的船舶,使运营公司能够更好地掌控各个船舶的运行状态,真正实现船岸信息一体化管控。

第 13 章
鱼菜共生智能工厂

鱼菜共生是我国乃至世界水产养殖的一种新理念,鱼菜共生智能工厂是其中的一种新模式、新业态,以及新的发展方向。鱼菜共生智能工厂在水产养殖业中具有广阔的发展前景。

13.1 概述

13.1.1 鱼菜共生智能工厂定义

鱼菜共生是一种新型的复合耕作体系,它把水产养殖与水耕栽培通过巧妙的生态设计,达到科学的协同共生,系统中动物、植物、微生物三者之间达到一种和谐互补的生态平衡关系。鱼菜共生是一种有显著节约和高效利用资源能源空间、循环可持续、环境友好等特点的低碳生产模式。

室内工厂化循环水鱼菜共生种养模式是一种新型的鱼菜共生种养模式,通过巧妙的生态设计,将水产养殖和作物栽培两种模式进行技术整合,水产养殖的尾水通过分离过滤和细菌处理,其中的氨、氮等物质被分解作为作物生长的养分,供作物吸收,实现"养鱼不换水、种菜不施肥"的目标,是一种可持续、"零排放"的低碳生产方式。

鱼菜共生智能工厂以室内工厂化循环水鱼菜共生种养模式作为设计的核心理念,吸纳工厂化循环水养殖技术,结合现代科学技术和生产装备,具备绿色循环高效安全生产模式工艺,可实现养鱼投饵、分级、水质环境自动控制、设备自动变频等智能化调控,可实现蔬菜播种、移栽、定植、运输、灌溉、环控、采收、切根、包装等生产环节的智能化无人操作,形成面向市场的工厂化农业生产成套技术装备和解决方案,是一种绿色、节能、高效的农业生产方案。

13.1.2 鱼菜共生智能工厂的组成与功能

鱼菜共生智能工厂整体可分为菜栽培区、鱼养殖区以及循环水处理 3 个模块,涵盖了5 个主要业务系统:菜种植管理系统、鱼养殖测控系统、鱼菜耦合系统、鱼菜收获系统、能源管理系统。各系统实现功能如下。

（1）菜种植管理系统

将经过生化处理的营养水体流入种植环节，培养蔬菜瓜果等作物，有效利用养鱼废水，减少废水处理成本，变废为宝，并产生经济收益。

（2）鱼养殖测控系统

配置自动增氧等精准化装备，建设养殖环境监控系统、精准投喂系统、水产养殖数据服务平台等，研发便携式生产移动管理终端，实现工厂化养殖生产自动管理、精准投喂等功能，全面提升水产养殖的机械化、自动化和智能化水平，达到高效、节能的目的。

（3）鱼菜耦合系统

连接鱼养殖区和菜栽培区，通过循环水处理，将养殖水体中残饵、粪便、氨氮、亚硝酸盐氮等有害污染物去除或者转化，实现养殖水体污废再利用和水体净化目的，是鱼菜共生级联和稳定的基础。

（4）鱼菜收获系统

建设有鱼池智能捕捞系统、蔬菜智能收割系统，以及智能化物流输送系统等，实现机器换人，减少人力劳动，达到了高度的自动化和智能化。

（5）能源管理系统

建设水体及空气环境恒定维持系统，配备能量恒定调控管理系统，采用多热源组合供热方式，如地热、空气能热泵、太阳能热水器、沼气热电等清洁能源系统，实现对温室环境的优化控制，在保证温室环境无较大波动的同时，节能减排。

13.2　鱼菜共生智能工厂主要业务系统

鱼菜共生智能工厂共包括 5 个业务模块：菜种植模块、鱼养殖模块、鱼菜耦合模块、鱼菜收获模块、能源管理模块，分别对应 5 个业务系统：菜种植管理系统、鱼养殖测控系统、鱼菜耦合系统、鱼菜收获系统、能源管理系统。

13.2.1　菜种植管理系统

水产养殖的水经过循环水硝化处理后，进入菜种植区。菜种植区可采用陶粒或泡沫板等材料固定作物根系，这些陶粒一方面可以固定蔬菜，另一方面可以作为循环水养鱼的生物过滤材料，有益菌在上面附着滋生，可以形成稳固的生物分解系统。智能工厂的菜种植区还配备有专门的菜种植管理系统。

鱼菜共生智能工厂的菜种植管理系统以信息技术、自动化技术为依托，通过种苗柔性夹持与移植、伺服控制栽培盘抓取、多传感器融合定位导航、路径智能规划和控制等关键技术的研究实践，通过开发配备低能耗水力驱动蔬菜立体栽培、移栽定植作业、栽培盘智能取放等智能化设备，通过建立栽培、移栽、栽培盘清洗和消毒全程自动化高效生产技术装备及系统，以经循环水处理后的养殖废水作为蔬菜种植底料，实现了蔬菜的高效工厂化生产和资源的循环利用。

菜种植管理系统主要包括:低能耗水力驱动蔬菜立体栽培设备、移栽定植作业设备、栽培盘智能取放机器人、潮汐式无人化育苗系统等。

菜种植管理系统各子系统如下。

(1)低能耗水力驱动蔬菜立体栽培设备

其采用水力驱动代替电力,并配置有精准定位识别控制系统,在实现蔬菜自动化立体栽培的同时,还能提升温室空间利用率,增加叶菜单位面积产量,减少栽培设备单位面积日耗电量,如图 13-1 所示。

图 13-1　低能耗水力驱动蔬菜立体栽培设备

(2)移栽定植作业设备

移栽定植作业设备可实现钵体菜苗移栽、定植盘上线、种苗移栽定植、育苗盘清洗整理、育苗盘码垛的无人化操作,如图 13-2、图 13-3 所示。平均移植速度可以达到 31.95 株/min,移栽精准率为 97.5%,提高移栽环节工作效率 60% 以上,节省劳动力投入 80% 以上。

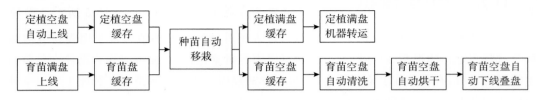

图 13-2　移栽定植作业工作流程

(3)栽培盘智能取放机器人

栽培盘智能取放机器人可实现栽培盘从立体栽培架上的取放无人化操作,如图 13-4 所示。固定作业机器人作业能力达到 962.02 kg/h,移动作业机器人作业能力达到 453.16 kg/h,作业成功率均达到 100%,劳动力投入节省 80% 以上。

图 13-3　钵苗移栽定植作业设备

图 13-4　栽培盘智能取放机器人

（4）潮汐式无人化育苗系统

潮汐式无人化育苗系统，实现了基质处理、定植盘解垛、定植杯装盘、精量播种、育苗盘摆/取盘、潮汐式水肥一体化灌溉、人工补光等作业全程无人化，如图 13-5 所示。播种效率达到 300 育苗盘/h。

图 13-5　全自动播种线

13.2.2 鱼养殖测控系统

鱼养殖区养殖池一般设计成圆形或圆角形,按鱼体长和水流速等因素,设计合适的径深比,池底采用中间低四周高的"锅底型",排水口置于池中央最低处,以利于池底残饵粪便等污物顺利排出,较高污废产出情况下,还要单独做一级固液分离。养殖池池身可用混凝土、玻璃钢、PP 板容器、软体容器等方式实现。对于回水设计,需要同时采用底排和面排相结合的方式来做。配套的管道单元包括进水管道、回水管道、排水管路、气管、料管、调温管等。

除了养殖池的结构设计以外,鱼养殖区还配备有专门的鱼养殖测控系统,包括水质调控、投喂管理、病害预警、生产管理、质量追溯共 5 个业务板块。鱼养殖测控系统业务架构如图 13-6 所示。

鱼养殖测控系统各子系统如下。

(1)水质调控系统

养殖水质的好坏程度直接影响养殖鱼类的产品品质,鱼菜共生智能工厂的水质调控系统意在对养殖池的水体环境进行在线监测和调控,确保养殖水体水质稳定,养殖鱼类实现最优生长。

系统部署有水质传感器,如温度传感器、溶解氧传感器、pH 传感器、氨氮传感器、浊度传感器、电导率传感器、大气压传感器等,以及高清摄像头等设备,对水质参数、气象因子、养殖环境进行实时监测,并将数据传输至服务器。在养殖基地数据管理中心可远程查看相关数据,并对水质数据进行预测分析。

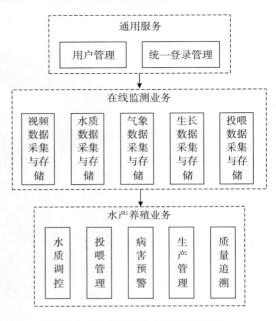

图 13-6 鱼养殖测控系统业务架构

通过控制设备(如控制箱、控制器、计算机等)控制驱动/执行机构(如水循环系统和增氧系统),对养殖区环境的水温、溶解氧等主要参数进行调节控制,以达到养殖对象的生长发育需要。对于增氧系统来说,根据养殖体量和规模,选择采用空气源或者液氧源作为曝气气源,一般用罗茨风机、空气制氧机和液氧塔作为气源形式,并配合高效的混氧装置、纳米曝气机或直接带动微纳米曝气末端进行增氧分配,使缺氧的水体下层较多地得到氧气的补充,并均匀扩散到各个水层。同时,增氧控制系统实现智能化增氧,考虑水体温度、大气压、氨氮浓度、鱼群生物量、投喂策略等对曝气控制策略的影响,结合智能控制理论,得到智能曝气增氧控制策略,使增氧控制达到智能、高效、节能的效果。

(2)精准投喂系统

在水产养殖成本中,饲料费占总成本比例最大。通过降低饲料费来降低成本是提高水产养殖效益的最有效方法。相比传统人工方式进行饵料投喂容易造成饲料浪费的缺点,精准投喂系统通过构建投喂模型,利用自动投饵装备,实现最优化精准投喂。

通过智能化投饵机带动投喂料线方式实现集中统一投喂,可以通过投喂策略专家知识库或者鱼群行为机器视觉识别等方式,实现全程自动化精准投喂工作,包括自动上料,自动定时、定点、定量投喂,配合全自动上料系统,实现 24 h 无人工值守工作。

精准投喂系统的主要功能包括饲料原料信息管理、饲料配方管理、投喂策略生成、摄食行为分析、投喂装备与投喂管理。饲料原料信息管理实现饲料原料信息的管理,包括饲料原料的名称、单位重量内各原料所含有的蛋白质、氨基酸、脂肪、碳水化合物等营养物质的含量;饲料配方管理通过输入水产品的基本信息和投喂原料,调用饲料配方生成模型,自动生成合适的饲料配方;投喂策略基于机器视觉等技术,对水产品的重量和密度进行估算,获得养殖区域内水产品的生物量,融合水质、水产品、饵料等数据,生成合理的投喂策略,并分析水产品的摄食欲望,对投喂量进行调整,解决投喂时间、投喂量、投喂次数等问题;摄食行为分析基于视频分析技术,实时分析摄食行为视频,确定水产动物的摄食活动强度,建立摄食活动强度与投喂策略(投喂量、投喂时间等)的关系,实现投喂量的动态调整;投喂装备和投喂管理功能模块根据投喂策略,设置投喂设备启动时间、投喂量等信息,按时启动投喂设备,对养殖水产品进行精准投喂。

(3)水产品病害智能防控系统

养殖水体是水产品生存的基本环境,为保证水产品健康生长,配置智能调节增氧系统、疾病远程诊断系统以及实验室病害检测设备,全面预防病害的发生。功能结构如图 13-7 所示。

(4)生产业务管理系统

生产业务管理系统实现水产养殖中业务管理的自动化。通过生产业务管理系统来进行养殖区所有人员的管理和系统权限分级,实现生产任务的下发、工作日志的上传,记录产品出入库信息、了解库存情况,管理养殖费用来控制生产成本,设置公告通知及时传递生产信息。

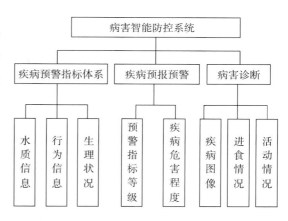

图 13-7　病害远程诊断系统功能结构

其主要功能包括人员管理、生产任务管理、产品出入库管理、养殖费用管理、通知公告等功能。

(5)质量安全追溯系统

水产品质量安全追溯系统是对水产品从生产、流通到销售过程的管理和控制。质量追溯系统采集养殖管理信息、疾病信息、用药信息以及防疫与检疫信息等,并结合水产品个体信息,构建水产品养殖档案信息数据库。系统使用射频识别(RFID)、二维码生成与打印等相关设备,通过扫描二维码追溯产品,获得产品生产、流通主要信息。该系统以在线水质监测数据和生产过程记录数据为支撑,对水产品产业链相关数据进行收集和分析,实现水产品追溯信息链的完整和无缝衔接。

13.2.3 鱼菜耦合系统

鱼菜耦合系统是连接鱼养殖区和菜种植区的必不可少的组成部分,它是鱼菜共生智能工厂设计的重点和难点,是鱼菜共生级联和稳定的基础。

鱼菜耦合系统的主要功能是循环水处理,主要利用物理过滤、生物过滤、去碳、消毒、增氧、调温等处理,将养殖水体中残饵、粪便、氨氮、亚硝酸盐氮等有害污染物去除或者转化,实现养殖水体污废再利用和水体净化目的。具体流程可简要概括为:养殖水体的废水经物理沉淀过滤、微滤机过滤后进入去碳床进行去碳(去除水中二氧化碳的方法为导入液氧),之后再经过硝化过滤处理,处理后的水进入菜种植区,进行无土栽培,使养殖废水得以再利用。

循环水处理的工艺要根据养殖密度和水体体量来确定,一般占循环水养殖面积的13%左右,首先需要设置集水池、微滤机等物理过滤单元等来实现初级大颗粒物质过滤,其次设置多级生物净化池、脱气池,最后要有紫外消毒池、增氧池等出水调节池。高密度的养殖系统建议用分离式的水处理方式,方便单个环节增强功能设计,实现高效污废净化和处理的能力。建议使用养殖池配悬污分离后再汇合进入微滤机初滤,完成后分水并行进入生化反应器进行生化处理,完成后再进入脱气调节池,最终回到蓄水池,蓄水池中安装紫外杀菌装置进行病菌杀除操作,同时与脱气调节池同级位置设置养殖区回水调节池,进行营养盐管理和酸碱度管理,便于养殖水质和种植水质缓冲。同时要设置观察口和传感器、采集器检测安装位置,以便水质实时监测和自动化管控。

鱼菜耦合系统主要包括的设备和仪器有数字化微滤机、生物过滤器、去碳床、多级硝化罐、现场采集控制器、溶解氧传感器、pH 传感器、COD 传感器、BOD 传感器、液位传感器、流量传感器、温度传感器、电流传感器、电量传感器,如图 13-8 所示。

　(a)数字化微滤机　　　(b)生物过滤器　　　　(c)去碳床　　　　(d)多级硝化罐

图 13-8　鱼菜耦合系统主要设备和仪器

其中,数字化微滤机通过截留污水体中固体颗粒实现固液分离;生物过滤器用于处理或降解污染物(如恶臭、易生物降解的挥发性化合物和不产生酸性副产物的化合物);去碳床用于脱碳处理,脱除水中 CO_2 气体;多级硝化罐利用硝化菌的硝化作用,将废水中的氨氮及亚硝酸盐转化成 NO_3-N。

13.2.4 鱼菜收获系统

鱼菜共生智能工厂的鱼菜收获系统包括鱼的智能捕捞、菜的智能收割、智能化物流输送 3 个模块，对应有鱼池智能捕捞系统、蔬菜智能收割系统、智能化物流输送系统共 3 个子系统。鱼菜共生智能工厂中的整套鱼菜收获系统实现了鱼池捕捞和蔬菜收割等鱼菜收获过程，以及鱼菜产品物流运输过程的自动化、智能化、无人化。鱼菜收获系统各子系统如下。

（1）鱼池智能捕捞系统

鱼池捕捞环节是鱼菜共生智能工厂生产模式中水产养殖过程的最后环节，在实现养鱼投饵、分级、水质环境智能调控后，采用吸鱼机、分鱼机等智能装备，实现养殖水产品的智能捕捞，减少劳动力投入。

吸鱼机采用非涡轮、真空泵设计，采用变频器、传感器、阀门组实现运行过程的智能调控，可以根据吸鱼的距离、扬程不同，自动动态调整功率和速度，保证在出鱼过程中鱼体零伤害，使捕捞过程稳定高效。分鱼机是按照产品的不同重量等级分组进行筛选的一体化机械设备，其分选速度快、精度稳定，可实现高速精准分拣，比人工增效 5 倍以上。

（2）蔬菜智能收割系统

蔬菜智能收割系统，可实现叶菜采收环节中自动收割（图 13-9）、根菜分离、净菜收集包装、定植杯（盘）清洗回收全程智能化控制，整线工作效率 2 333 棵/h，节省劳动力投入 65% 以上。其工作流程如图 13-10 所示。

图 13-9　蔬菜自动收割设备

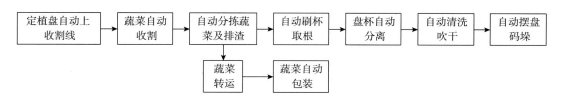

图 13-10　蔬菜智能收割系统工作流程

（3）智能化物流输送系统

基于自动导引运输车（AGV）的温室智能物流输送系统，采用 TSP 旅行商算法以时间最短为优化目标对运输车、取放机器人、运输路线、运输时长进行优化调度，可实现物流运输的无人化操作和智能化管控，提高转运速度和效率，节省劳动力投入，如图 13-11所示。

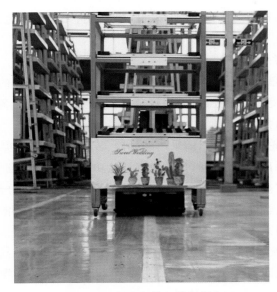

图 13-11　温室智能运输机器人

13.2.5　能源管理系统

工厂化鱼菜共生生产模式是一种高能耗、高成本、高产出、高效益的生产模式，是水产养殖领域的一种先进模式。其主要能耗是水体及温室环境恒定维持系统耗能，以及其他控制系统耗能。

鱼菜共生智能工厂建立能源管理系统对水体和温室环境温度进行调控和管理，在保证生产要求的基础上，节约能源，保护环境，为用户节约大量运行费用。

中国南北方、东西地区有较显著的气候差异，因此对鱼菜共生工厂建立保证鱼菜正常生长的能源管理系统具有重要作用，也具有较好的兼容性。一方面，养殖水体温度需要根据养殖对象和蔬菜生长环境维持在最佳区间，另一方面，由于热水鱼有很好的 FCR 和营养代谢效率，所以鱼菜共生系统生产对养殖水体温度恒定有特定要求。维持特定高温度，尤其在北方越冬期间是巨大的能量投入，若只使用传统电能会消耗巨大，因此能源管理系统宜采用多热源组合供热方式，如地热、空气能热泵、太阳能热水器、沼气热电等清洁能源系统。在炎热夏天，温室由于环境半封闭，水体降温维持是迫切需求，需要利用制冷降温来维持水体和空气环境在特定的范围内，建议先利用遮阳网、湿帘、喷淋等方式实现物理降温，如不能满足，利用多组合能源方式降温设备进行降温。

概括而言,在不同气候条件下,为了使温室中鱼菜生长环境维持在最佳区间,需配套能量恒定调控管理系统,采用多组合能源方式,以多点采集不同位置的空气环境和养殖水体的温湿度、光照强度等参数,进行优化调控模型运算,控制多能源组合设备进行增温或者降温操作。

以太阳能辅助地源热泵组成能源管理系统为例,热管式真空管太阳能集热器作为主要供热装置,太阳能集热器取热不足时,地源热泵补充,并配套自动控制系统和自动报警系统,在寒冷气候也能保证热带水产品的正常生长,相比电加热器加热或燃烧常规能源(主要是煤炭)加热方式,大大节省了运行费用。其系统原理如图 13-12 所示。

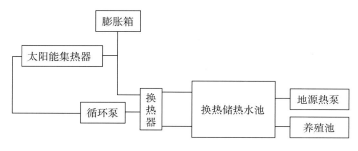

图 13-12　太阳能辅助地源热泵系统原理

13.3　鱼菜共生智能工厂系统集成

无论是从传统农场到无人农场的代际演进,还是无人农场自身形态的进阶,都离不开多种动因的共同作用。农业已具备按工业化模式发展的基础是演进的前提,真实而迫切的市场需求是演进的源动力,技术进步则是演进的直接驱动力,不断利好的农业政策更是加速演进的助推器。

13.3.1　规划与建设

鱼菜共生智能工厂建设于智能温室大棚中,从生产区域上主要划分为水产养殖区、栽培种植区、循环耦合区和农旅融合区,结合"工厂化循环水养殖"和"植物无土栽培种植技术",达到"养殖不换水,种菜不施肥"的目标,打造绿色种养、创新驱动、技术推广、参观展示、科普教培为一体的数字化智能化鱼菜共生工厂,系统运行如图 13-13 所示。

水产养殖区主要是不同类型尺寸的鱼池,根据不同的鱼类、生长阶段及生产目的而划分,使用增氧机补充水体中的溶解氧,使用各种类型的传感器监测水体参数,同时保持水体流动增加鱼类在水体中的游泳行为,保证鱼类产品品质。养殖鱼类可包含澳洲宝石鲈鱼、加州鲈鱼、淡水石斑鱼、墨瑞鳕鱼等中高端水产品。

栽培种植区根据所种植物的物种划分不同的栽培模组,根据水上部分植物水培方式的不同,主要类型有深水栽培式鱼菜共生系统、基质栽培式鱼菜共生系统、营养液膜栽培

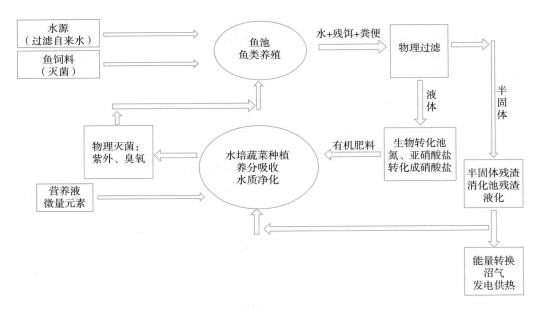

图 13-13　鱼菜共生智能工厂系统运行图

式鱼菜共生系统和气雾栽培鱼菜共生系统。鱼菜共生系统类型灵活多样,生产者可以因地制宜,结合自身需求和目标,选择适合的鱼菜共生系统模式。栽培区配备环境传感、LED 补光系统等,减少植物生长发育所受到的自然条件制约,降低生产能耗。可种植中高端蔬菜、花卉和中草药等,包含叶菜类蔬菜、根茎类蔬菜、果类蔬菜、观赏类植物、药食植物等,水培种植模式杜绝土传病害,全程不使用任何农药,生产的蔬菜都是真正意义上的"零农残"。

　　循环耦合区配置微滤机、紫外线杀菌机、硝化池、转鼓过滤器、水肥一体机等设备。利用硝化细菌对水体中的氨氮等进行生物硝化处理,充分发挥环保节能、生态有机的生产优势。不使用农药、化肥、抗生素等有害物质,保证农产品安全健康、绿色有机、无污染、无公害。农旅融合区作为鱼菜共生智能工厂的观光旅游新业务,旨在展示鱼菜共生技术文化以及现代农业科技知识,其中包含了研学科普教育、农业小课堂、农产品采摘观赏鱼等内容,通过配置生态餐厅、轻食饮吧等,提供会议团建、垂钓棋牌等服务来促进农旅发展。同时,功能区开发销售都市农业、立体农场、阳台庭院景观、桌面景观智能小系统等鱼菜共生项目,刺激鱼菜共生智能工厂经济新增长。

　　随着人们对绿色无公害农产品的日趋重视,物联网、信息化、数字化、自动化技术的进步和国家环境政策指令的日益严格,鱼菜共生智能工厂以高投入、高技术、精装备、高收益、低碳绿色、零污染的绿色生态循环生产体系,成为农业产业化进程中吸收应用高新技术成果最具活力和潜力的领域之一,保证农产品质量安全的同时,显著提高生产效率和经济效益。

13.3.2　基础设施

　　鱼菜共生智能工厂的基础设施为作业装备、测控设备和云平台提供保障性服务,是鱼菜共生智能工厂正常运行的基础保障。采用 CAD、BIM 等技术用于工程设计与建造，整合建筑数据的信息化模型，提高工作效率、节省资源和降低成本。

鱼菜共生智能工厂整体区域的基础设施涉及诸多方面。场地条件涉及温室或遮盖物建筑，需要考虑设施用地审批，采用硬化路面，便于作业装备运行。考虑运营条件，涉及通电、通路、通给水、通信、通排水、土地平整情况。考虑地质地形，选择稳定坚固地基，避开地震带，并提前做好洪涝灾害的防范工作。对目标区域的气候环境进行长期调研记录，做好雷电、暴风、暴雪、暴雨、光照、高温、低温极端天气记录。考虑水源情况，要选择水量、水质和水温条件稳定的场地。工厂设备电力需求较高，做好电力容量保障，确定市场条件，选择市场需求较高的中高附加值鱼菜品，同时生产链条可以选择养成环节或者吊水过渡环节，防控风险。考虑目标鱼菜品种获得难易性和供应量，选择永久基建或半永久基建，闭环循环、半开环或开环方式，机械化、半自动化或全自动化运行，组装和调整多种运行模式，系统调控自动化运行程度，确定最适合的经济投资和回报。

循环耦合区的水处理基础设施要根据养殖密度和水体体量来确定，一般占循环水养殖面积的 13％ 左右。需要设置集水池、微滤机等多级物理过滤单元来实现初级大颗粒物质过滤，其次要设置多级生物净化池、脱气池，再次要有紫外消毒池、增氧池等出水调节池。高密度的养殖系统建议用分离式的水处理方式，方便单个环节增强功能设计，实现高效污废净化和处理的能力。建议使养殖池中悬污分离后再汇合进入微滤机初滤，而后分水并行进入生化反应器进行生化处理，完成后再进入脱气调节池，最终回到蓄水池。蓄水池中安装紫外杀菌装置进行病菌杀除操作，同时与脱气调节池同级位置设置养殖区回水调节池，进行营养盐管理和酸碱度管理，便于养殖水质和种植水质缓冲。水循环管路系统进行旁路设计，旁路系统控制分流比例和流速进入无土种植环节和养殖环节。同时要设置观察口和传感器、采集器检测安装位置，以便水质实时监测和自动化管控。

经过悬污分离器或微滤机等多级物理过滤分离出的湿粪，携带着大量的有机物质，需要进行系统性再处理，实现物质充分循环利用。一般进行固液分离和干湿分离后，进入再转化和发酵环节。可以通过引入蚯蚓、红虫、丰年虫等养殖，转化消解干粪，继而成为熟土，装袋成为种植单元有机基质，附加品的蚯蚓和红虫等成为丰富的幼鱼开口饵料和饲料。通过堆肥转化为蔬菜种植的有机基质，或者引入沼气工艺进行热电联产，沼液成为有机液态肥，沼渣成为有机基质，通过富集干粪与相关肥料企业合作进行有机肥制作。

鱼菜共生系统栽培种植区的基础设施考虑栽培基质，填充在植物栽培槽中，既固定植株，又可发挥其机械过滤和生物过滤的双重作用，简化生产过程，提升附加值。可采用无机基质培和有机基质培。不同的无机基质因其材料不同，物理化学性质也不同，如陶粒、砂石、岩棉、蛭石等多孔结构的基质为硝化细菌等提供好氧、生存、附着、栖息、繁殖环境，加快有机物分解，起到过滤净化水质的作用。有机基质栽培，比如干湿分离发酵后的营养土装袋、装盆，营养物质相对充足和稳定，可以较好地支撑作物生长。回水管路使用旁路系统结构和独立小系统方式，可以灵活将种植单元与养殖单元水体并联和切出，同时，分别进行调控液位、流速，以获得每组栽培槽最佳生长环境。

亲鱼和标苗车间对鱼菜共生智能工厂来说非常具有必要性,由于鱼菜共生系统的循环生产方式,无法一次性全部收获成鱼或者蔬菜,否则造成鱼菜比例失衡,会使建立的生态循环系统崩溃,养殖池和种植区要依序进入鱼苗、菜苗,依序养成收获并有序补充。由于中高附加值鱼类的生育特性,全年自然条件下无法保证多次受精和孵化,因此在较大体量生产系统中,亲鱼繁育和标苗是周年生产的保证,设置亲鱼和标苗车间进行人工授精和孵化,既可以保证自身生产系统需求,也可以向市场输出反季节苗种,获得更高经济效益。

13.3.3 作业装备

鱼菜共生智能工厂的作业装备旨在代替传统工厂中的简单枯燥人力劳动,以半自动化或全自动化方式全天候运行,不同作业装备运作业务不同,各自之间分工明确,同时,作业设备间信息互通共享,通信标准统一,监测记录的参数数据高可靠、低延迟上传至云平台,在云平台的处理、决策和调度下,实现多种作业装备协作运行。

规模化是工业化的前提,智能化作业装备主要面向规模化、标准化的鱼菜共生工厂。鱼菜共生智能工厂地面采用硬化处理,保障移动式作业装备无障碍运行。温室作业机器人携带视觉定位装置、机械臂及导航装置,可以在生产实践作业中代替人工完成作物上架、收获、搬运等作业,具有高效率、低能耗、低污染的作业生产优点。

栽培种植区的潮汐式育苗栽培设备,可定时或通过水位计监测开闭,通过计时器控制电磁阀从而控制出水口开闭,达到灌溉、补水、补肥的目的。水产养殖区的自动投喂装备,通过智能化投饵机带动投喂料线方式实现集中统一投喂或定制个性化投喂方案,可以通过鱼群行为机器视觉识别、传感器监测等方式,实现全程自动化精准投喂工作,配合全自动上料系统,自动定时、定点、定量投喂,实现 24 h 全自动化工作。

仓储冷链和加工车间是鱼菜共生智能工厂的必要作业区域,一般建设粗加工间、精加工间、生食间、熟食间、风淋、洗手消毒区、清洗消毒间、包装间等区域,实现粗加工、精加工、中央厨房、冷冻、包装、存储等功能。活鲜原料经过加工逐级处理,并具备吸纳加工处理周边活鲜的能力,可以实现区域带动和市场辐射,成倍增加产值,提高市场持续供应能力、铺货和触达能力,塑造品牌形象与影响力,实现产业化和品牌价值化。

无有害病菌的环境是鱼菜共生系统稳定运行的重要前提和保障,所以厂区需要配备缓冲消毒作业装备,包含消毒风机、紫外线消毒灯及消毒毯等,人员和苗种进出都需要消毒。进鱼需要接入暂养池进行适应和观察,确保安全性再逐步添加至养殖池中。进菜可以进行根系残留土质清洗,观察根系根部有无瘤状体、茎叶是否健康。产出鱼菜可以在场地内设置采收包装区域,然后再从出口统一离开,减少频繁打开出口、车辆人员频繁进入带来系统的冲击和干扰。同时,设置专用隔离的参观通道和示教通道,避免大量非生产人员进出系统而带来不稳定运行风险。

13.3.4 测控设备

鱼菜共生智能工厂的测控设备主要用于环境条件信息的实时监测和及时调控,包括植物生长所需的温度、湿度、光照、CO$_2$浓度及营养液。养殖水体温度、溶氧、pH、氨氮、亚硝酸盐等,需要根据生长阶段和需求动态维持在最佳区间。高精度自动化环境监测和控制,使设施内农作物、水产品的生长发育很少甚至不受自然条件制约,实现农作物、水产品周年连续生产的高效农业系统。

为了维持温室内的恒定温度,冬季采用多热源组合供热方式,如地热、空气能热泵、太阳能热水器、沼气热电等清洁能源系统,夏季使用遮阳网、湿帘、喷淋、风机等方式实现物理降温,利用多组合能源方式降温设备进行降温。与之配套的需要能量恒定调控管理系统,以多点采集不同位置的空气环境和养殖水体的温度湿度、光照强度等参数,进行优化调控模型运算,控制多能源组合设备进行增温或者降温操作。

测控装备系统进行模块化设计,涵盖温度测控单元、语音自动报警单元、泵组单元、水质参数监测调节单元、自动补光单元、云平台数据交互等,实时在线获取水体的营养成分、水温、流速、pH、溶解氧、盐度、电导率等,生长环境的温度、湿度、大气压力、光强、CO$_2$浓度等,查看实时数据与历史记录,进行参数信息管理,自动调节控制温室设施、生产设备和保障设备等,以较低功耗维持温室鱼菜共生工厂的环境条件。

13.3.5 云平台

云平台采用面向服务的架构(SOA)、云计算、企业应用集成(EAI)、机器对机器(M2M)、远程控制、可视化等技术实现各个系统之间的信息互联互通,达到智能管理与决策。云平台是鱼菜共生智能工厂的大脑和核心。采用万物互联的物联网技术将不同作业设备的工作信息接入云平台,云平台负责接收鱼菜共生智能工厂中的各种传感器汇集的工厂大数据,成为鱼菜共生智能工厂的新型资源要素,结合嵌入人工智能算法的决策系统做出决策,下发给作业装备系统完成相应任务。

云平台系统包括数据处理单元、状态监测单元、智能决策单元、能量调控单元等,集成算法模型,同时终端设备与云端通过专用协议进行通信,平台作为消息代理,终端设备作为消息发布者,电脑或者移动端作为消息订阅者,支持多方式访问,多用户在线。创建设备最后得到了设备认证三元组信息,通过三元组信息建立设备与物联网平台的连接,将数据通过上报发给云平台,实时监控数据。

云平台与移动客户端直接联系,将监测数据、执行命令等信息发送至客户端,管理人员可实时查看并远程控制,实现终端、客户端与云端的三向数据通信,具有监测、远控、查询、设置等功能。同时云平台能够将日常运维、投入产出和仓储等信息纳入管理,进行数据整合、存储、分析与决策,对鱼菜共生系统中的产出品(即鱼与菜)选择合理搭配比例,实现使用者和管理者对鱼菜工厂进行高效操作及管理,实现全生产要素、全产业链覆盖和全生产环节的信息化,实现高质量、高产量及高品质目标。考虑到示范观赏作用,可以嵌入展示宣传板块,以满足对工厂基本概况、产能、特点等信息的综合展示和生产场景示范。

第四篇
展望与对策

第 14 章
无人渔场的展望与对策

14.1 无人渔场的战略需求

劳动力成本大幅提升、老龄化严重。当前，我国的劳动力结构正在发生历史性的变化。现在一线养殖人员平均年龄 55 岁,60 后和 70 后是养鱼行业的主力军,但随着年龄的增加,他们将会慢慢地退出历史舞台,而年轻一代的劳动力不愿意从事体力劳动为主的传统渔业。所以再过 30 年谁来养鱼? 这是我们面临的一个重要问题。

资源约束大,劳动生产率低。世界上最发达的国家之一——挪威,一个人一年可以产200 t鱼,而我国目前只能达到 7 t 的水平。核心原因就是我们的技术水平、装备水平比较低,导致劳动生产率比较低,这也是我国面临的一个基本问题。

养殖生态环境恶化。由于我们现在的传统养殖是靠经验、体力、最传统的设施,没有水处理的条件,会导致过量地施用鱼饵、渔药,进而导致水质的污染,造成生态环境的恶化和病害的发生,这也是摆在渔业面前的一个主要问题,所以必须改变这种现状。

那么,水产养殖路在何方? 随着老一代劳动力的退出,新生一代不愿意从事这种劳动强度比较大的生产方式,我们必然要走一条资源节约、产出高效、环境友好、产品安全的道路。这条道路的前提就是要高效、绿色,有且只有一条路,那就是"五化"道路。第一是装备化,装备代替劳力,使人的劳动强度降下来。第二是数字化,装备必须是数字化的装备,使投饵、增氧甚至渔药,以及水处理实现精准化。第三是网络化,这些数字化装备需要联网,只有联网才能实现数据的共享,为大数据的产生创造条件,为精准提供一个基础。第四是智能化,在大数据的基础上和人工智能融合,实现决策的智能化、控制的智能化和传统装备的自动化,这样就可以完全实现装备对人的替代。第五是无人化,这是中国渔业未来的发展方向,也是渔场未来的发展方向。

14.2 无人渔场的发展阶段

我们必须要明白,无人渔场的实现是一个过程,不能一蹴而就,要从机械替代部分人力到实现作业和管理过程的全无人化,无论从技术层面抑或是管理层面,都需要一个循序渐进的过程,笔者认为无人渔场的发展要经历 4 个阶段,即从"渔业 1.0"到"渔业 4.0"。

渔业 1.0 主要还是传统渔业,依靠人力、手工工具和经验进行养殖。渔业 2.0 目前用得比较多,它是设施养殖,里面有装备、机械、设施来实现养殖的集约化和机器对人的部分劳动的替代。渔业 3.0 是在装备数字化、网联化和部分环节决策智能化的基础上形成智慧渔业。这个智慧渔业实际上是以数字化为基础,以在线化、网络化、精准化为目标,实现资源、环境、装备、养殖过程的全方位优化,这样一种生产方式就是智慧渔业。渔业 4.0 实际上指的是无人渔场,达到装备对人的全部替代,人不参与到生产过程中,实现无人化。

现如今,无人大田、无人植物工厂等无人农场项目开展得如火如荼,响应着"提质增效、减量增收、绿色发展、富裕渔民"总目标,全国第一个无人渔场 V1.0 项目在中国广州南沙成功部署。无人渔场的建设要比其他无人农场项目复杂得多,水域覆盖面广且偏僻造成信息采集和传输问题,部署的渔业智能装备全靠定制,养殖管理分析决策模型因养殖品种和养殖模式的不同差异较大。无人渔场的建设面临着巨大的挑战,在线水质传感器测量精度、可靠性和使用寿命亟须新材料、新机理的创新;水下机器人、仿生鱼、无人机、无人船等协同作业效率低,功能单一且价格贵;渔业装备的数字化改造仍需推进;鱼病诊断、精准增氧、精准饲喂、鱼群生物量统计、养殖对象行为监测等一系列的智能模型精度普遍较低;适用于数字化水产养殖工程技术的规范和标准少而落后;科技型人才和养殖经验专家的技术融合度不高。无人渔场的发展将会是一个从低级到高级过渡的系统工程,每个阶段都需要着力解决上述问题。

14.3 无人渔场的发展战略

无人渔场是水产养殖未来的发展趋势。从发展战略上来说,无人渔场的实现一定要在技术上取得重大突破,在政策上给予相关支持,在发展机制上进一步完善,这是一个基本的战略目标。因此,无人渔场的发展对推动人工智能在渔业的应用是非常重要的。

基于此,我们需要在以下 6 个方面发力。

第一个方面是提前布局新一代信息技术研究。准确把握无人渔场技术的切入点,加强基础研究和"卡脖子"技术研究。设立专项补贴撬动社会投资,推进物联网、大数据、人工智能、机器人等新一代信息技术在渔业领域研究和应用示范;推进芯片传感器、基于人工智能与大数据的生长调控模型等"卡脖子"关键技术投入。

第二个方面是产业拉动。龙头企业承担引领行业、率先推进、提升现代农业的责任,引领行业和区域发展。充分发挥物联网、大数据、人工智能、机器人等龙头企业、明星企业的优势,全面进军渔业 4.0,开展大规模试验示范。

第三个方面是体系支撑,打造渔业 4.0 技术产业生态圈。无人渔场实际上是智能装备产业、现代信息技术产业、新一代信息服务业的系统集成,所以要围绕无人渔场打造产业的集成。

第四个方面是加强产、学、研联合体。要推进产、学、研的融合,尤其是协同创新平台的搭建,政府、高校、科研院所、企业共同推进无人渔场的实现。

第五个方面是人才为先。培育信息化人才,推进现代渔业。无人渔场的实现涉及物联网、大数据、5G、人工智能和机器人,其中相关人才的培养是最为重要的。我们要通过人才的培养来推进无人渔场的实施。

　　第六个方面是提升无人渔场的经营组织和管理水平。信息技术与农机、农艺深度融合是无人渔场发展的趋势。规模化和规范化养殖是无人渔场产业化生产的先决条件。标准化和绿色化的精深加工保障水产品质量与安全。品牌建设是构建无人渔场产品化营销生态圈的关键。

　　最后,无人渔场的实现需要万众一心、众志成城、开拓进取、携手共进,为推进和实现渔业无人化做出努力。

参考文献

[1]2018 年全球老龄化程度排行榜出炉［EB/OL］. https：// www. huaon. com/ story/414747.

[2]An D，Huang J，Wei Y. A survey of fish behaviour quantification indexes and methods in aquaculture［J］. Reviews in Aquaculture，2021,13(4):2169-2189.

[3]Barbedo J G A. Detection of nutrition deficiencies in plants using proximal images and machine learning：A review［J］. Computers and Electronics in Agriculture，2019,162:482-492.

[4]Jazar Reza N，Dai Liming. Nonlinear approaches in engineering applications. New York：Springer ，2014.

[5]Li D，Liu C，Song Z，et al. Automatic Monitoring of Relevant Behaviors for Crustacean Production in Aquaculture：A Review［J］. Animals,2021,11(9): 2709.

[6]Li D，Xu X，Li Z，et al. Detection Methods of Ammonia Nitrogen in Water：A Review［J］. TrAC Trends in Analytical Chemistry，2020,127:115890.

[7]Liu X X，Bai X S，Wang L H，et al. Review and Trend Analysis of Knowledge Graphs for Crop Pest and Diseases［J］. IEEE ACCESS，2019(7):62251-62264.

[8]Majumdar J，Naraseeyappa S，Ankalaki S. Analysis of agriculture data using data mining techniques：application of big data［J］. Journal of Big Data，2017,4(1): 20.

[9]Martos-Sitcha J A，Sosa J，Ramos-Valido D，et al. Ultra-Low Power Sensor Devices for Monitoring Physical Activity and Respiratory Frequency in Farmed Fish［J］. Frontiers in Physiology,2019,10:667.

[10]Munoz-Benavent P，Andreu-Garcia G，Valiente-Gonzalez J M，et al. Automatic Bluefin Tuna sizing using a stereoscopic vision system［J］. ICES Journal of Marine Science,2017,75(1):390-401.

[11]Prathibha S R，Hongal A，Jyothi M P. IOT Based Monitoring System in Smart Agriculture［C］// International Conference on Recent Advances in Electronics and Communication Technology (ICRAECT). IEEE Computer Society,2017:81-84.

[12]Rehman T U，Mahmud M S，Chang Y K，et al. Current and future applications of statistical machine learning algorithms for agricultural machine vision systems［J］. Computers and Electronics in Agriculture,2019,156: 585-605.

[13]Satyanarayanan M. Edge computing［J］. Computer,2017,50(10):36-38.

[14]Shafi M，Molisch A F，Smith P J，et al. 5G：A Tutorial Overview of Standards，Trials，Challenges，Deployment and Practice[J]. IEEE Journal on Selected Areas in Communications，2017,35(6):1201-1221.

[15]Stubbs M. Big Data in U. S. Agriculture. 2016. https://digital. library. unt. edu/ark:/67531/metadc824605/m1/1/

[16]Sun Z，Du K，Zheng F，et al. Perspectives of Research and Application of Big Data on Smart Agriculture[J]. Journal of Agricultural Science & Technology,2013,15 (6):63-71.

[17]Wang C，Li Z，Wang T，et al. Intelligent fish farm——the future of aquaculture[J]. Aquaculture International，2021，29(6):2681-2711.

[18]Ware C，Arsenault R，Plumlee M，et al. Visualizing the Underwater Behavior of Humpback Whales[J]. IEEE Computer Graphics & Applications,2006,26(4):14-18.

[19]Wei Y，Jiao Y，An D，et al. Review of Dissolved Oxygen Detection Technology: From Laboratory Analysis to Online Intelligent Detection[J]. Sensors，2019，19 (18):3995

[20]Woodard J. Big data and Ag-Analytics：An open source，open data platform for agricultural & environmental finance，insurance，and risk[J]. Agricultural Finance Review,2016,76(1):15-26.

[21]Xiao R，Wei Y，An D，et al. A review on the research status and development trend of equipment in water treatment processes of recirculating aquaculture systems[J]. Reviews in Aquaculture,2019,11(3):863-895.

[22]陈晓龙,田昌凤,刘兴国,等.吸鱼泵的研究进展与发展建议[J].渔业现代化，2020,47(4):7-11.

[23]崔佳.云计算与边缘计算[J].电子技术与软件工程，2020(10):159-160.

[24]杜美丹.农业领域"机器换人"环境条件分析及效果估算方法研究[D].浙江大学，2016.

[25]杜尚丰，何耀枫，梁美惠，等. 物联网温室环境调控系统[J].农业机械学报，2017,48(S1):296-301.

[26]葛文杰,赵春江.农业物联网研究与应用现状及发展对策研究[J].农业机械学报,2014,45(7):222-230.

[27]韩树丰,何勇,方慧.农机自动导航及无人驾驶车辆的发展综述[J].浙江大学学报(农业与生命科学版),2018,44(4):381-391.

[28]侯方安,祁亚卓,崔敏.农业机器人在我国的发展与趋势[J].农机科技推广,2021(2):25-2733.

[29]金三林,朱贤强.我国劳动力成本上升的成因及趋势[J].经济纵横,2013(2):37-42.

[30]李道亮,杨昊.农业物联网技术研究进展与发展趋势分析[J].农业机械学报,2018,49(1):1-20.

[31]李道亮.无人渔场引领农业智能化[J].机器人产业,2020(4):46-51.

[32]李德毅.AI——人类社会发展的加速器[J].智能系统学报,2017,12(5):583-589.

[33]李劲东.中国高分辨率对地观测卫星遥感技术进展[J].前瞻科技,2022,1(1):112-125.

[34]李修瑾.劳动力规模与结构变动对农业发展的影响——基于三次社会调查资料[D].西北师范大学,2015.

[35]刘博峰.图像预处理设计与实现[D].哈尔滨工程大学,2016.

[36]刘建刚,赵春江,杨贵军,等.无人机遥感解析田间作物表型信息研究进展[J].农业工程学报,2016,32(24):98-106.

[37]刘妮娜,孙裴佩.我国农业劳动力老龄化现状、原因及地区差异研究[J].老龄科学研究,2015,10(3):21-2751.

[38]刘星桥,骆波,朱成云.基于物联网GIS的水产养殖测控系统平台设计[J].渔业现代化,2016,43(6):16-20.

[39]罗锡文,廖娟,胡炼,等.我国智能农机的研究进展与无人农场的实践[J].华南农业大学学报,2021,42(6):8-17.

[40]马国俊.物联网在农牧业发展中的应用研究[J].中国农机化学报,2013,34(1):245-248.

[41]孟连子.基于支持向量机的渔业养殖水质预测与预警[D].天津理工大学,2016.

[42]潘轶群,王文强,王跃勇,等.我国无人农场的现状与展望[J].农业与技术,2021,41(20):177-180.

[43]邱红.发达国家人口老龄化及相关政策研究[J].求是学刊,2011,38(4):65-69.

[44]孙佰清.智能决策支持系统的理论及应用[M].北京:中国经济出版社,2010.

[45]汪懋华.物联网农业领域应用发展对现代科学仪器的需求[J].现代科学仪器,2010(3):5-6.

[46]王玲,杨盘洪.案例推理和规则推理相结合的农业专家系统的研制[J].太原理工大学学报,2006,37(3):267-269.

[47]王鹏祥,苗雷,张业韡,等.养殖水质在线监控的系统集成技术[J].渔业现代化,2008,35(6):18-22.

[48]王英杰.基于物联网的水产养殖测控系统的设计与实现[D].江苏大学,2017.

[49]温继文.基于知识的鱼病诊断推理系统研究[D].中国农业大学,2003.

[50]徐皓,张建华,丁建乐,等.国内外渔业装备与工程技术研究进展综述[J].渔业现代化,2010,37(2):1-8.

[51]徐志强,刘平,纪毓昭,等.远洋围网捕捞装备的自动化集成控制[J].渔业现代

化,2019,46(5):62-67.

[52]杨栩.无人机低空遥感影像的不透水面信息提取方法研究[D].昆明理工大学,2020.

[53]尹军琪.系统集成为设备技术研发开拓思路[J].现代制造,2022(2):8-9.

[54]张强.面向大数据的农业物联网数据采集与存储研究[D].北方民族大学,2018.

[55]章来胜,袁童群.信息系统集成技术与软件开发策略[J].通讯世界,2021(6):18-19.

[56]赵春江.人工智能引领农业迈入崭新时代[J].中国农村科技,2018(1):29-31.

[57]郑文钟,苗承舟,周利顺.农业机械化对浙江省农业生产贡献率的研究[J].现代农机,2012(4):10-12.

[58]刘洁.智能农业机器人在现代农业中的应用[J].科技视界,2015(27):319,347.